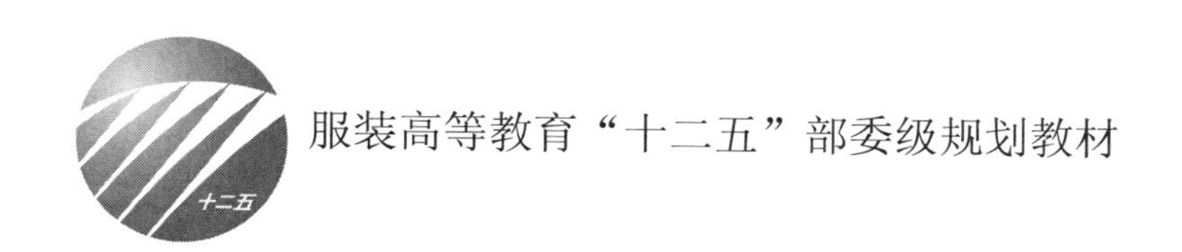

服装高等教育“十二五”部委级规划教材

服装CAD板型应用

主　编　胡群英

副主编　夏文会　章华霞　朱　芳

中国纺织出版社

内 容 提 要

本书是服装高等教育“十二五”部委级规划教材，阐述了富怡CAD软件在服装板型设计中的应用。富怡CAD软件界面简洁，操作快捷、智能，易学易用，在服装行业乃至学校都很受欢迎。本书内容共分为五个章节，系统地介绍了服装CAD在服装板型设计制作中的应用，如服装CAD的硬件配置、软件应用环境，服装CAD在制板、放码、排料等方面的应用等。本书大量采用了案例的形式，由浅入深，图解详细，通俗易懂，重点突出，图文并茂，既整合了服装原理及应用，又强调了服装CAD板型专业实践能力与创新能力的培养，且配有光盘，能够辅助读者更好地学习。

本书可作为高等院校与高职院校服装专业教材，也可供服装企业板房技术人员、短期培训班学员等服装行业有关人员使用。

图书在版编目（CIP）数据

服装CAD板型应用／胡群英主编. --北京：中国纺织出版社，2016.1（2022.1重印）
服装高等教育“十二五”部委级规划教材
ISBN 978-7-5180-1873-4

Ⅰ.①服… Ⅱ.①胡… Ⅲ.①服装设计—计算机辅助设计 AutoCAD软件—高等学校—教材 Ⅳ.①TS941.26

中国版本图书馆CIP数据核字（2015）第183063号

责任编辑：宗 静　特约编辑：刘 津　责任校对：余静雯
责任设计：何 建　责任印制：何 建

中国纺织出版社出版发行
地址：北京市朝阳区百子湾东里A407号楼　邮政编码：100124
销售电话：010—67004422　传真：010—87155801
http://www.c-textilep. com
E-mail: faxing@c-textilep. com
中国纺织出版社天猫旗舰店
官方微博 http://weibo.com/2119887771
三河市宏盛印务有限公司印刷　各地新华书店经销
2016年1月第1版　2022年1月第3次印刷
开本：787×1092　1/16　印张：15
字数：229千字　定价：39.80元（附赠网络资源）

出版者的话

《国家中长期教育改革和发展规划纲要》中提出“全面提高高等教育质量”“提高人才培养质量”。教育部教高[2007]1号文件“关于实施高等学校本科教学质量与教学改革工程的意见”中，明确了“继续推进国家精品课程建设”，“积极推进网络教育资源开发和共享平台建设，建设面向全国高校的精品课程和立体化教材的数字化资源中心”，对高等教育教材的质量和立体化模式都提出了更高、更具体的要求。

“着力培养信念执着、品德优良、知识丰富、本领过硬的高素质专业人才和拔尖创新人才”，已成为当今本科教育的主题。教材建设作为教学的重要组成部分，如何适应新形势下我国教学改革要求，配合教育部“卓越工程师教育培养计划”的实施，满足应用型人才培养的需要，在人才培养中发挥作用，成为院校和出版人共同努力的目标。中国纺织服装教育学会协同中国纺织出版社，认真组织制订“十二五”部委级教材规划，组织专家对各院校上报的“十二五”规划教材选题进行认真评选，力求使教材出版与教学改革和课程建设发展相适应，充分体现教材的适用性、科学性、系统性和新颖性，使教材内容具有以下三个特点：

（1）围绕一个核心——育人目标。根据教育规律和课程设置特点，从提高学生分析问题、解决问题的能力入手，教材附有课程设置指导，并于章首介绍本章知识点、重点、难点及专业技能，增加相关学科的最新研究理论、研究热点或历史背景，章后附形式多样的思考题等，提高教材的可读性，增加学生学习兴趣和自学能力，提升学生科技素养和人文素养。

（2）突出一个环节——实践环节。教材出版突出应用性学科的特点，注重理论与生产实践的结合，有针对性地设置教材内容，增加实践、实验内容，并通过多媒体等形式，直观反映生产实践的最新成果。

（3）实现一个立体——开发立体化教材体系。充分利用现代教育技术手段，构建数字教育资源平台，开发教学课件、音像制品、素材库、试题库等多种立体化的配套教材，以直观的形式和丰富的表达充分展现教学内容。

教材出版是教育发展中的重要组成部分，为出版高质量的教材，出版社严格甄选作者，组织专家评审，并对出版全过程进行跟踪，及时了解教材编写进度、编写质量，力求做到作者权威、编辑专业、审读严格、精品出版。我们愿与院校一起，共同探讨、完善教材出版，不断推出精品教材，以适应我国高等教育的发展要求。

中国纺织出版社

教材出版中心

前言

根据应用型大学建设的需要，增强学生的实践操作能力，我们采用“教、学、做”一体化的教学方式，构建学生实践能力培养的平台，结合高等院校和企业培训方面的成功经验与教学成果，与行业共同开发和生产实践紧密结合的实训教材，确保优质教材进课堂，增强学生的综合能力。

本书共分为五个章节，内容丰富，实用性强。在深圳盈瑞恒公司的富怡软件工程师及服装企业的大力支持下，运用了大量典型的案例，与生产环节紧密结合，阐述了服装CAD在板型设计、放码与排料中的应用，并且整合了服装结构原理的相关知识，有助于服装CAD技术的灵活运用和掌握，促进服装专业实践能力的提高与创新能力的培养。

本书配有服装CAD教学光盘，光盘中有富怡V8学习版及富怡服装CAD三大模块的功能操作演示，有助于读者学习。

在本书编写过程中，我们得到了深圳盈瑞恒公司的大力支持，在此向公司领导及富怡软件开发工程技术人员表示衷心的感谢！

由于编写水平有限，时间仓促，书中错漏之处恳请广大读者批评指正。

编著者

2015年2月

教学内容及课时安排

章/课时	课程性质/课时	节	课程内容
第一章（2课时）	基础理论（4课时）		·服装CAD概述
		一	服装CAD系统软件与硬件
		二	服装CAD功能
第二章（2课时）			·服装设计与放码系统
		一	设计与放码系统界面介绍
		二	设计与放码系统功能介绍
第三章（38课时）	应用与技能（60课时）		·服装CAD应用
		一	服装CAD基础板型设计
		二	服装变化CAD应用
		三	服装CAD工艺单制板应用
第四章（14课时）			·服装CAD放码功能应用
第五章（8课时）			·排料系统及功能应用
		一	排料系统界面介绍
		二	排料系统功能介绍
		三	服装CAD排料功能应用

注　各院校可根据自身的教学特点和教学计划对课程时数进行调整。

目录

基础理论——

服装CAD概述

课题名称： 服装CAD概述

课题内容： 1．服装CAD系统软件与硬件

2．服装CAD功能

课题时间： 2课时

教学目的： 了解服装CAD概念，服装CAD系统软件与硬件，服装CAD功能、发展趋势及服装CAD的使用意义。

教学方式： 多媒体课件展示与示范讲解。

教学要求： 1．通过教学演示及学生上机实践，使学生掌握软件的安装。

2．通过教学演示及学生上机实践，使学生学会利用软件自带播放演示功能学习各模块工具的操作。

课前准备： 带好笔记本记笔记，按教学进程预习本教材内的教学内容。

第一章　服装CAD概述

CAD是计算机辅助设计（Computer Aided Design）的英文缩写，应用在服装设计领域的CAD被称为“服装CAD”，即服装计算机辅助设计。

20世纪70年代以来，服装CAD技术从最初应用于排料模块，逐渐推广应用于服装制板、服装放码、服装排料、服装款式设计等各个环节，且与自动化裁床、自动切割机等CAM技术相结合辅助服装生产，在改进服装生产流程方面起了重要作用。服装产品具有品种多、质量高、款式新、流行周期快等特点，服装企业力求服装行业对此作出快速反应，而服装CAD技术的应用就是企业最好的选择，对于企业自身素质的提升、创新能力与市场竞争能力的提高具有积极的推动作用。本书以富怡服装CAD为例进行讲解。

第一节　服装CAD系统软件与硬件

服装CAD系统以计算机为核心，由软件和硬件两大部分组成，这两部分是服装CAD实现功能不可分割的两部分。

一、服装CAD系统软件

软件包括在计算机上运行的各种程序、数据及其有关文档，而计算机软件系统分为系统软件和应用软件两大类，服装CAD软件就是其中的应用软件，它主要分为两大类，即服装CAD工艺设计软件与服装CAD款式设计软件（图1–1）。

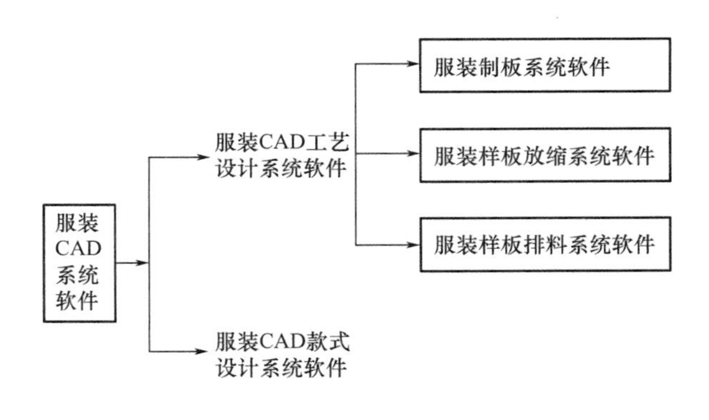

图1–1　服装CAD系统软件

二、服装CAD系统硬件

服装CAD系统硬件是指计算机的主机与外部设备。服装CAD技术就是通过程序在计算机硬件上运行、计算来完成各项工作。其系统硬件主要包括主机和外部设备。

1. **主机**

主机包括中央处理器、存储器等。中央处理器是计算机的核心。

2. **外部设备**

外部设备包括显示器、键盘、鼠标、数码相机、扫描仪、打印机、数字化仪、绘图机、自动裁床等设备。工作流程关系如图1-2所示。

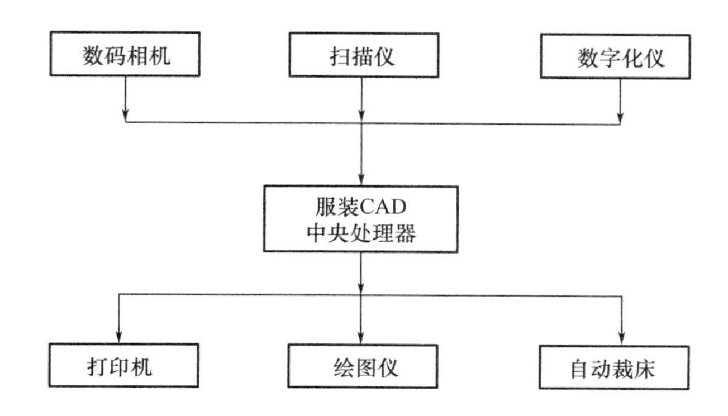

图1-2　服装CAD系统硬件

三、富怡学习软件的安装

打开“富怡V8服装CAD”学习版文件包，双击 RP-DGS 图标即可进入富怡制板放码系统，双击 RP-GMS 图标即可进入富怡排料系统。

第二节　服装CAD功能

富怡服装CAD系统是一套应用于纺织、服装行业生产的专业计算机软件，它是集纸样设计、放码、排料于一体的专业系统，可以制板、放码、排料及打印各种比例纸样图、排料图等设计图，操作方便快捷、灵活高效。其主要功能包括以下两个方面。

一、服装CAD纸样设计与放码系统

服装CAD纸样设计与放码结合在同一界面，可以在计算机上出板、放码，也能将手工纸样通过数码相机或数字化仪器读入计算机，之后再进行改板、放码、排版、绘图，还能读入手工放好码的纸样。软件中存储了大量的纸样库，能轻松修改部位尺寸为订单尺寸，自动放码并生成新的文件，为快速估算用料提供了确切的数据。用户也可自行建立纸样库。

纸样设计模块智能笔包含了20多种功能，能就近定位，在线上定位时能自动抓取线段等分点，具有连角、单向靠边、双向靠边、连接线、剪断线、删除线、三角板、延长、去短、水平垂直线、收省、转省、加省线、复制、移动、偏移点、偏移线、单圆规、双圆规、相交等距线、不相交等距线等功能，一般款式在不切换工具的情况下可一气呵成，制作结构图时，可以直接输入数据定好尺寸，使制板变得轻松和自由，创意可以得到任意的发挥，以此提高工作效率。

放码模块系统提供了多种放码方式，如点放码、定型放码和等幅高放码等。可在组间放码也可在组内放码；文字的内容在各码上显示可以不同，其位置也能放码；扣位、扣眼可以在指定线上平均加扣位、扣眼，也可按照指定间距加扣位、扣眼；放码时在各码上的数量可以等同，也可以不同；放码量拷贝可一对一的拷贝，也可一对多的拷贝。放码系统智能化的学习及记忆功能，避免了设计师的重复性劳动，使放码工作更加快捷方便。

二、服装CAD排料系统

服装CAD排料系统具有手动式、全自动式、人机交互式三种排料方式。纸样设计模块、放码模块产生的款式文件可直接导入排料模块中的待排工作区内，对不同款式、号型可任意混装、套排，同时可设定各纸样的数量、属性等，做好排料之前的编辑工作。并可根据面料、辅料和衬料，或者根据面料的不同颜色将同一款的服装样片分成不同的裁床进行裁剪。且可对格纹、条纹、斜纹或花纹的面料进行对格、对条、对花的排料处理。

练习与思考

1．什么是服装CAD?

2．服装CAD系统软件与硬件各指什么？

3．简述服装CAD纸样设计系统功能？

4．简述服装CAD放码系统功能？

5．简述服装CAD排料系统功能，并列举排料系统有哪几种排料方式？

基础理论——

服装设计与放码系统

课题名称：服装设计与放码系统

课题内容：1．设计与放码系统界面介绍

2．设计与放码系统功能介绍

课题时间：2课时

教学目的：了解服装CAD放码功能、各放码工具在纸样放码中的应用。

教学方式：示范讲解。

教学要求：1．通过教学演示及学生上机实践，使学生了解放码系统界面操作。

2．通过教学演示及学生上机实践，使学生了解各放码工具在纸样放码中的应用。

课前准备：预习放码知识。

第二章　服装设计与放码系统

服装设计与放码系统是集纸样设计与样板放缩界面合二为一的操作系统，界面简洁、操作灵活。纸样设计模块与放码模块结合在同一界面，操作智能、快捷。纸样设计模块的智能笔工具包含了20多种功能，一般款式在不切换工具的情况下可一气呵成，制作结构图时，可以直接输入数据定好尺寸，也可对结构设计后形成的纸样进行后整理，如修改纸样、放对位记号、纸样说明、纱向修改，且具有自动加放缝份功能，可自动跟进，还可根据特殊要求对缝边进行修改。放码系统还提供了点放码、定型放码、等幅高放码等多种放码方法供选用，使制板变得轻松和自由。

第一节　设计与放码系统界面介绍

熟悉系统界面是熟练操作服装CAD的前提，双击 RP-DGS 图标，进入设计与放码系统操作界面，整个界面分菜单栏、快捷工具栏、纸样列表框、设计工具栏、纸样工具栏、放码工具栏、工作区、状态栏等（图2–1）。

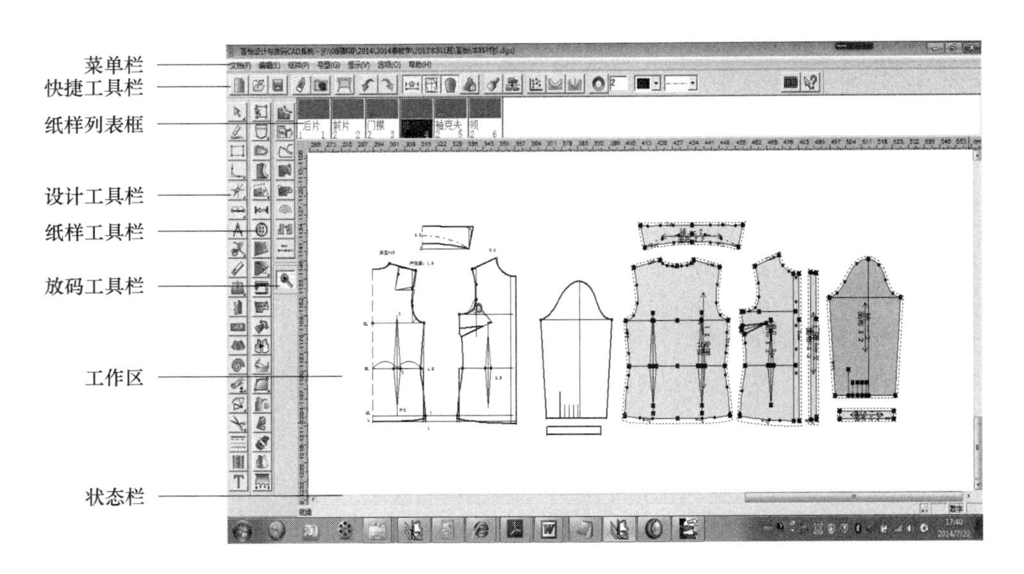

图2–1　设计与放码系统界面介绍

1. **菜单栏**

菜单栏中包括七项主菜单，分别执行不同的命令与功能，在单击每个菜单时，会弹出一个下拉菜单，也可以按住Alt键的同时按下菜单项括号内的字母，即刻弹出下拉菜单。有些常用命令后有提示，可用快捷键操作。当熟悉了各菜单命令后，常用命令用快捷键操作非常方便，熟记它们会大大提高工作效率。

2. **快捷工具栏**

该工具栏用于放置常用命令的快捷图标，方便纸样结构设计与纸样放码工作。

3. **纸样列表框**

该列表框用于放置用“剪刀”工具拾取的纸样，纸样列表框布局可以通过执行“选项”→“系统设置”→“界面设置”命令来进行设计。纸样顺序可以通过拖动来调整。纸样的复制通过执行编辑菜单下“复制纸样”与“粘贴纸样”来完成，纸样的删除可通过纸样菜单下与“删除当前选中纸样”和“删除工作区所有纸样”等命令来实现。

4. **设计工具栏**

该工具栏用于放置结构设计的所有工具，如多功能的“智能笔”工具，修改线段形状的“调整”工具，删除线的“橡皮擦”工具，绘制基础线的“矩形”工具，“旋转”与“移动”工具，测量用的“比较长度”工具以及画面视图控制的“放大”工具等。

5. **纸样工具栏**

该工具栏工具放置了在纸样上操作的“相交等距线”“比拼行走”“加放缝份”“旋转衣片”“分割衣片”“纸样对称”“做衬”“缝迹线”“眼位”“钻孔”等工具。

6. **放码工具栏**

该工具栏主要放置了放码所用的工具。

7. **自定义工具栏1**

自定义工具栏1放置了画面操作的放大镜工具，可根据使用习惯，在选项菜单下系统设置命令，打开系统设置障碍窗口，单击工具栏配置图标进行自定义工具栏设置。

8. **工作区**

它是一张无限大且带有坐标的工作纸张，可以在此区间进行结构设计与修改等工作，也可以对纸样进行放缝、复制、翻转、放码、修改等编辑。

9. **状态栏**

状态栏位于系统界面的最底部，它显示着当前选择的工具的名称及操作步骤提示。

第二节 设计与放码系统功能介绍

一、设计工具栏介绍

设计工具栏用于放置结构设计的所有工具，如多功能的“智能笔”工具，修改线段形状的“调整”工具，删除线的“橡皮擦”工具，绘制基础线的“矩形”工具，“旋转”与“移动”工具，测量用的“比较长度”工具及画面视图控制的“放大”工具等（图2-2），具体名称和操作方法见表2-1。

图2-2　设计工具栏

表2-1　传统设计工具栏工具介绍

工具名称	操作方法
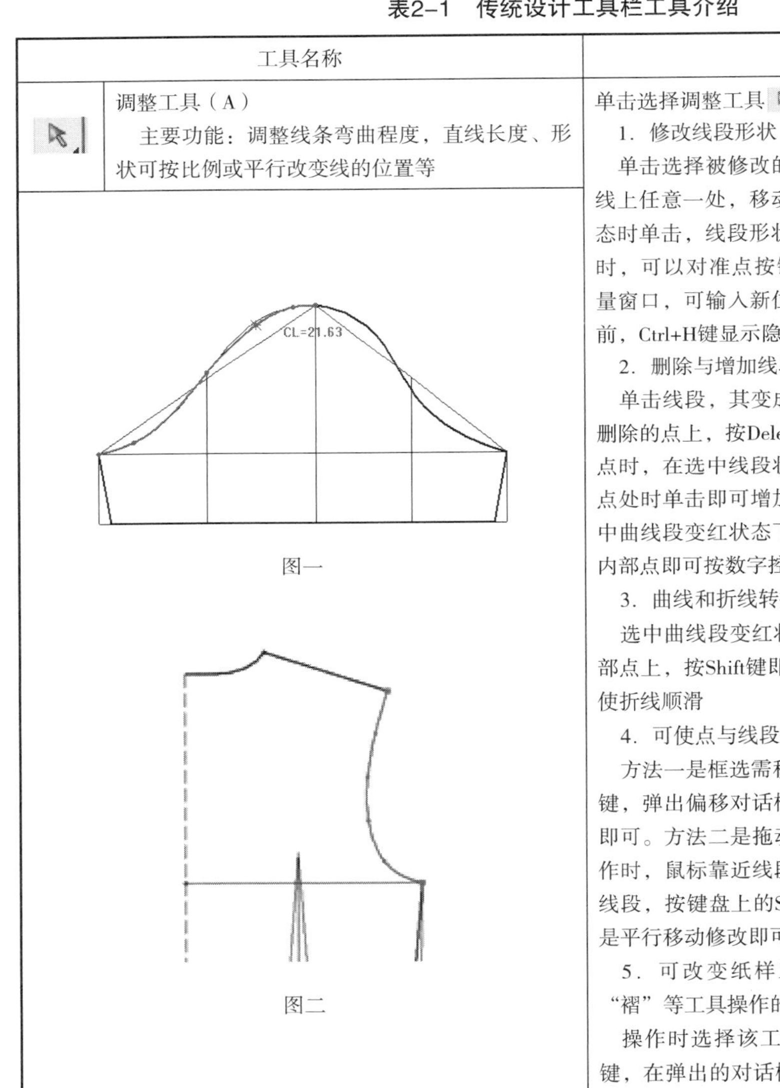 调整工具（A） 主要功能：调整线条弯曲程度，直线长度、形状可按比例或平行改变线的位置等 图一 图二	单击选择调整工具，进行以下操作方法 1．修改线段形状 单击选择被修改的线段，该线段变为红色，再单击线上任意一处，移动鼠标指针，将线段修改至满意状态时单击，线段形状修改即被确定；在移动点的位置时，可以对准点按键盘上的Enter键，即会弹出移动量窗口，可输入新位置坐标进行修改。修改线段形状前，Ctrl+H键显示隐藏弦高，如图一所示 2．删除与增加线段内部点 单击线段，其变成红色状态，移动鼠标指针靠近被删除的点上，按Delete键或按右键可删除该点；需增加点时，在选中线段状态下，移动鼠标指针靠近线段无点处时单击即可增加线段上内部点；另外，还可以选中曲线段变红状态下，按键盘上的数字键，曲线上的内部点即可按数字控制，如图二所示 3．曲线和折线转换 选中曲线段变红状态下，将鼠标指针移动到线上内部点上，按Shift键即可曲线和折线转换，按Ctrl键，可使折线顺滑 4．可使点与线段偏移 方法一是框选需移动的点或线段，按键盘上的Enter键，弹出偏移对话框，输入新位置的水平与垂直坐标即可。方法二是拖动线段可比例偏移或平行偏移，操作时，鼠标靠近线段变红状态时，拖动选择被修改的线段，按键盘上的Shift键，根据需要选择比例偏移还是平行移动修改即可，如图三所示 5．可改变纸样工具栏“V形省”“锥形省”与“褶”等工具操作的省褶及钻孔属性 操作时选择该工具对准需修改的上面的元素按右键，在弹出的对话框中，修改所需要的参数确定窗口即可

续表

<table>
<tr><th colspan="2">工具名称</th><th>操作方法</th></tr>
<tr><td colspan="2">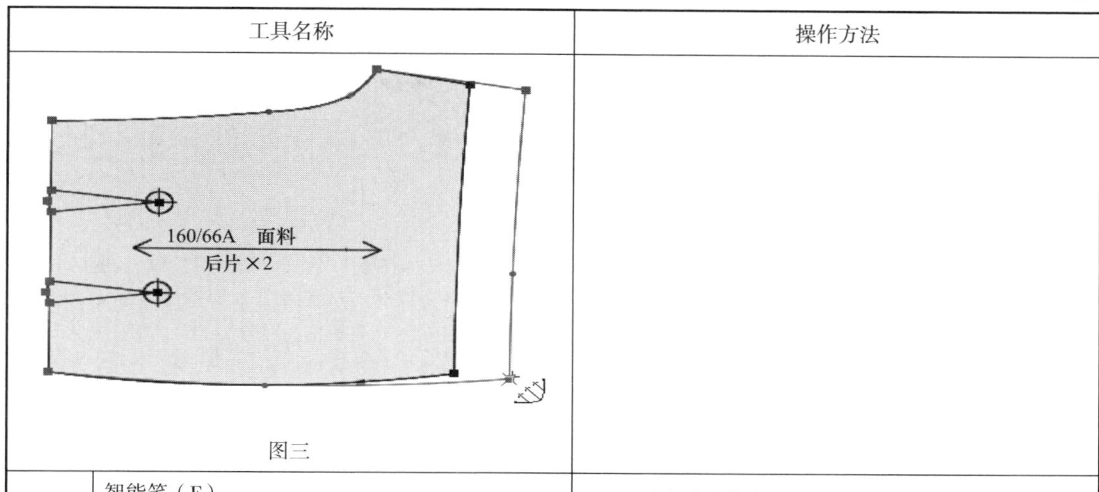

图三</td><td></td></tr>
<tr><td></td><td>智能笔（F）
主要功能：综合多种工具功能，可以画水平垂直线、45°方向线、折线、曲线、平行线、延长线、单（双）向靠边、连角、平行线、偏移线、省转移，还可删除线等</td><td rowspan="2">1. 画水平垂直线、45°方向线
单击鼠标左键后，再单击鼠标右键可以在曲线与直线中切换，光标变为丁字尺形状时，智能笔可以画水平垂直线、45°方向线。在弹出的对话框中输入需要的长度并单击“确定”按钮即可。如图一所示为袖窿深线、背宽线与袖窿凹势线
2. 画任意方向线段
单击鼠标左键后，再单击鼠标右键可以在曲线与直线之间切换，光标变为“曲线”形状时，移动鼠标指针到新位置时单击鼠标左键，再单击鼠标右键，在弹出的对话框中输入需要的长度，单击“确定”按钮即可；任一操作连接任意两点，操作时单击需连接的两点，按右键结束即可。如图一所示，用此工具连接肩线
3. 画矩形
选择该工具，在工作区空白处拉框可画矩形
4. 画曲线和折线
单击鼠标左键后再单击鼠标右键，光标变为“曲线”形状时，左键单击三点后再单击鼠标右键结束可画曲线，在画曲线的同时按Shift键，可切换成画折线。如图一所示，肩线与袖窿曲线可用该工具一次完成
5. 平行线与延长线
（1）平行线操作一：选择该工具，对准参照作平行的线段后拖拉鼠标移动到新位置再单击光标，在弹出的对话框中输入平行距离确定窗口即可。如参照上平线画胸围线或腰围线等。此操作为不相交等距线功能操作</td></tr>
<tr><td colspan="2">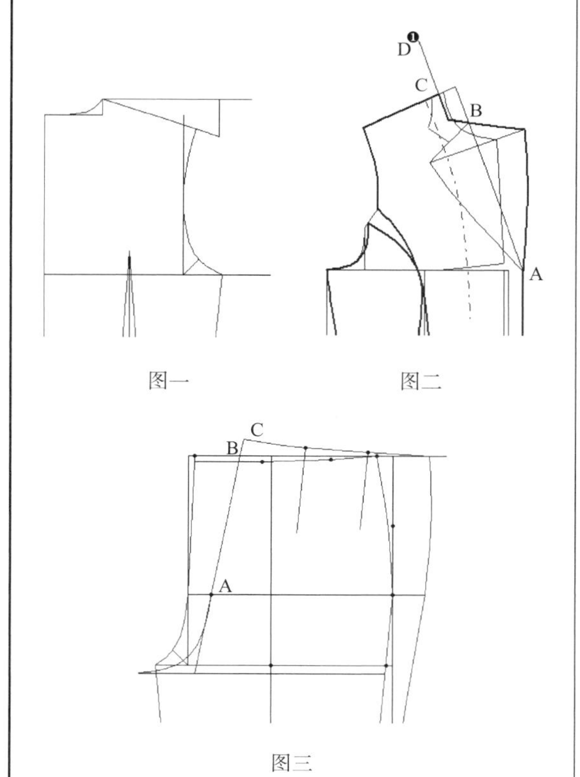

图一　　图二
图三</td></tr>
</table>

❶ 图中表示变量的字母应该用斜体，因为软件自动生成正体，为了与软件一致，本书全部用正体表示。——编者注

续表

<table>
<tr><th>工具名称</th><th>操作方法</th></tr>
<tr><td>
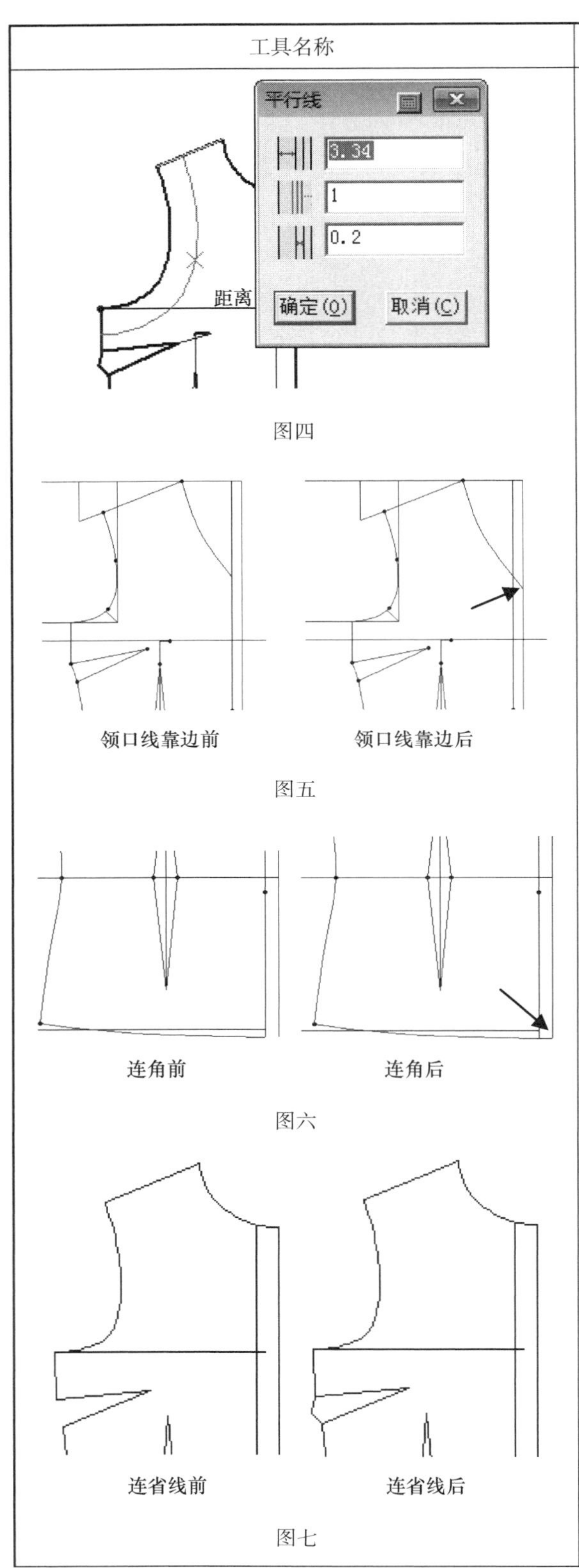

图四
图五
图六
图七
</td><td>
（2）平行线操作二：选择该工具，鼠标指针对准A点按住不放移到B点松开鼠标，再单击C点，移动鼠标指针到新位置处再单击，在弹出的对话框中输入所需绘画平行线长度确定窗口即可。如图二所示，配制西装领
（3）画延长线：选择该工具，按键盘上的Shift键，鼠标右键单击靠近B点处线段AB，在弹出的对话框中输入所需延长线段长度并确定窗口即可。如图三所示，画裤子的后裆起翘高度线
6. 绘相交等距线
在操作时按键盘上的Shift键，拖拽选择袖窿曲线，再分别单击肩线与侧缝线，移动鼠标到新位置再单击鼠标，在弹出的对话框中输入贴边宽度确定窗口即可，如图四所示袖窿贴边编辑
7. 单向靠边功能
用智能笔先框选想要延长靠边的线（一条或多条），然后单击被靠边的段线，再单击鼠标右键，完成单向靠边工作，如图五所示，领口线向前止口延长边
8. 双向靠边功能
用智能笔先框选想要双向靠边的各线（一条或多条），然后分别单击被靠边的两条线段，被框选的各线都会自动双向靠边到指定的两条线段上
9. 连角功能
用智能笔拉框选择要连角的两条线段，可以先框选一条线段，再框选任一条线段，也可以同时框选（但是不能多选），被框选线段变红色，单击鼠标键，两条段即被连角，单击鼠标右键的位置决定了连角形成方向，如图六所示
10. 加省山功能
用智能笔拉框选择要连省山的省道两边及与省相连的两条边线后，按右键即可，单击右键位置为省道折转的方向，如图七所示
</td></tr>
</table>

续表

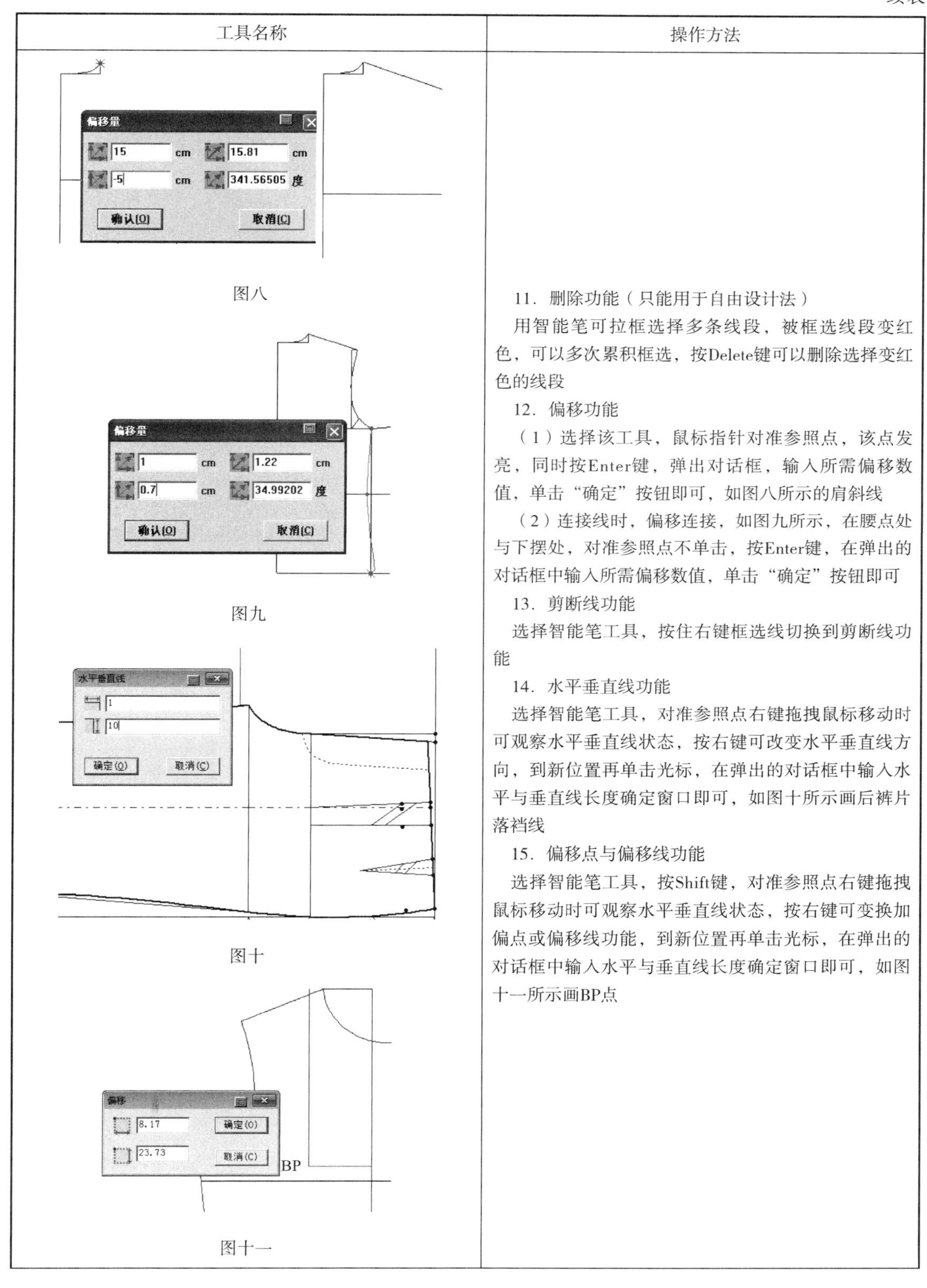

工具名称	操作方法
图八 图九 图十 图十一	11. 删除功能（只能用于自由设计法） 用智能笔可拉框选择多条线段，被框选线段变红色，可以多次累积框选，按Delete键可以删除选择变红色的线段 12. 偏移功能 （1）选择该工具，鼠标指针对准参照点，该点发亮，同时按Enter键，弹出对话框，输入所需偏移数值，单击“确定”按钮即可，如图八所示的肩斜线 （2）连接线时，偏移连接，如图九所示，在腰点处与下摆处，对准参照点不单击，按Enter键，在弹出的对话框中输入所需偏移数值，单击“确定”按钮即可 13. 剪断线功能 选择智能笔工具，按住右键框选线切换到剪断线功能 14. 水平垂直线功能 选择智能笔工具，对准参照点右键拖拽鼠标移动时可观察水平垂直线状态，按右键可改变水平垂直线方向，到新位置再单击光标，在弹出的对话框中输入水平与垂直线长度确定窗口即可，如图十所示画后裤片落裆线 15. 偏移点与偏移线功能 选择智能笔工具，按Shift键，对准参照点右键拖拽鼠标移动时可观察水平垂直线状态，按右键可变换加偏点或偏移线功能，到新位置再单击光标，在弹出的对话框中输入水平与垂直线长度确定窗口即可，如图十一所示画BP点

续表

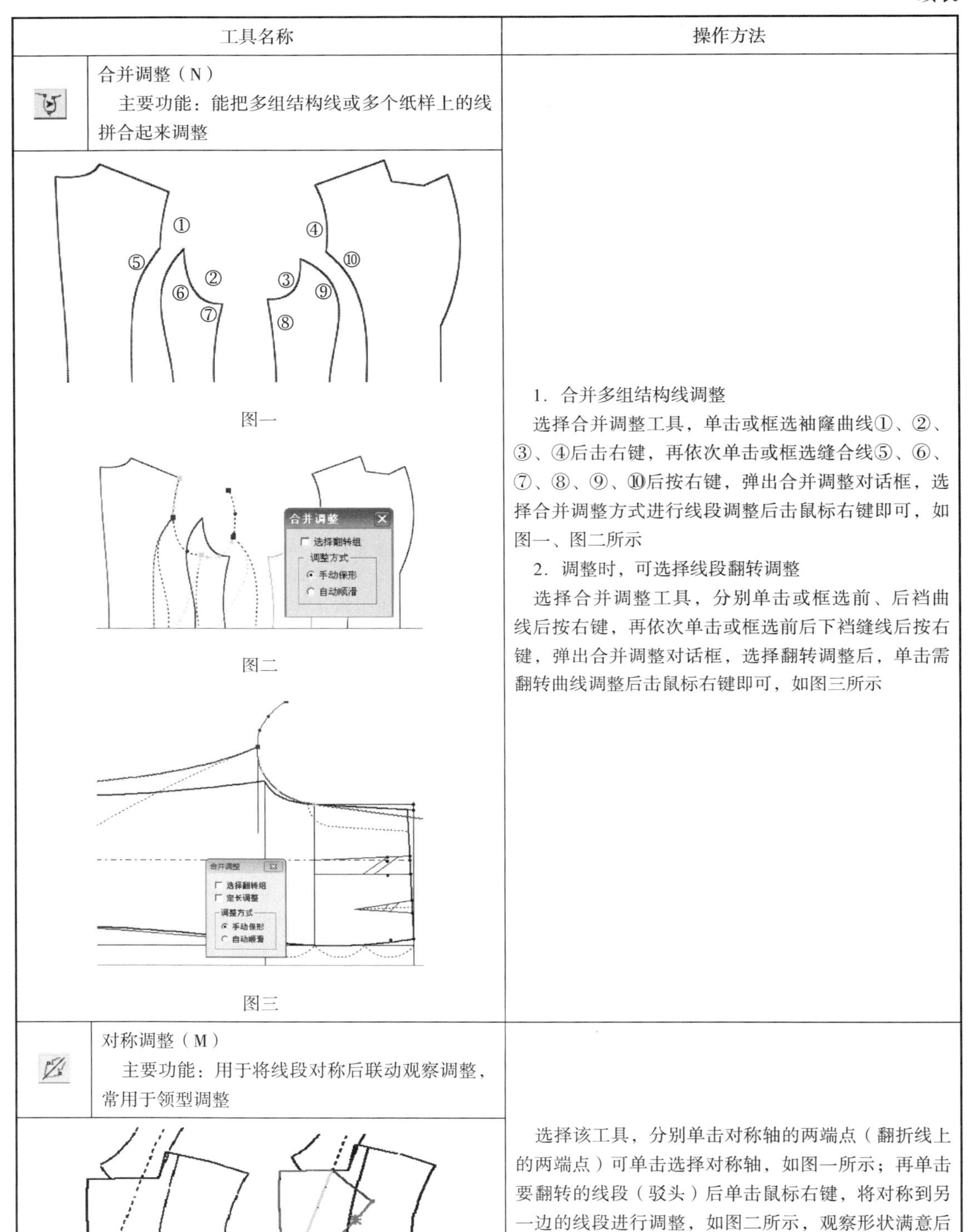

工具名称	操作方法
合并调整（N） 主要功能：能把多组结构线或多个纸样上的线拼合起来调整 图一 图二 图三	1. 合并多组结构线调整 选择合并调整工具，单击或框选袖窿曲线①、②、③、④后击右键，再依次单击或框选缝合线⑤、⑥、⑦、⑧、⑨、⑩后按右键，弹出合并调整对话框，选择合并调整方式进行线段调整后击鼠标右键即可，如图一、图二所示 2. 调整时，可选择线段翻转调整 选择合并调整工具，分别单击或框选前、后裆曲线后按右键，再依次单击或框选前后下裆缝线后按右键，弹出合并调整对话框，选择翻转调整后，单击需翻转曲线调整后击鼠标右键即可，如图三所示
对称调整（M） 主要功能：用于将线段对称后联动观察调整，常用于领型调整 图一 图二	选择该工具，分别单击对称轴的两端点（翻折线上的两端点）可单击选择对称轴，如图一所示；再单击要翻转的线段（驳头）后单击鼠标右键，将对称到另一边的线段进行调整，如图二所示，观察形状满意后击右键结束即可

续表

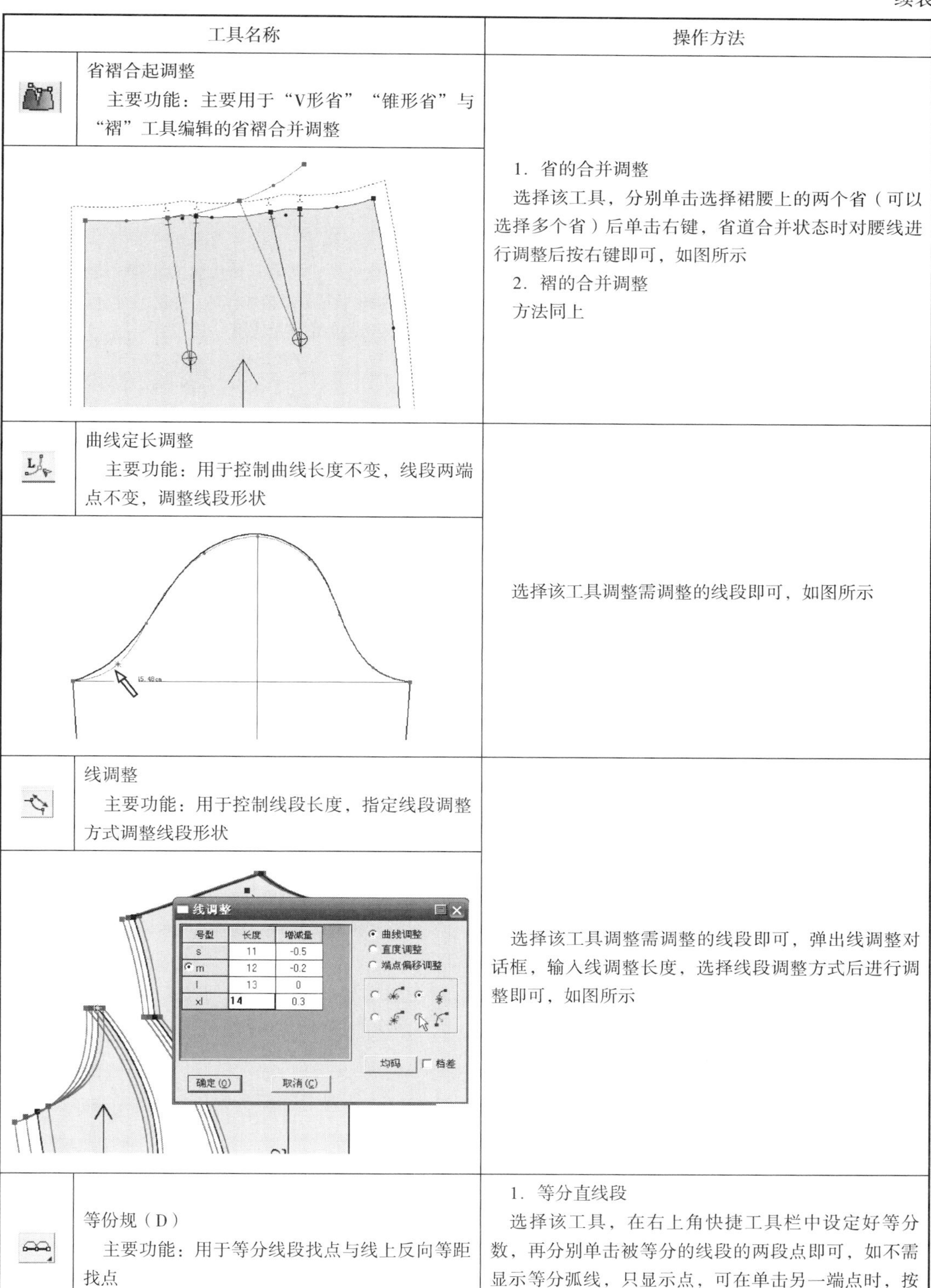

工具名称	操作方法
省褶合起调整 主要功能：主要用于“V形省”“锥形省”与“褶”工具编辑的省褶合并调整	1. 省的合并调整 选择该工具，分别单击选择裙腰上的两个省（可以选择多个省）后单击右键，省道合并状态时对腰线进行调整后按右键即可，如图所示 2. 褶的合并调整 方法同上
曲线定长调整 主要功能：用于控制曲线长度不变，线段两端点不变，调整线段形状	选择该工具调整需调整的线段即可，如图所示
线调整 主要功能：用于控制线段长度，指定线段调整方式调整线段形状	选择该工具调整需调整的线段即可，弹出线调整对话框，输入线调整长度，选择线段调整方式后进行调整即可，如图所示
等份规（D） 主要功能：用于等分线段找点与线上反向等距找点	1. 等分直线段 选择该工具，在右上角快捷工具栏中设定好等分数，再分别单击被等分的线段的两段点即可，如不需显示等分弧线，只显示点，可在单击另一端点时，按右键进行切换，如图一所示

续表

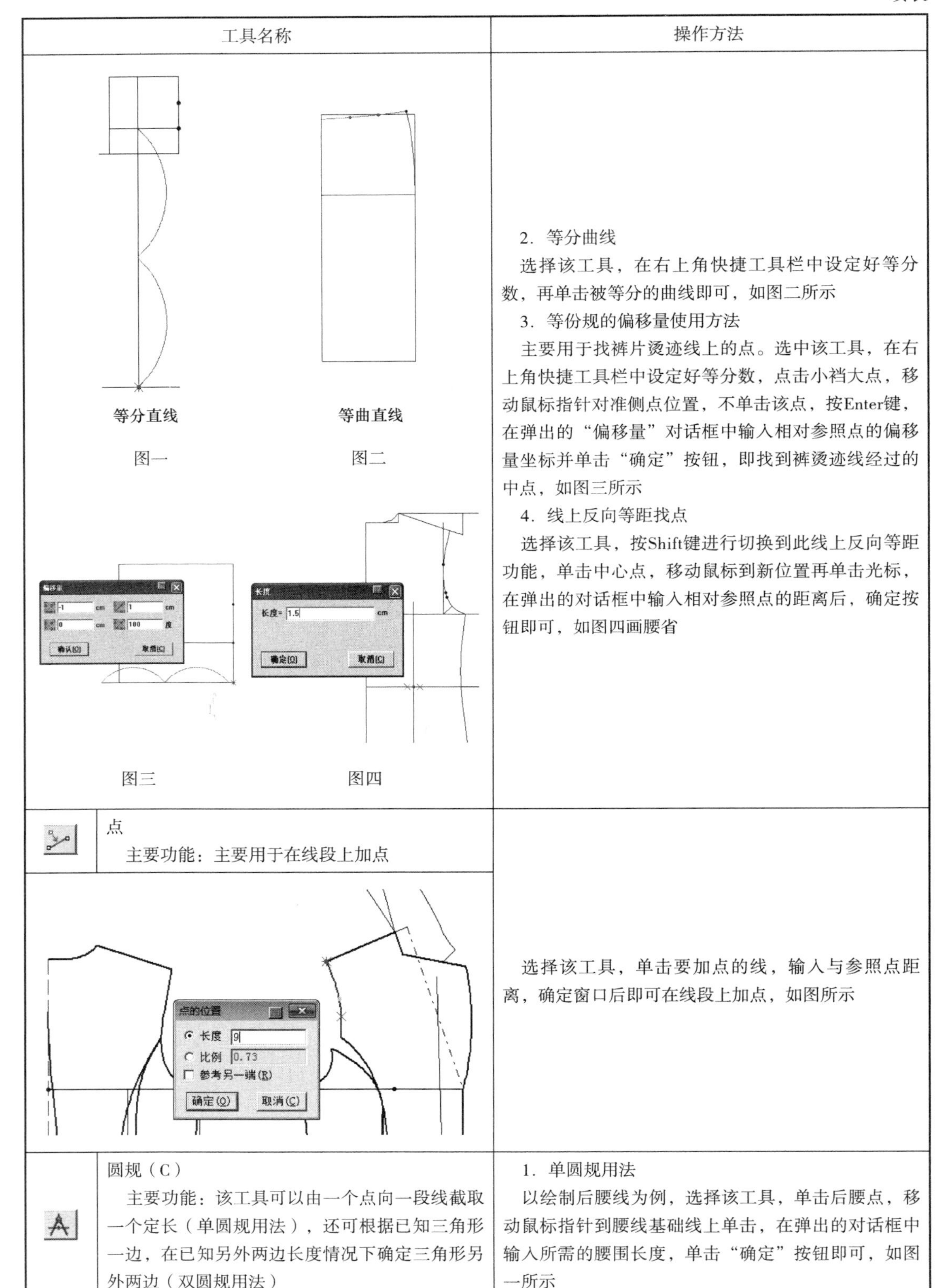

工具名称	操作方法
等分直线 图一 等曲直线 图二 图三 图四	2. 等分曲线 选择该工具，在右上角快捷工具栏中设定好等分数，再单击被等分的曲线即可，如图二所示 3. 等份规的偏移量使用方法 主要用于找裤片烫迹线上的点。选中该工具，在右上角快捷工具栏中设定好等分数，点击小裆大点，移动鼠标指针对准侧点位置，不单击该点，按Enter键，在弹出的“偏移量”对话框中输入相对参照点的偏移量坐标并单击“确定”按钮，即找到裤烫迹线经过的中点，如图三所示 4. 线上反向等距找点 选择该工具，按Shift键进行切换到此线上反向等距功能，单击中心点，移动鼠标到新位置再单击光标，在弹出的对话框中输入相对参照点的距离后，确定按钮即可，如图四画腰省
点 主要功能：主要用于在线段上加点	选择该工具，单击要加点的线，输入与参照点距离，确定窗口后即可在线段上加点，如图所示
圆规（C） 主要功能：该工具可以由一个点向一段线截取一个定长（单圆规用法），还可根据已知三角形一边，在已知另外两边长度情况下确定三角形另外两边（双圆规用法）	1. 单圆规用法 以绘制后腰线为例，选择该工具，单击后腰点，移动鼠标指针到腰线基础线上单击，在弹出的对话框中输入所需的腰围长度，单击“确定”按钮即可，如图一所示

续表

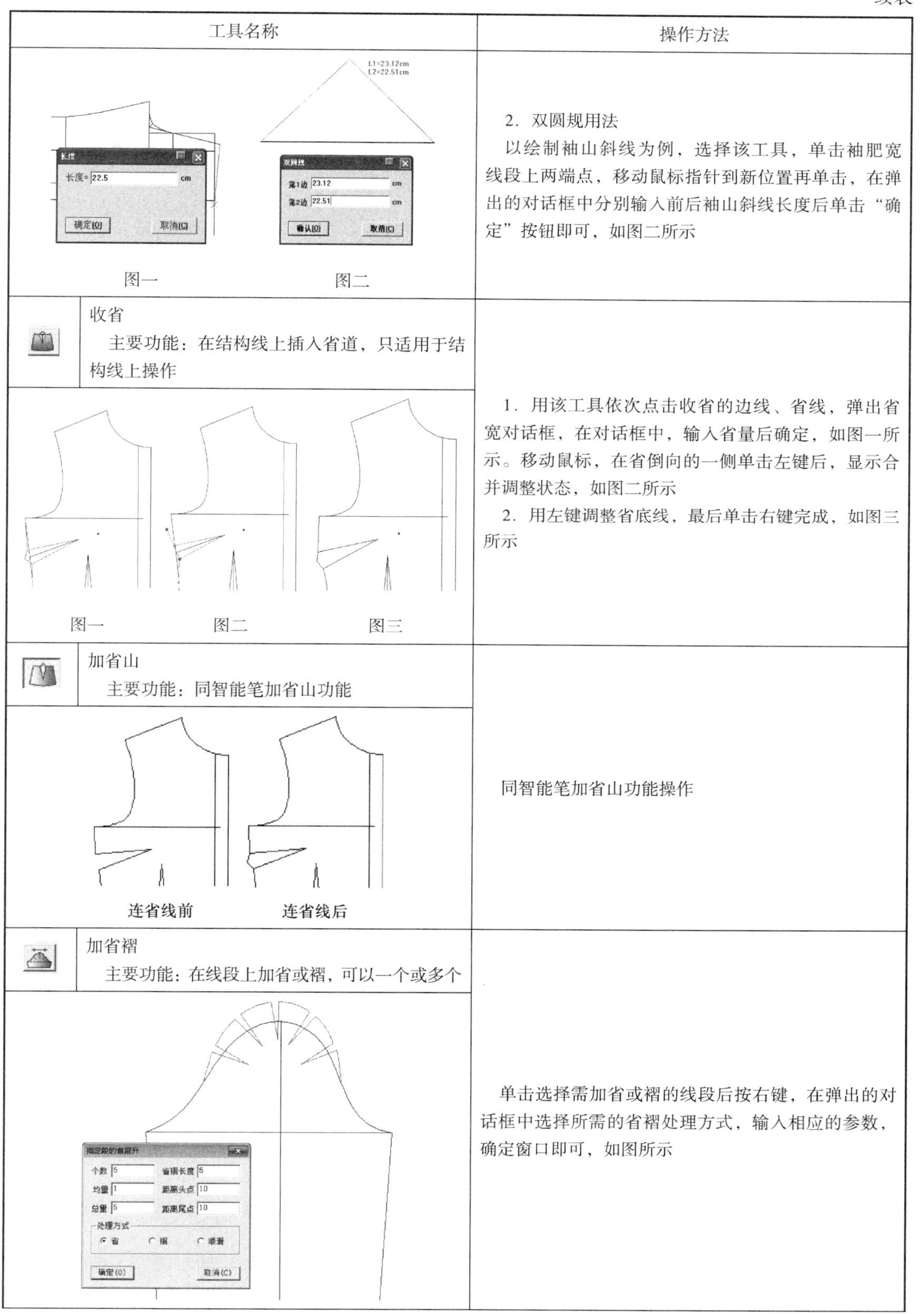

工具名称	操作方法
图一　图二	2. 双圆规用法 以绘制袖山斜线为例，选择该工具，单击袖肥宽线段上两端点，移动鼠标指针到新位置再单击，在弹出的对话框中分别输入前后袖山斜线长度后单击“确定”按钮即可，如图二所示
收省 主要功能：在结构线上插入省道，只适用于结构线上操作 图一　图二　图三	1. 用该工具依次点击收省的边线、省线，弹出省宽对话框，在对话框中，输入省量后确定，如图一所示。移动鼠标，在省倒向的一侧单击左键后，显示合并调整状态，如图二所示 2. 用左键调整省底线，最后单击右键完成，如图三所示
加省山 主要功能：同智能笔加省山功能 连省线前　连省线后	同智能笔加省山功能操作
加省褶 主要功能：在线段上加省或褶，可以一个或多个	单击选择需加省或褶的线段后按右键，在弹出的对话框中选择所需的省褶处理方式，输入相应的参数，确定窗口即可，如图所示

续表

工具名称	操作方法
转省 主要功能：此工具用于将纸样上的省道进行转移 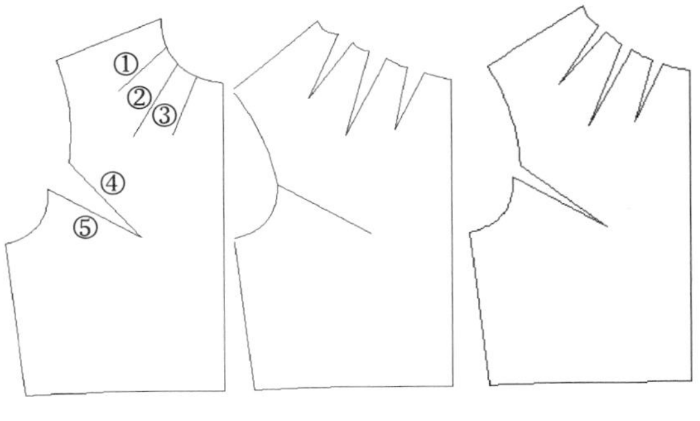 图一　　图二　　图三	1. 全省转移 单击该工具，如图一所示，框选与要转省有关的全部线段后单击鼠标右键，然后单击新省线①、②、③后单击鼠标右键，再单击合并省边④与⑤后省道全部被转移到领口的三条省线中，如图二所示 2. 可作部分省转移 在上述操作过程中，单击合并省边④与⑤时，加按Ctrl键，可作部分省转移，如图三所示 以上的操作转省时，新省线可以是一条或多条，操作方法一样
褶展开 主要功能：主要用于结构线工字褶与刀褶展开 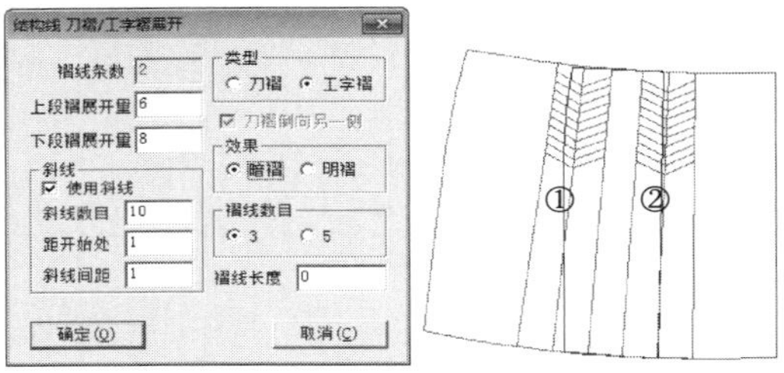 图一 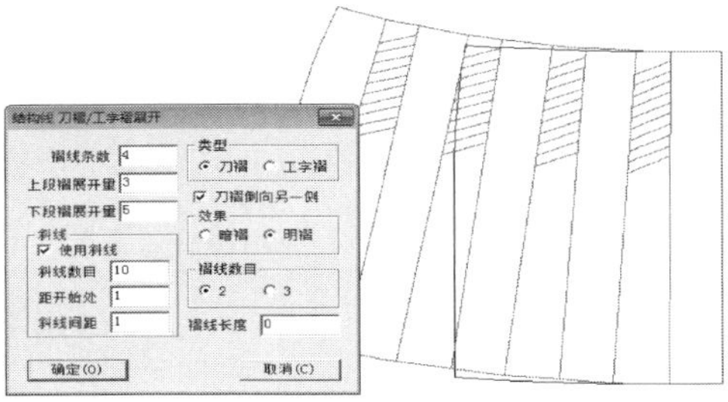 图二	1. 有展开线的操作 选择该工具，框选整个结构设计线后，靠近固定端单击选择上段折线（框选多条后按右键），然后再靠近固定端单击选择下段折线（框选多条后按右键），再单击展开线或框选展开线后单击鼠标右键（可以依次单击多条褶展开线或框选多条褶展开线），在弹出的对话框中，选择褶展开的类型及展开量等参数后确认窗口即可，如图一所示 2. 无展开线的操作 选择该工具，框选整个结构设计线后，靠近固定端单击选择上段折线（多条框选后按右键），然后再靠近固定端单击选择下段折线（多条框选后按右键），再单击鼠标右键，在弹出的对话框中，选择褶展开的类型，输入褶展开条数及其他参数后确认窗口即可，如图二所示
分割、展开、去除余量 主要功能：对结构线进行修改，可对一组线展开或去除余量。适用于在结构线上操作。常用于对领、荷叶边、缩褶展开与大摆裙等的处理	1. 对没有分割线的样片进行分割展开操作 单击选择该工具，框选线段①、②、③后单击鼠标右键，然后单击不伸缩线①后（多段框选）单击鼠标右键，再单击伸缩线③后（多段框选）单击鼠标右键，在弹出的对话框内输入相应的参数，选择分割的处理方式后确认窗口即可，如图一所示；裙摆的切展变化同上，展开后如图二所示

续表

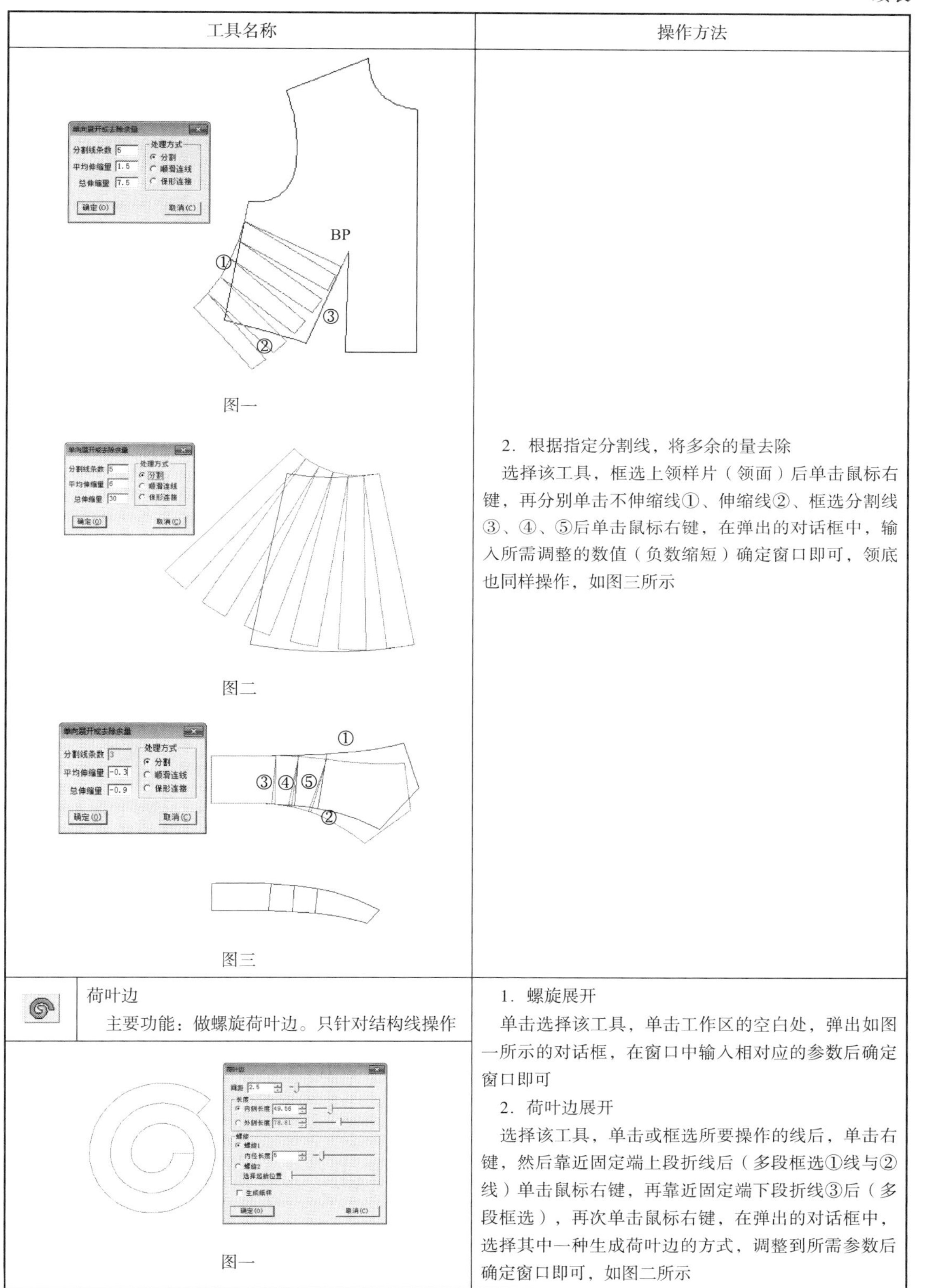

工具名称		操作方法
图一 图二 图三		2. 根据指定分割线，将多余的量去除 选择该工具，框选上领样片（领面）后单击鼠标右键，再分别单击不伸缩线①、伸缩线②、框选分割线③、④、⑤后单击鼠标右键，在弹出的对话框中，输入所需调整的数值（负数缩短）确定窗口即可，领底也同样操作，如图三所示
	荷叶边 主要功能：做螺旋荷叶边。只针对结构线操作	1. 螺旋展开 单击选择该工具，单击工作区的空白处，弹出如图一所示的对话框，在窗口中输入相对应的参数后确定窗口即可 2. 荷叶边展开 选择该工具，单击或框选所要操作的线后，单击右键，然后靠近固定端上段折线后（多段框选①线与②线）单击鼠标右键，再靠近固定端下段折线③后（多段框选），再次单击鼠标右键，在弹出的对话框中，选择其中一种生成荷叶边的方式，调整到所需参数后确定窗口即可，如图二所示
图一		

续表

工具名称	操作方法
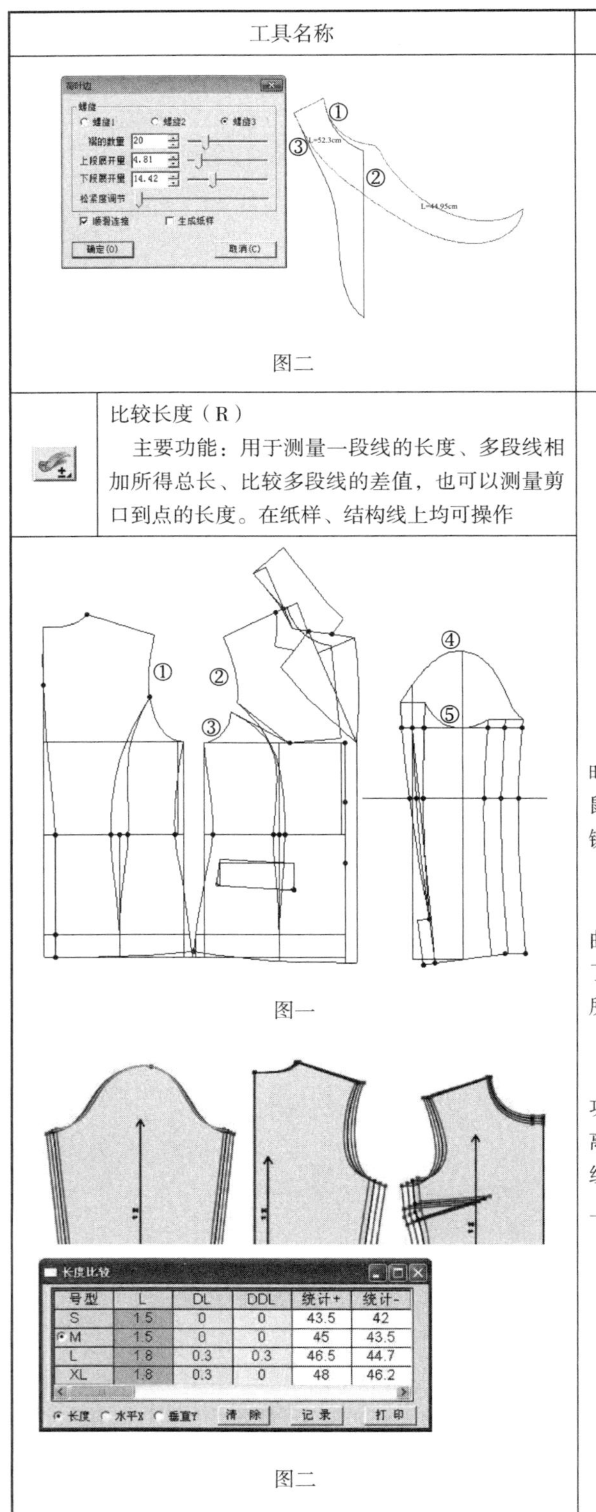 图二	
比较长度（R） 主要功能：用于测量一段线的长度、多段线相加所得总长、比较多段线的差值，也可以测量剪口到点的长度。在纸样、结构线上均可操作	1. 测量一条线段长度或多条线段总长度 选择该工具，单击线段后按右键即可；测量多条时，单击如图一所示的袖窿曲线段①、②、③后单击鼠标右键，可框选线段（一条或几条），单击鼠标右键即可 2. 比较多条线段差值 选择袖山曲线后按右键，再单击或框选另一组袖窿曲线段，单击鼠标右键，弹出“长度比较”对话框，了解袖窿配合状况，以便调整袖窿配合吃势，如图二所示 3. 测量两点间距离 测量时，按Shift键，可切换成测量两点间距离功能，可以用于测量两点（可见点或非可见点）间距离、点到线直线距离、水平距离、垂直距离、两点多组间距离总和或两组间距离的差值。在纸样、结构线上均能操作，如图三所示
图一 图二	

续表

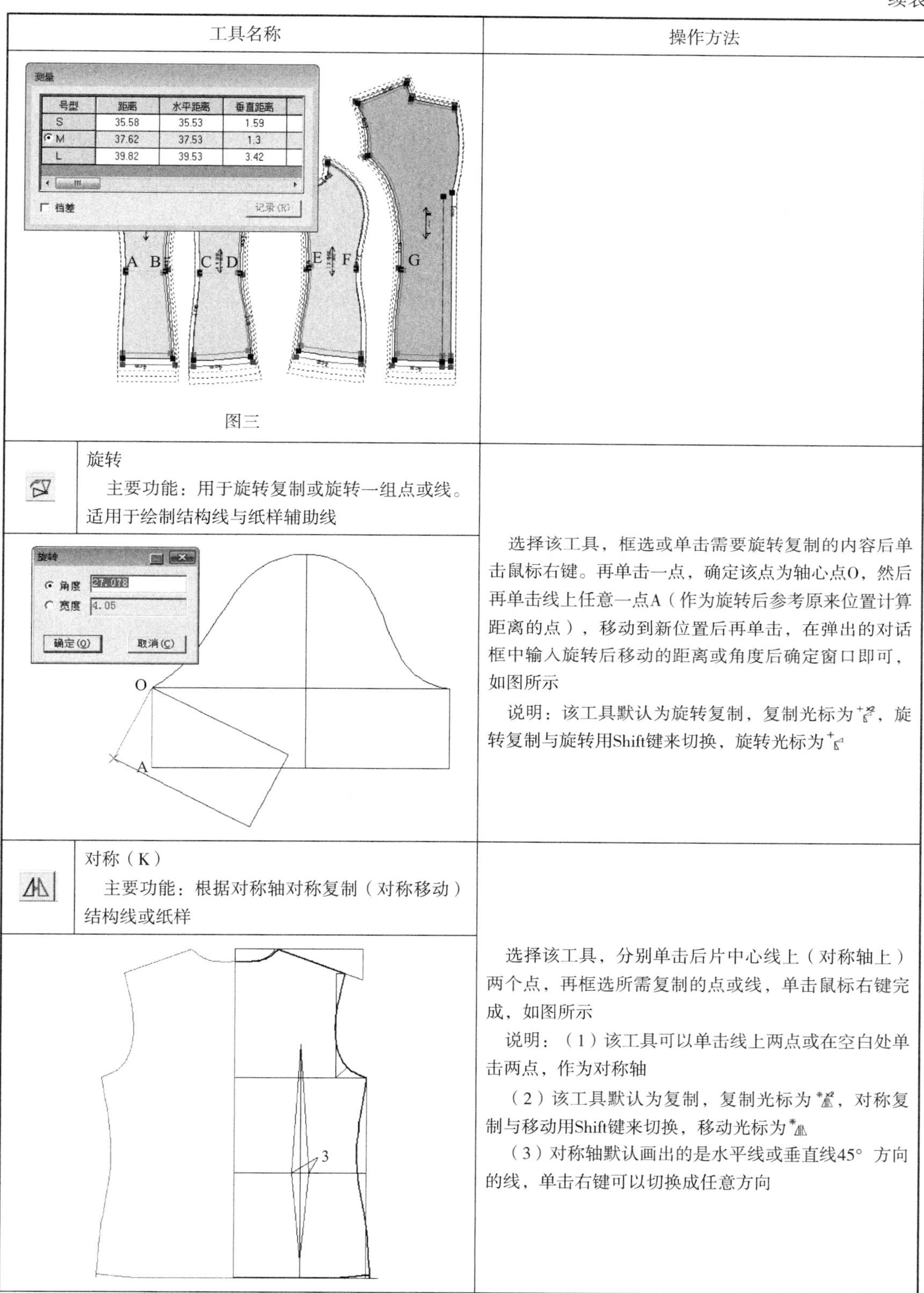

工具名称		操作方法
图三		
	旋转 主要功能：用于旋转复制或旋转一组点或线。适用于绘制结构线与纸样辅助线	选择该工具，框选或单击需要旋转复制的内容后单击鼠标右键。再单击一点，确定该点为轴心点O，然后再单击线上任意一点A（作为旋转后参考原来位置计算距离的点），移动到新位置后再单击，在弹出的对话框中输入旋转后移动的距离或角度后确定窗口即可，如图所示 说明：该工具默认为旋转复制，复制光标为，旋转复制与旋转用Shift键来切换，旋转光标为
	对称（K） 主要功能：根据对称轴对称复制（对称移动）结构线或纸样	选择该工具，分别单击后片中心线上（对称轴上）两个点，再框选所需复制的点或线，单击鼠标右键完成，如图所示 说明：（1）该工具可以单击线上两点或在空白处单击两点，作为对称轴 （2）该工具默认为复制，复制光标为，对称复制与移动用Shift键来切换，移动光标为 （3）对称轴默认画出的是水平线或垂直线45° 方向的线，单击右键可以切换成任意方向

续表

工具名称		操作方法
	移动（G） 主要功能：用于复制或移动一组点、线、扣眼、扣位等	选中该工具，框选所需复制的内容，单击鼠标右键结束选择，单击其中任何一个参考点（此点为该组移动到最终位置的位移参照点），移动到目标位置后按Enter键，在弹出的对话框内输入移动数值，确认窗口即可。如在操作时按Enter键改为单击左键，则默认在鼠标单击的位置，如图所示 说明：（1）该工具默认为复制，复制光标为，复制与移动用Shift键来切换，移动光标为 （2）按Ctrl键，可在水平或垂直方向上移动 （3）复制或移动时按Enter键，弹出位置偏移对话框 （4）复制或移动时按右键，可以上、下、左、右翻转复制或移动
	对接 主要功能：用于把一组线向另一组线上对接	选择该工具，分别单击左图所示的①、②、③、④点（或分别单击线段①③与线段②④ 注意：单击时靠近对接点即肩颈点），再单击或框选线段⑤、⑥、⑦后，单击鼠标右键。后片的领口线、后中线与袖窿线被移动对接到前片肩上，可观察领口配合状态，还可在此基础上配制扁领，如图所示
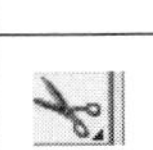	剪刀（W） 主要功能：用于从结构线或辅助线上拾取纸样	1. 方法一 选择该工具，单击纸样轮廓线上任意一点，顺时针依次单击轮廓线（拾取曲线时，可先单击曲线的一端点，再单击曲线，然后再单击另一端点），样片拾取结束时，再单击第一个被拾取的点，纸样即刻生成，自动被放入纸样列表框中，如左图所示 2. 方法二 用该工具单击或框选围成纸样的线，最后单击右键，系统按最大区域形成纸样，如左图所示 3. 方法三 按住Shift键，用该工具单击形成纸样的区域，则有颜色填充，可连续单击多个区域，最后单击右键完成
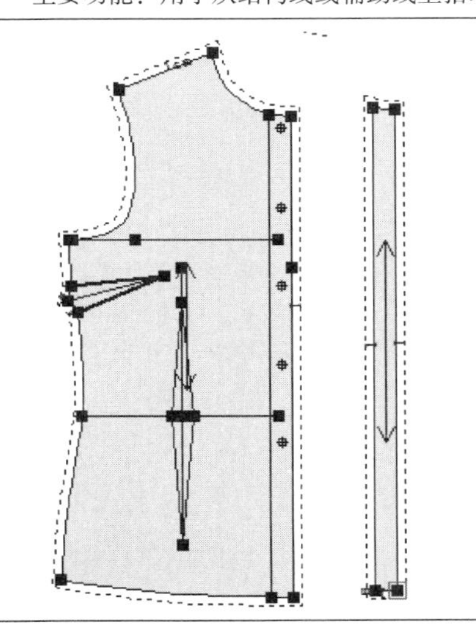		

续表

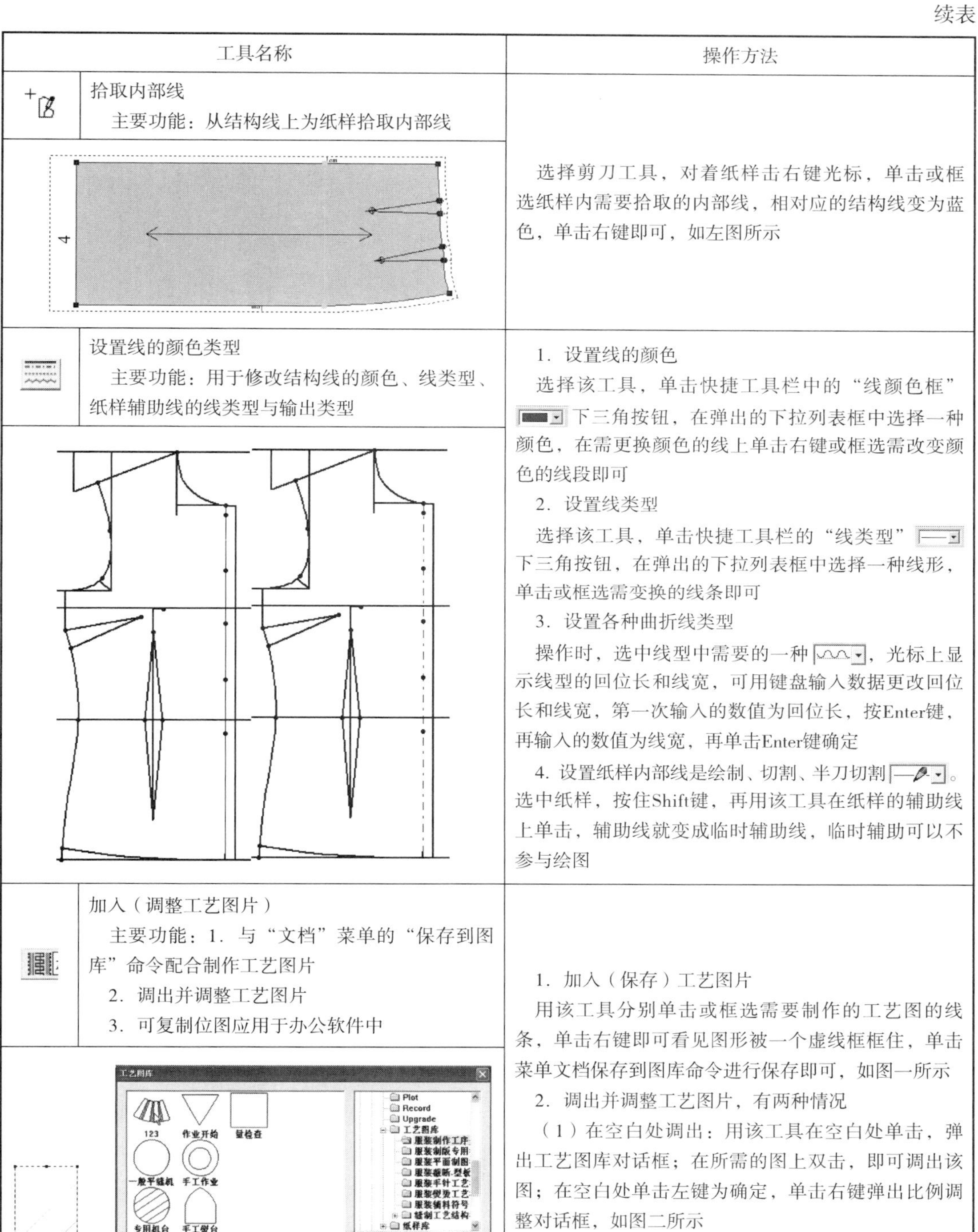

工具名称	操作方法
拾取内部线 主要功能：从结构线上为纸样拾取内部线	选择剪刀工具，对着纸样击右键光标，单击或框选纸样内需要拾取的内部线，相对应的结构线变为蓝色，单击右键即可，如左图所示
设置线的颜色类型 主要功能：用于修改结构线的颜色、线类型、纸样辅助线的线类型与输出类型	1. 设置线的颜色 选择该工具，单击快捷工具栏中的“线颜色框”下三角按钮，在弹出的下拉列表框中选择一种颜色，在需更换颜色的线上单击右键或框选需改变颜色的线段即可 2. 设置线类型 选择该工具，单击快捷工具栏的“线类型”下三角按钮，在弹出的下拉列表框中选择一种线形，单击或框选需变换的线条即可 3. 设置各种曲折线类型 操作时，选中线型中需要的一种，光标上显示线型的回位长和线宽，可用键盘输入数据更改回位长和线宽，第一次输入的数值为回位长，按Enter键，再输入的数值为线宽，再单击Enter键确定 4. 设置纸样内部线是绘制、切割、半刀切割。选中纸样，按住Shift键，再用该工具在纸样的辅助线上单击，辅助线就变成临时辅助线，临时辅助可以不参与绘图
加入（调整工艺图片） 主要功能：1. 与“文档”菜单的“保存到图库”命令配合制作工艺图片 2. 调出并调整工艺图片 3. 可复制位图应用于办公软件中 图一　　图二	1. 加入（保存）工艺图片 用该工具分别单击或框选需要制作的工艺图的线条，单击右键即可看见图形被一个虚线框框住，单击菜单文档保存到图库命令进行保存即可，如图一所示 2. 调出并调整工艺图片，有两种情况 （1）在空白处调出：用该工具在空白处单击，弹出工艺图库对话框；在所需的图上双击，即可调出该图；在空白处单击左键为确定，单击右键弹出比例调整对话框，如图二所示 （2）在纸样上调出：用该工具在纸样上单击，弹出工艺图库对话框；在所需的图上双击，即可调出该图

续表

工具名称		操作方法
T	加文字 主要功能：用于在结构图上或纸样上加文字、移动文字、修改或删除文字，且各个码上的文字可以不一样	1. 加文字 单击该图标，在工作区中单击，弹出“文字”对话框，输入文字，可设置文字的字体、文字大小与角度等，转行时按Enter键即可，还可在词库里选择词组，如图一所示。按住鼠标左键拖动，根据所画线的方向确定文字的角度 2. 移动文字 用该工具在文字上单击，文字被选中，拖动鼠标移至恰当的位置再次单击鼠标即可 3. 修改或删除文字 把该工具光标移到需修改的文字上，当文字变亮后单击右键或按Enter键，在弹出的对话框中修改或删除文字后，确定窗口即可，如图二所示
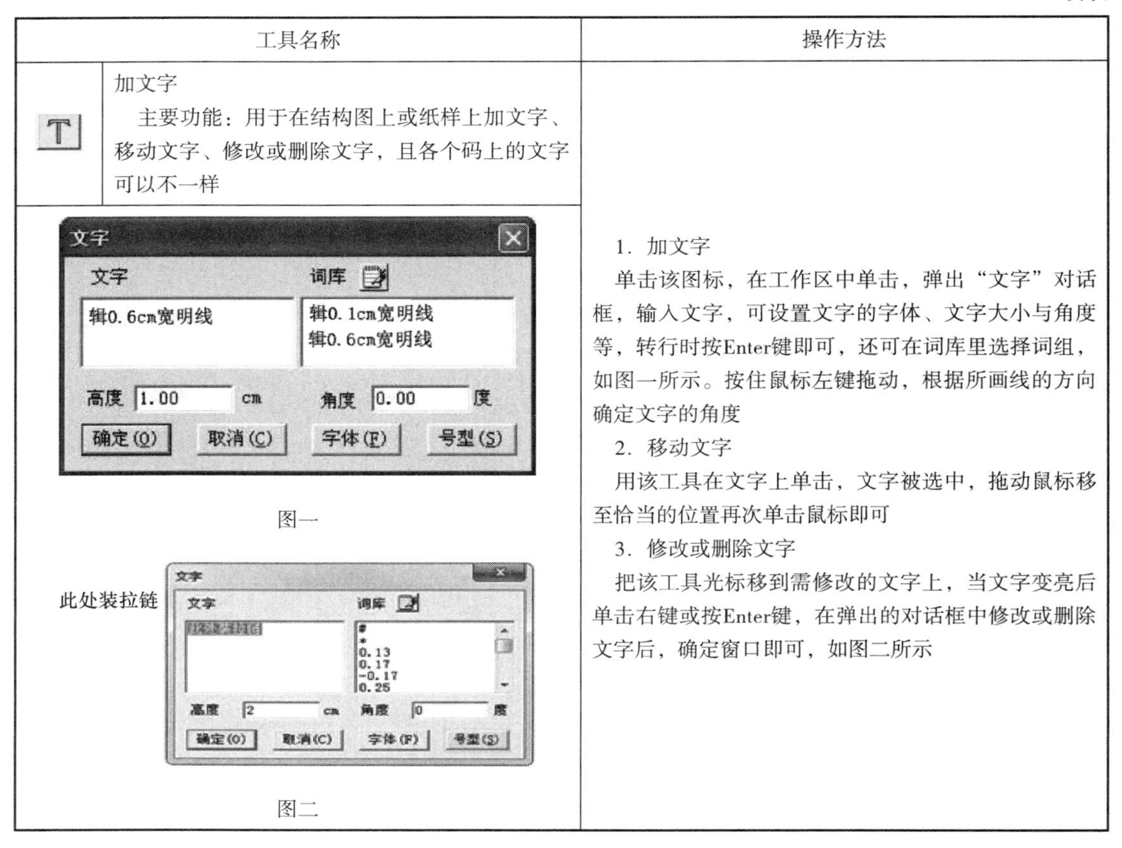 图一 图二		

二、纸样工具栏介绍

纸样工具栏工具主要对纸样进行操作，包括在纸样上操作的“选择纸样控制点”“缝迹线”“绗缝线”“加缝份”“做衬”“剪口”“眼位”“钻孔”“旋转衣片”“分割纸样”“纸样对称”“比拼行走”等工具（图2–3），具体操作方法如表2–2所示。

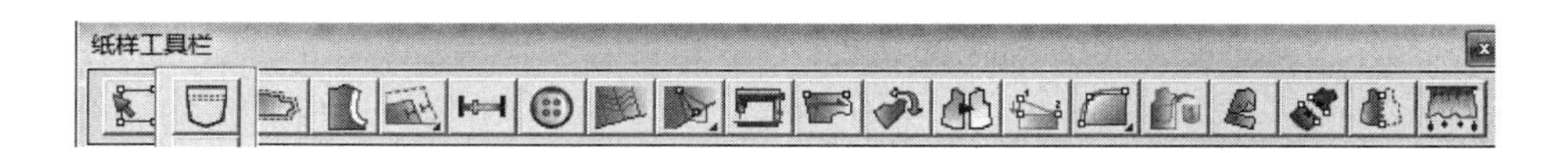

图2–3 纸样工具栏

表2–2 纸样工具栏工具介绍

工具名称		操作方法
(图标)	选择纸样控制点 主要功能：用来选中纸样、选中纸样上边线点、选中辅助线上的点、修改点的属性	1. 选中纸样 用该工具在纸样单击即可，如果要同时选中多个纸样，只要框选各纸样的一个放码点即可

续表

工具名称	操作方法
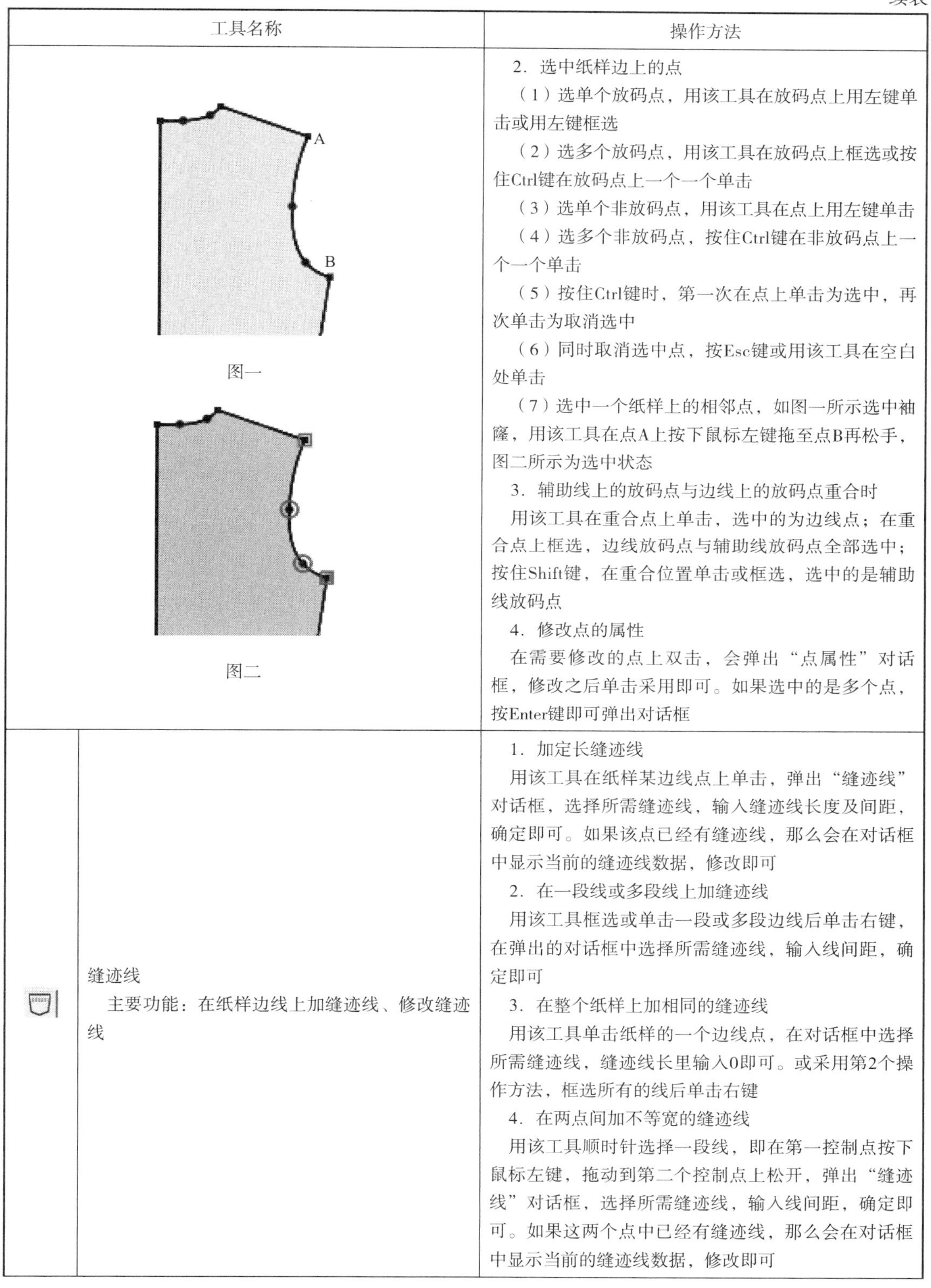 图一 图二	2. 选中纸样边上的点 （1）选单个放码点，用该工具在放码点上用左键单击或用左键框选 （2）选多个放码点，用该工具在放码点上框选或按住Ctrl键在放码点上一个一个单击 （3）选单个非放码点，用该工具在点上用左键单击 （4）选多个非放码点，按住Ctrl键在非放码点上一个一个单击 （5）按住Ctrl键时，第一次在点上单击为选中，再次单击为取消选中 （6）同时取消选中点，按Esc键或用该工具在空白处单击 （7）选中一个纸样上的相邻点，如图一所示选中袖窿，用该工具在点A上按下鼠标左键拖至点B再松手，图二所示为选中状态 3. 辅助线上的放码点与边线上的放码点重合时 用该工具在重合点上单击，选中的为边线点；在重合点上框选，边线放码点与辅助线放码点全部选中；按住Shift键，在重合位置单击或框选，选中的是辅助线放码点 4. 修改点的属性 在需要修改的点上双击，会弹出“点属性”对话框，修改之后单击采用即可。如果选中的是多个点，按Enter键即可弹出对话框
缝迹线 主要功能：在纸样边线上加缝迹线、修改缝迹线	1. 加定长缝迹线 用该工具在纸样某边线点上单击，弹出“缝迹线”对话框，选择所需缝迹线，输入缝迹线长度及间距，确定即可。如果该点已经有缝迹线，那么会在对话框中显示当前的缝迹线数据，修改即可 2. 在一段线或多段线上加缝迹线 用该工具框选或单击一段或多段边线后单击右键，在弹出的对话框中选择所需缝迹线，输入线间距，确定即可 3. 在整个纸样上加相同的缝迹线 用该工具单击纸样的一个边线点，在对话框中选择所需缝迹线，缝迹线长里输入0即可。或采用第2个操作方法，框选所有的线后单击右键 4. 在两点间加不等宽的缝迹线 用该工具顺时针选择一段线，即在第一控制点按下鼠标左键，拖动到第二个控制点上松开，弹出“缝迹线”对话框，选择所需缝迹线，输入线间距，确定即可。如果这两个点中已经有缝迹线，那么会在对话框中显示当前的缝迹线数据，修改即可

续表

工具名称		操作方法
		5. 删除缝迹线 用橡皮擦单击即可，也可以在直线类型与曲线类型中选第一种无线型
	绗缝线 主要功能：在纸样上添加绗缝线、修改绗缝线	1. 用该工具单击纸样，纸样边线变色，如图一所示 2. 单击参考线的起点、终点（可以是边线上的点，也可以是辅助线上的点），弹出“绗缝线”对话框 3. 选择合适的线类型，输入适当的数值，确定即可，如图二所示
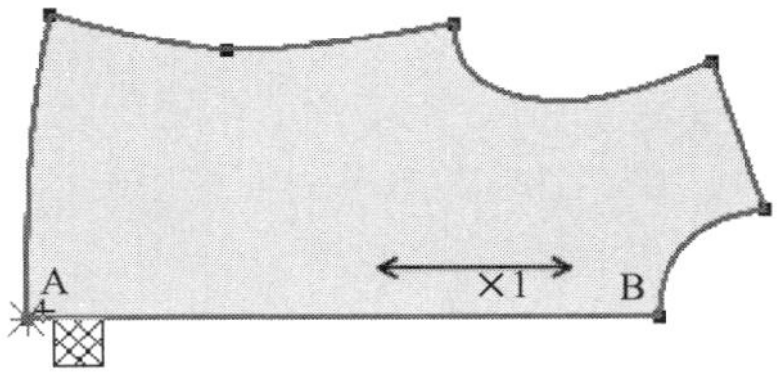 图一 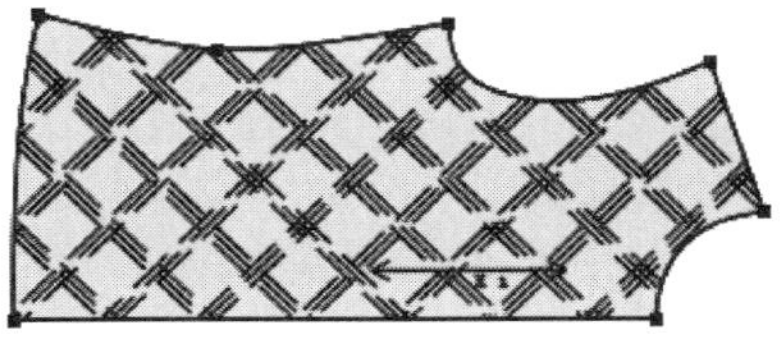 图二		
	加缝份 主要功能：用于给纸样加缝份或修改缝份量及切角	1. 纸样所有边加（修改）相同缝份 用该工具在任一纸样的边线点单击，在弹出“衣片缝份”的对话框中输入缝份量，选择适当的选项，确定即可 2. 多段边线上加（修改）相同缝份量 用该工具同时框选或单独框选加相同缝份的线段，单击右键弹出“加缝份”对话框，输入缝份量，选择适当的切角，确定即可 3. 先定缝份量，再单击纸样边线修改（加）缝份量 选中加缝份工具后，按数字键后按Enter键，再用鼠标在纸样边线上单击，缝份量即被更改 4. 单击边线 用加缝份工具在纸样边线上单击，在弹出的“加缝份”对话框中输入缝份量，确定即可 5. 拖选边线点加（修改）缝份量 用加缝份工具在1点上按住鼠标左键拖至3点上松手，在弹出的“加缝份”对话框中输入缝份量，确定即可 6. 修改单个角的缝份切角 用该工具在需要修改的点上击右键，会弹出“拐角缝份类型”对话框，选择恰当的切角，确定即可 7. 修改两边线等长的切角 选中该工具的状态下按Shift键，光标变为操作图标状态后，分别在靠近切角的两边上单击即可

续表

工具名称		操作方法
	做衬 主要功能：用于在纸样上做朴样、贴样	1．在多个纸样上加数据相等的朴样、贴样 用该工具框选纸样边线后单击右键，在弹出的“衬”对话框中输入合适的数据，确定即可 2．整个纸样上加衬 用该工具单击纸样，纸样边线变色，并弹出对话框，输入数值确定即可
	剪口 主要功能：在纸样边线上加剪口、拐角处加剪口以及辅助线指向边线的位置加剪口，调整剪口的方向，对剪口放码、修改剪口的定位尺寸及属性	1．在控制点上加剪口 用该工具在控制上单击即可 2．在一条线上加剪口 用该工具单击线或框选线，弹出“剪口”对话框，选择适当的选项，输入合适的数值，确定即可 3．在多条线上同时等距加等距剪口 用该工具在需加剪口的线上框选后再击右键，弹出“剪口”对话框，选择适当的选项，输入合适的数值，单击“确定”即可 4．在两点间等份加剪口 用该工具拖选两个点，弹出“比例剪口、等分剪口”对话框，选择等分剪口，输入等分数目，确定即可在选中线段上平均加上剪口
	眼位 主要功能：在纸样上加眼位、修改眼位。在放码的纸样上，各码眼位的数量可以相等也可以不相等	根据眼位的个数与距离，系统自动画出眼位的位置。用这种方式加上的对眼位，在放码时需要一个一个地放 如图所示，用该工具单击前领深点，弹出“加扣眼”对话框；输入偏移量、个数及间距，确定即可
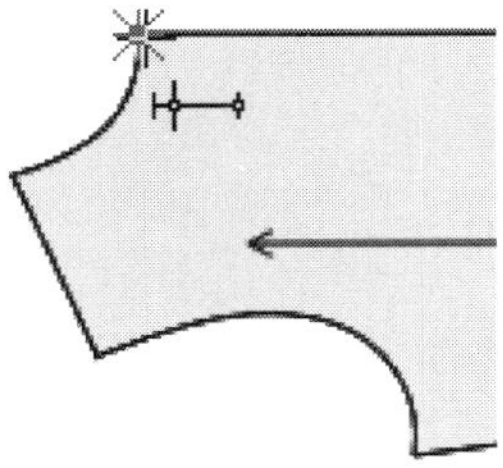 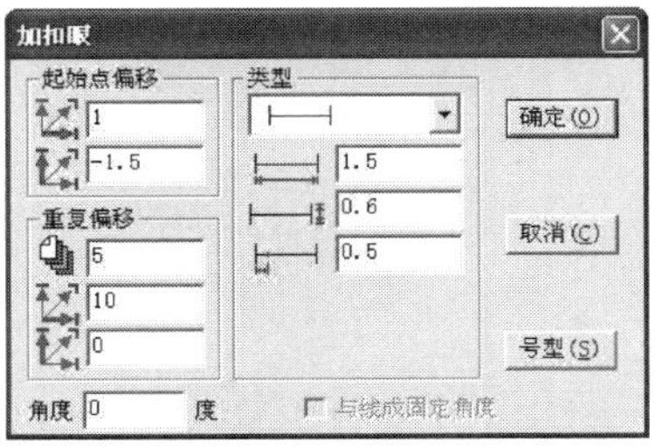 		
	钻孔 主要功能：在纸样上加钻孔（扣位），修改钻孔（扣位）的属性及个数。在放码的纸样上，各码钻孔的数量可以相等也可以不相等	根据钻孔、扣位的个数和距离，系统自动画出钻孔、扣位的位置。用这种方式加上的对钻孔，放码时需要一个一个地放 如图所示，用该工具单击前领深点，弹出“钻孔”对话框，输入偏移量、个数及间距，确定即可

续表

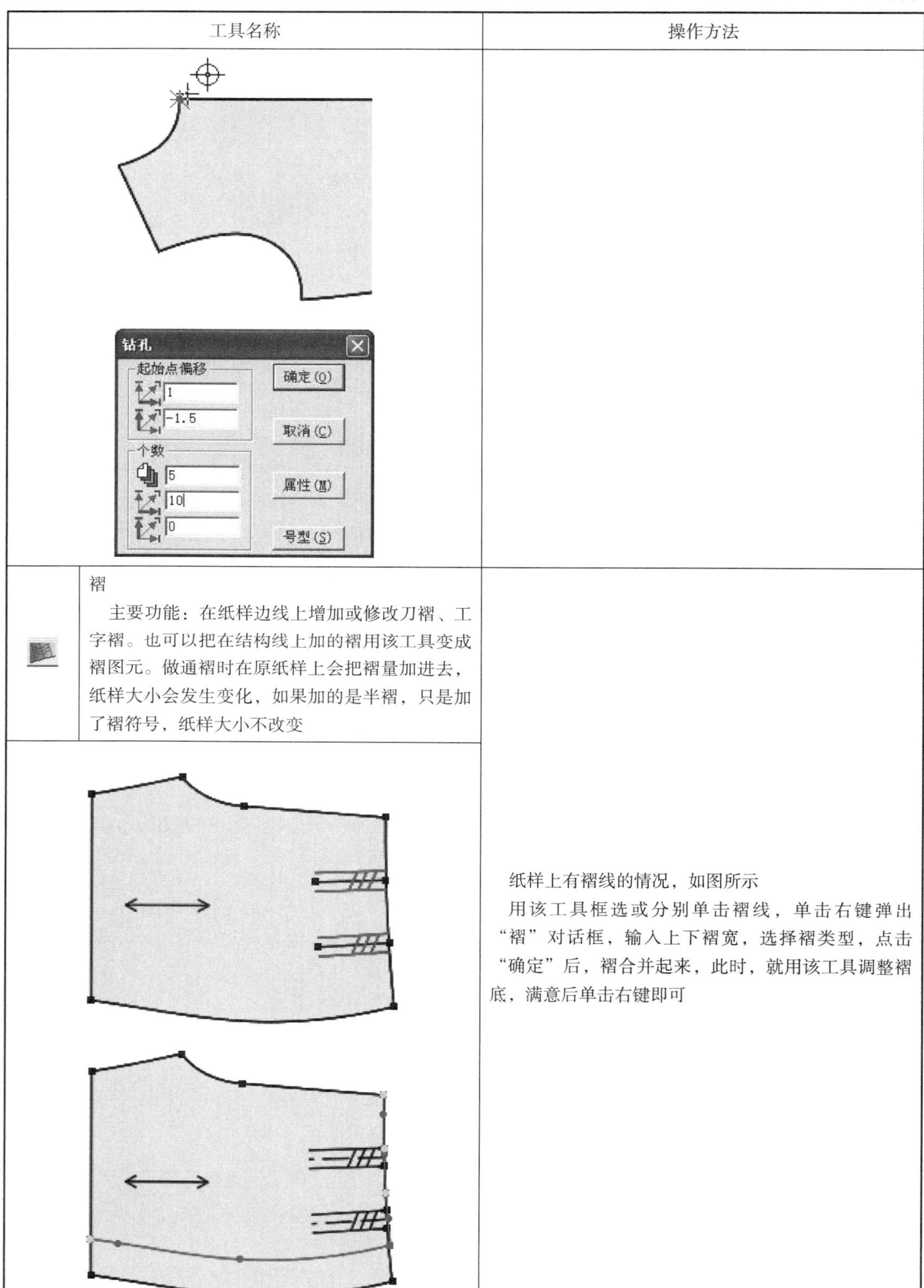

工具名称	操作方法
褶 主要功能：在纸样边线上增加或修改刀褶、工字褶。也可以把在结构线上加的褶用该工具变成褶图元。做通褶时在原纸样上会把褶量加进去，纸样大小会发生变化，如果加的是半褶，只是加了褶符号，纸样大小不改变	纸样上有褶线的情况，如图所示 用该工具框选或分别单击褶线，单击右键弹出“褶”对话框，输入上下褶宽，选择褶类型，点击“确定”后，褶合并起来，此时，就用该工具调整褶底，满意后单击右键即可

续表

工具名称	操作方法
V形省 主要功能：在纸样边线上增加或修改V形省，也可以把在结构线上加的省用该工具变成省图元	1．纸样上有省线的情况 用该工具在省线上单击，弹出“尖省”对话框，选择合适的选项，输入恰当的省量。点击“确定”后，省合并起来，再用该工具调整省底，满意后单击右键即可 2．纸样上无省线的情况 用该工具在边线上单击，先定好省的位置，拖动鼠标单击，在弹出“尖省”对话框中选择合适的选项，输入恰当的省量，点击“确定”后，省合并起来，最后用该工具调整省底，满意后单击右键即可 3．修改V形省 选中该工具，将光标移至V形省上，省线变色后单击右键，即可弹出“尖省”对话框 4．辅助线转省图元 如图所示，把该工具先分别在省底A点、B点上单击，再在省尖C点上单击，会弹出“省”对话框，确定后原辅助线就变成省图元。省图元上自动带有剪口、钻孔
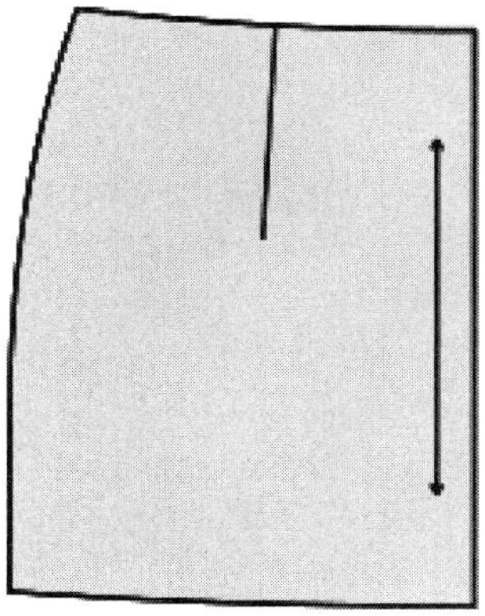 原纸样 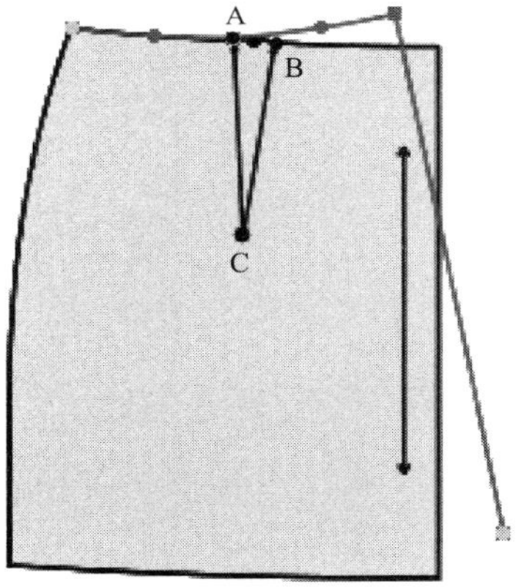 A B C 加省后调整省底 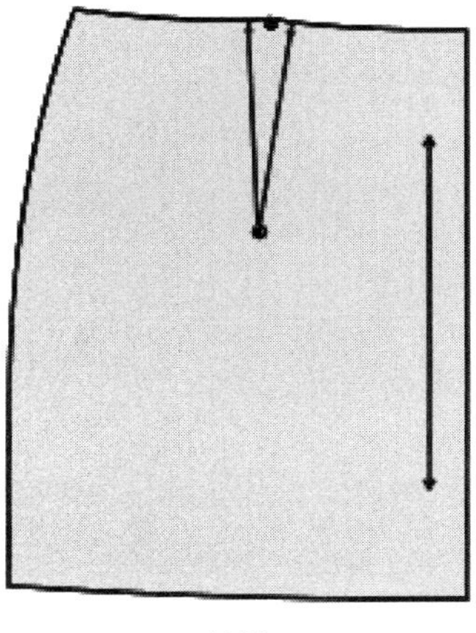 效果	

续表

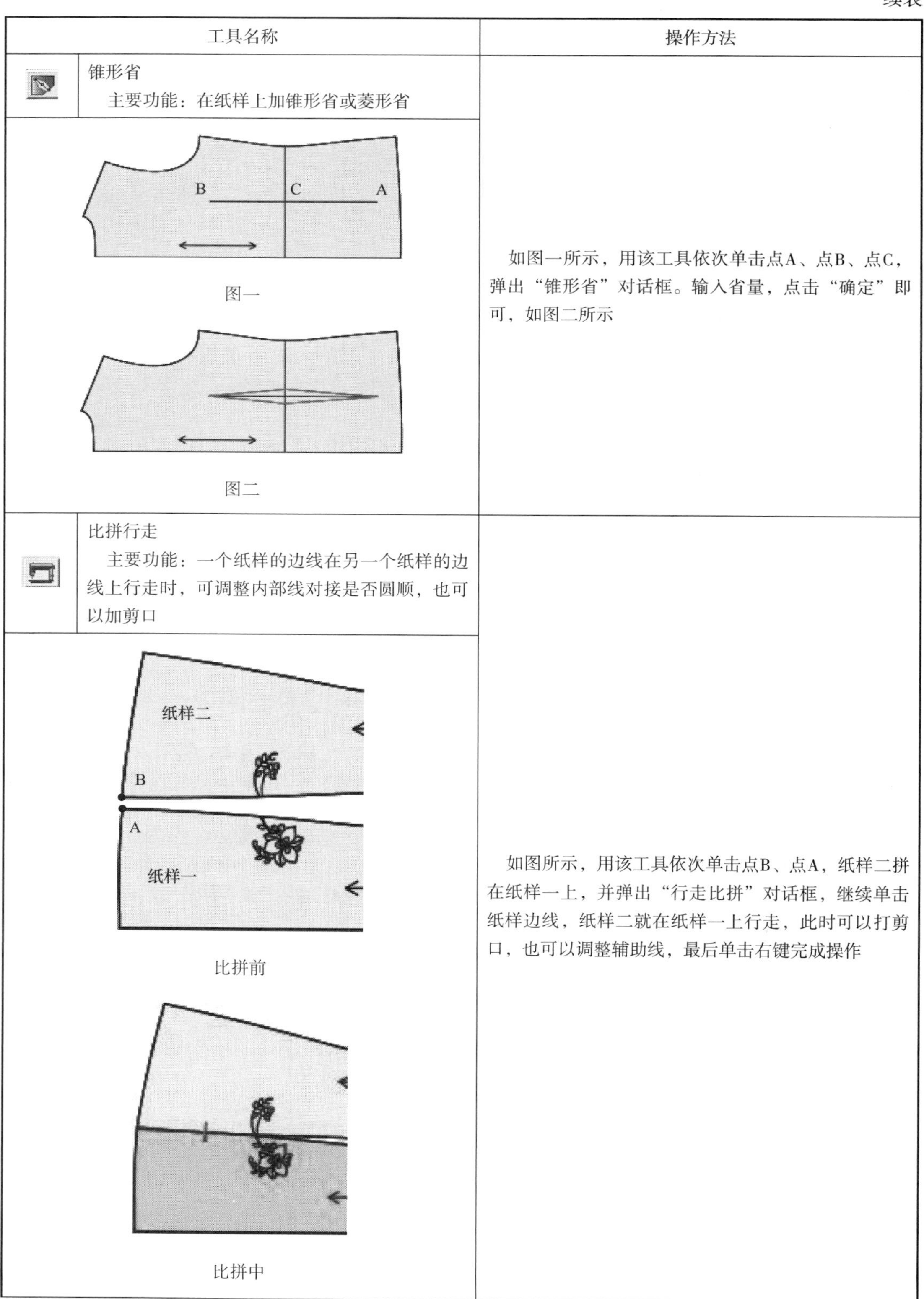

工具名称		操作方法
	锥形省 主要功能：在纸样上加锥形省或菱形省	如图一所示，用该工具依次单击点A、点B、点C，弹出“锥形省”对话框。输入省量，点击“确定”即可，如图二所示
图一 图二		
	比拼行走 主要功能：一个纸样的边线在另一个纸样的边线上行走时，可调整内部线对接是否圆顺，也可以加剪口	如图所示，用该工具依次单击点B、点A，纸样二拼在纸样一上，并弹出“行走比拼”对话框，继续单击纸样边线，纸样二就在纸样一上行走，此时可以打剪口，也可以调整辅助线，最后单击右键完成操作
比拼前 比拼中		

续表

工具名称		操作方法
	布纹线 主要功能：用于调整布纹线的方向、位置、长度以及布纹线上的文字信息	用该工具左键单击纸样上的两点，布纹线与指定两点平行；用该工具在纸样上单击右键，布纹线以45°旋转。用该工具在纸样（不是布纹线）上先用左键单击，再单击右键可任意旋转布纹线的角度；用该工具在布纹线的“中间”位置用左键单击，拖动鼠标可平移布纹线；选中该工具，把光标移在布纹线的端点上，再拖动鼠标可调整布纹线的长度；选中该工具，按住Shift键，光标会变成“T”，单击右键，布纹线上下的文字信息旋转90°；选中该工具，按住Shift键，光标会变成“T”，在纸样上任意点两点，布纹线上下的文字信息以指定的方向旋转
	旋转衣片 主要功能：顾名思义，就是用于旋转纸样	如果布纹线是水平或垂直的，用该工具在纸样上单击右键，纸样按顺时针90°旋转。如果布纹线不是水平或垂直，用该工具在纸样上单击右键，纸样旋转在布纹线水平或垂直方向；用该工具单击左键选中两点，移动鼠标，纸样以选中的两点在水平或垂直方向上旋转；按住Ctrl键，用左键在纸样单击两点，移动鼠标，纸样可随意旋转；按住Ctrl键，在纸样上单击右键，可按指定角度旋转纸样
	水平垂直翻转 主要功能：用于将纸样翻转	水平翻转与垂直翻转间用Shift键切换；在纸样上直接单击左键即可；纸样设置了左或右，翻转时会提示“是否翻转该纸样？”,如果需要翻转，单击“是”即可
	水平（垂直校正） 主要功能：将一段线校正成水平或垂直状态，如将图一所示线段AB校正至图二，常用于校正读图纸样	按Shift键把光标切换成水平校正（垂直校正为）；用该工具单击或框选AB后单击右键，弹出“水平垂直校正”对话框；选择合适的选项，单击“确定”即可
A　B 图一 图二		
	重新顺滑曲线 主要功能：用于调整曲线并且关键点的位置保留在原位置，常用于处理读图纸样	用该工具单击需要调整的曲线，此时原曲线处会自动生成一条新的曲线（如果中间没有放码点，新曲线为直线，如果曲线中间有放码点，新曲线默认通过放码点）。用该工具单击原曲线上的控制点，新的曲线就吸附在该控制点上（再次在该点上单击，又脱离新曲线）。新曲线满意后，在空白处单击右键即可

续表

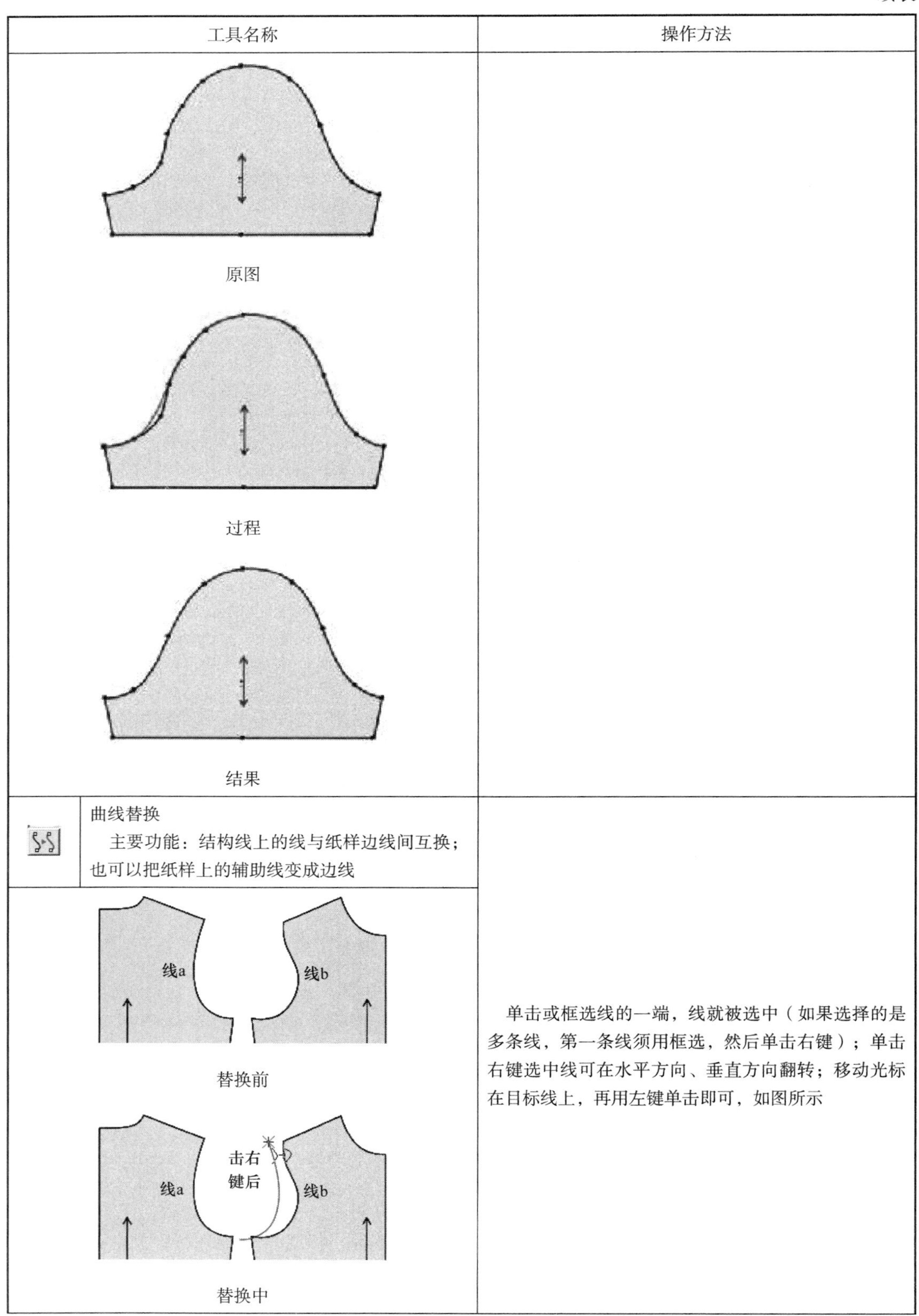

工具名称	操作方法
原图 过程 结果	
曲线替换 主要功能：结构线上的线与纸样边线间互换；也可以把纸样上的辅助线变成边线	单击或框选线的一端，线就被选中（如果选择的是多条线，第一条线须用框选，然后单击右键）；单击右键选中线可在水平方向、垂直方向翻转；移动光标在目标线上，再用左键单击即可，如图所示
线a 线b 替换前 击右键后 线a 线b 替换中	

续表

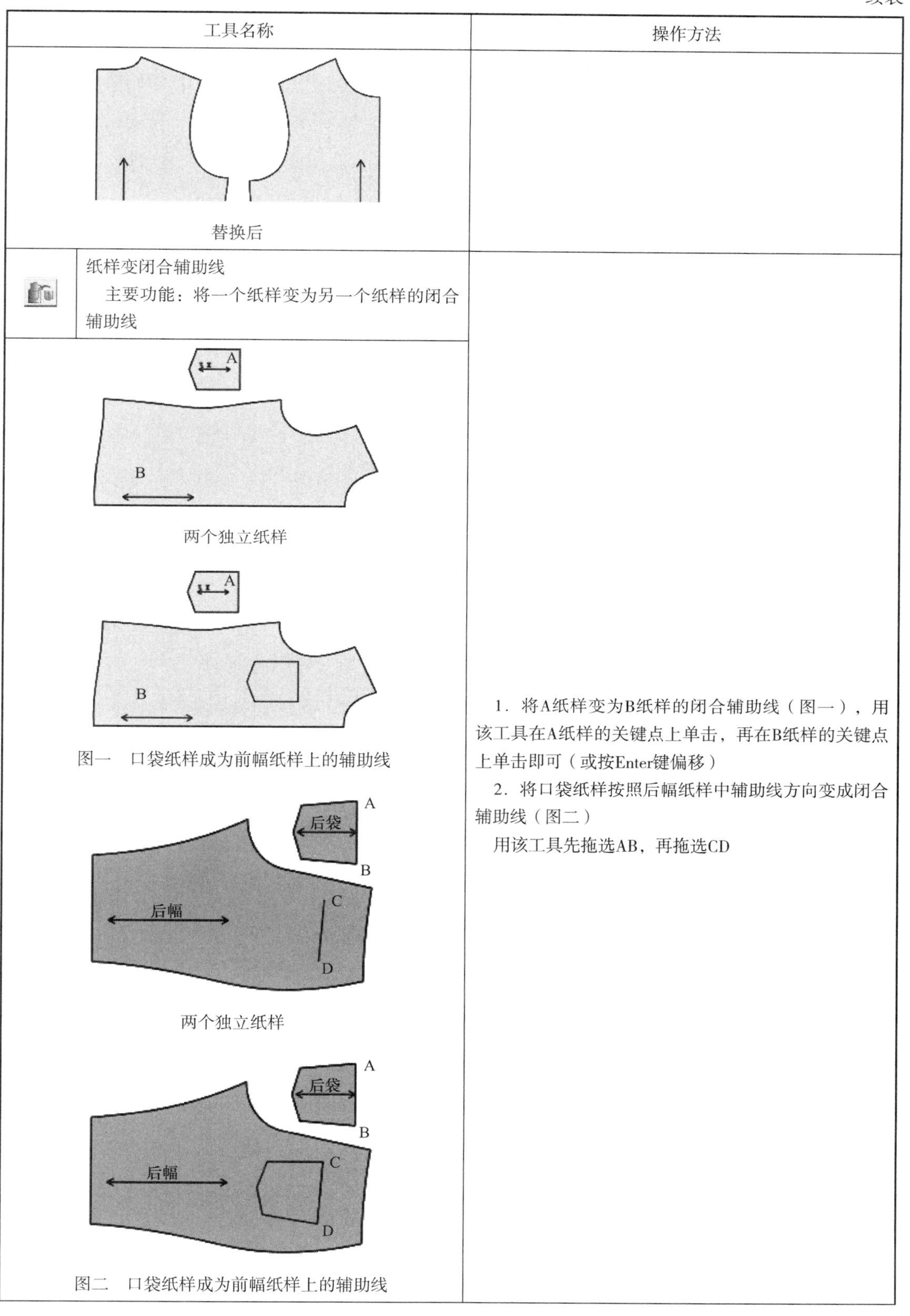

工具名称		操作方法
替换后		
	纸样变闭合辅助线 主要功能：将一个纸样变为另一个纸样的闭合辅助线	1．将A纸样变为B纸样的闭合辅助线（图一），用该工具在A纸样的关键点上单击，再在B纸样的关键点上单击即可（或按Enter键偏移） 2．将口袋纸样按照后幅纸样中辅助线方向变成闭合辅助线（图二） 用该工具先拖选AB，再拖选CD
两个独立纸样 图一　口袋纸样成为前幅纸样上的辅助线 两个独立纸样 图二　口袋纸样成为前幅纸样上的辅助线		

续表

<table>
<tr><th colspan="2">工具名称</th><th>操作方法</th></tr>
<tr><td></td><td>分割纸样
主要功能：将纸样沿辅助线剪开</td><td rowspan="2">选中分割纸样工具（图一），在纸样的辅助线上单击，弹出对话框。选择“是”，根据基码对齐剪开；选择“否”，以显示状态剪开</td></tr>
<tr><td colspan="2">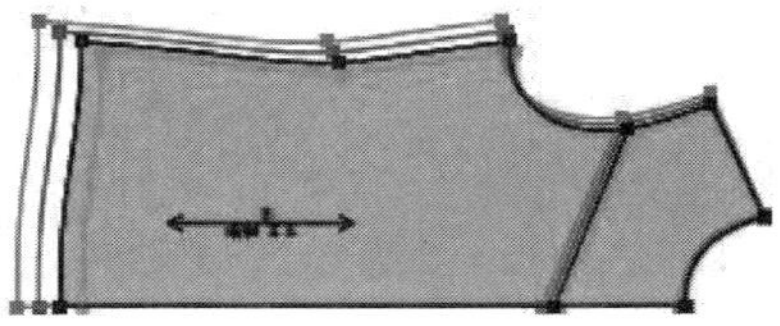
分割前的纸样
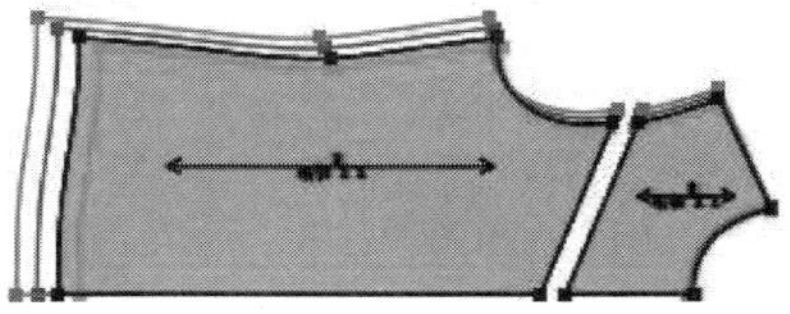
选择“是”，分割后的纸样
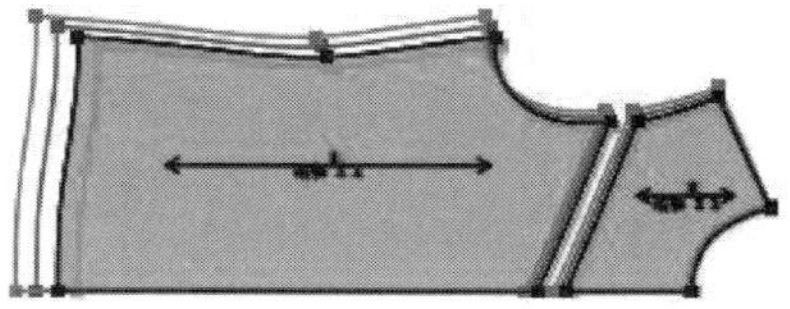
选择“否”，分割后的纸样</td></tr>
<tr><td></td><td>合并纸样
主要功能：将两个纸样合并成一个纸样。有两种合并方式：A为以合并线两端点的连线合并；B为以曲线合并</td><td>按Shift键在方式A与方式B间切换。当在第一个纸样上单击后按Shift键
在保留合并线与不保留合并线间切换
选中对应光标后有4种操作方法：
（1）直接单击两个纸样的空白处
（2）分别单击两个纸样的对应点
（3）分别单击两个纸样的两条边线
（4）拖选一个纸样的两点，再拖选纸样上两点即可合并</td></tr>
<tr><td></td><td>纸样对称
主要功能：有关联对称纸样与不关联对称纸样两种功能，关联对称后的纸样，在其中一半纸样的修改时，另一半也联动修改。不关联对称后的纸样，在其中一半的纸样上改动，另一半不会跟着改动</td><td rowspan="2">1. 关联对称纸样
按Shift键，使光标切换为；如图一单击对称轴（前中心线）或分别单击点A、点B后，即出现图二效果，如果需再返回成图一的纸样，用该工具按住对称轴不松手，按Delete键即可
2. 不关联对称纸样
按Shift键，使光标切换为；如图三单击对称轴（前中心线）或分别单击点A、点B，即出现图四效果</td></tr>
<tr><td colspan="2">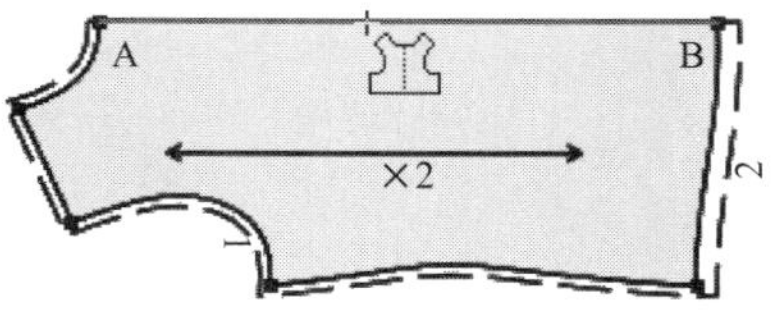
图一</td></tr>
</table>

续表

工具名称		操作方法
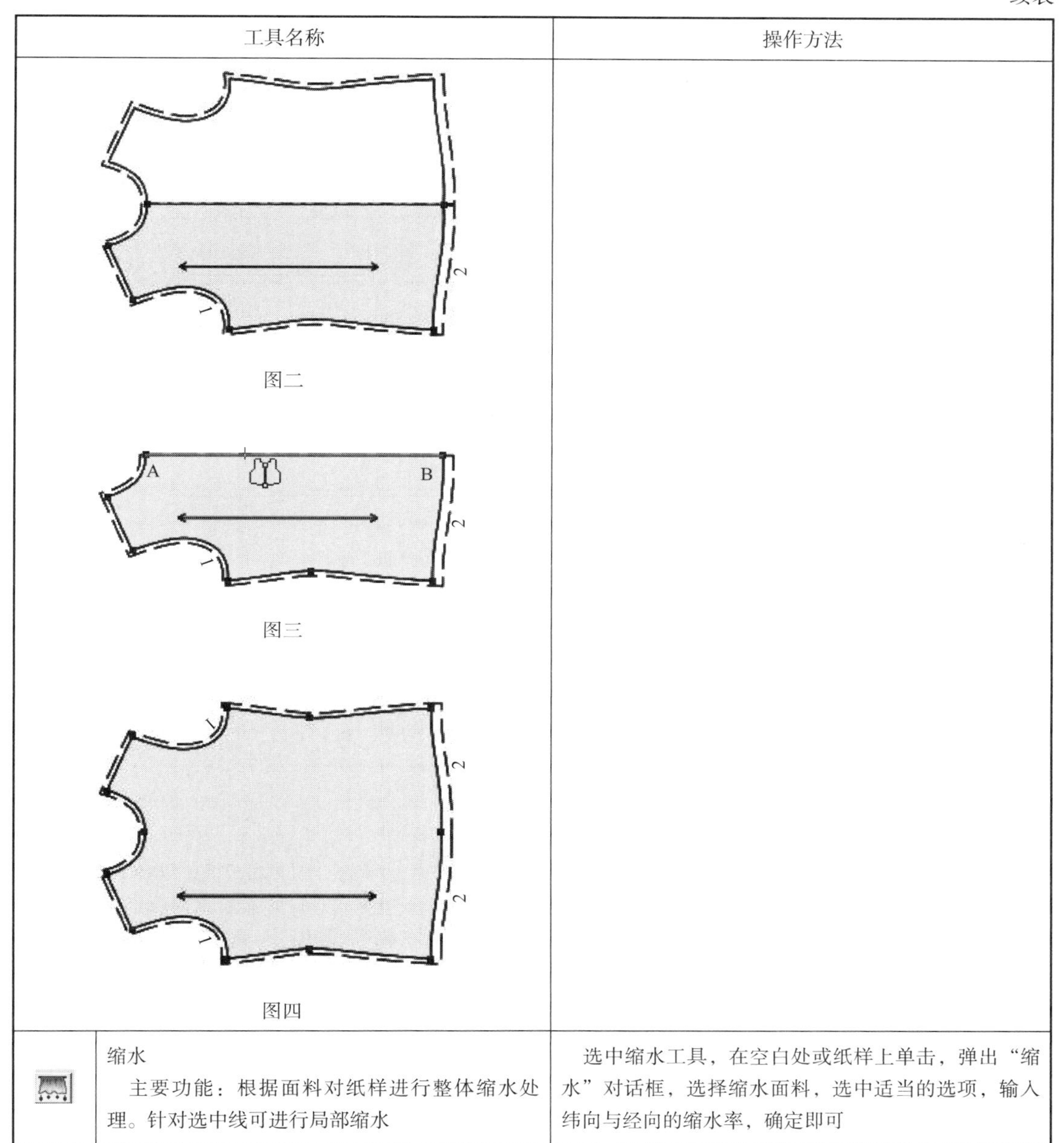 图二 图三 图四		
	缩水 主要功能：根据面料对纸样进行整体缩水处理。针对选中线可进行局部缩水	选中缩水工具，在空白处或纸样上单击，弹出“缩水”对话框，选择缩水面料，选中适当的选项，输入纬向与经向的缩水率，确定即可

三、放码工具栏介绍

放码工具栏工具主要对纸样进行操作，包括在纸样上操作的“平行交点”“辅助线平行放码”“辅助线放码”“肩斜线放码”“各码对齐”“圆弧放码”“拷贝点放码量”“点随线段放码”等工具（图2–4），具体操作方法见表2–3。

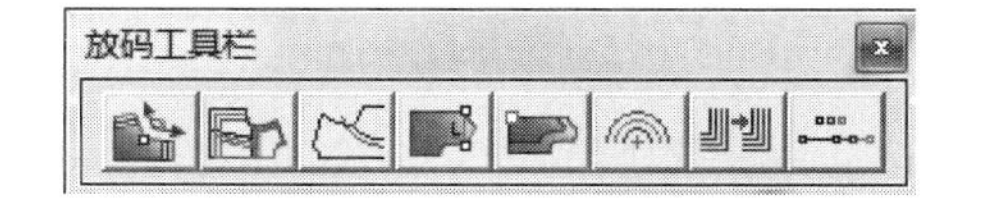

图2–4 放码工具栏

表2-3　放码工具栏工具介绍

工具名称		操作方法
	平行交点 主要功能：用于纸样边线的放码，用过该工具后与其相交的两边分别平行，常用于西服领口的放码	如图一到图二的变化，用该工具单击点A即可
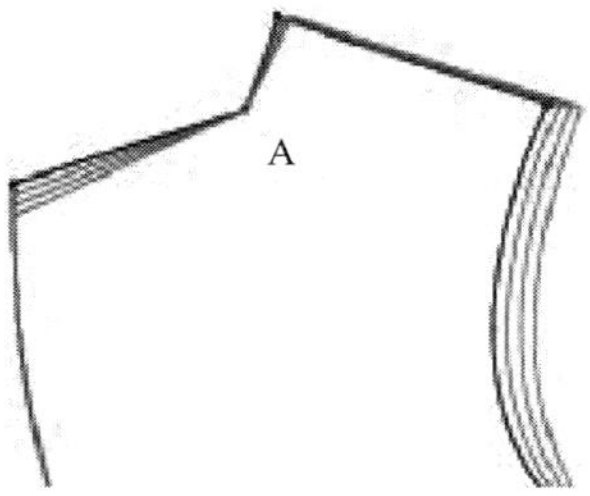 A 图一 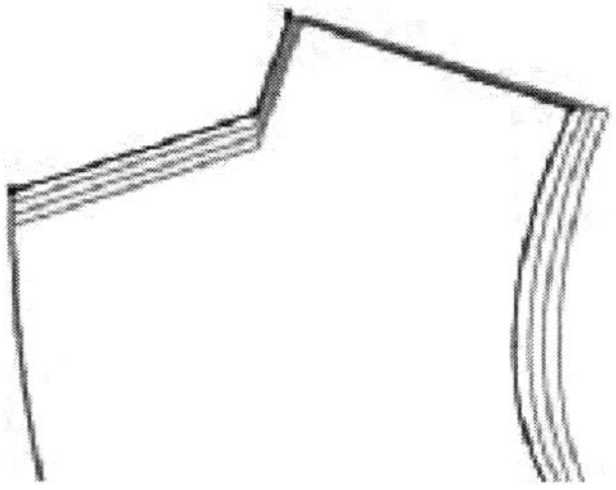	图二	
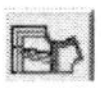	辅助线平行放码 主要功能：针对纸样内部线放码，用该工具后，内部线各码间会平行且与边线相交	用该工具单击或框选辅助线（线a），再单击靠近移动端的线（线b），即可得到图一至图二、图三至图四的变化
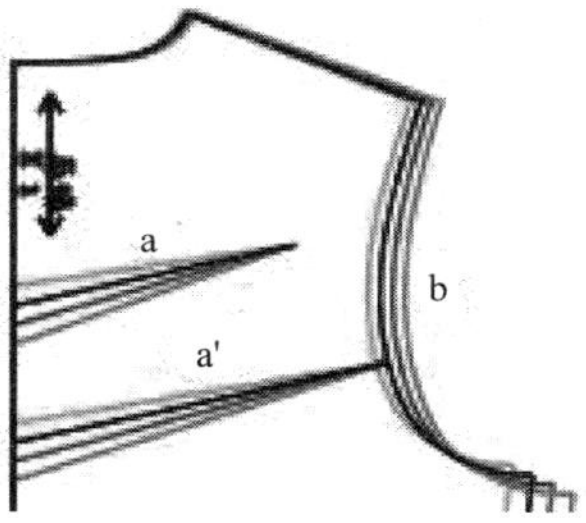 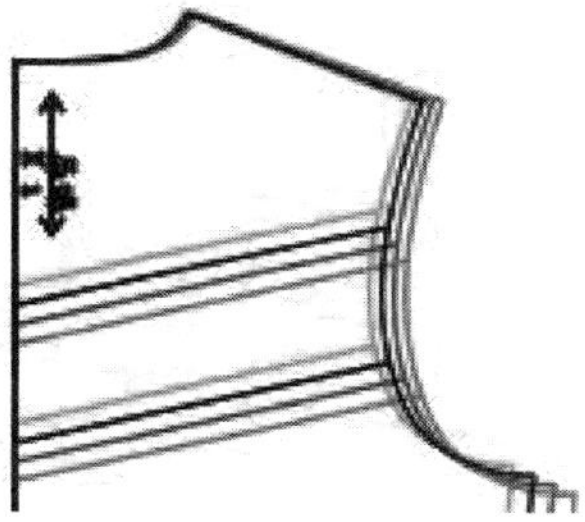 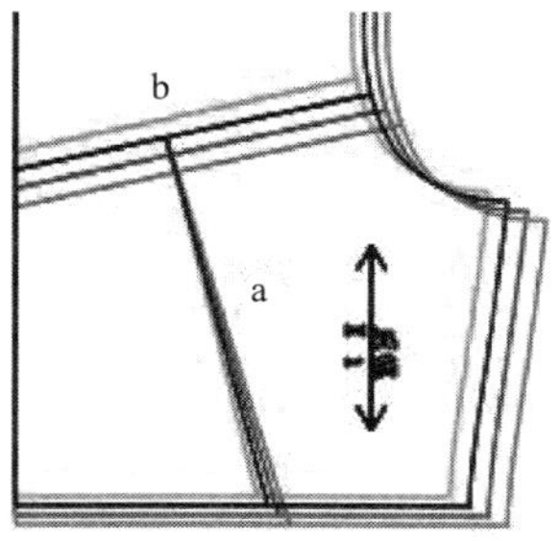 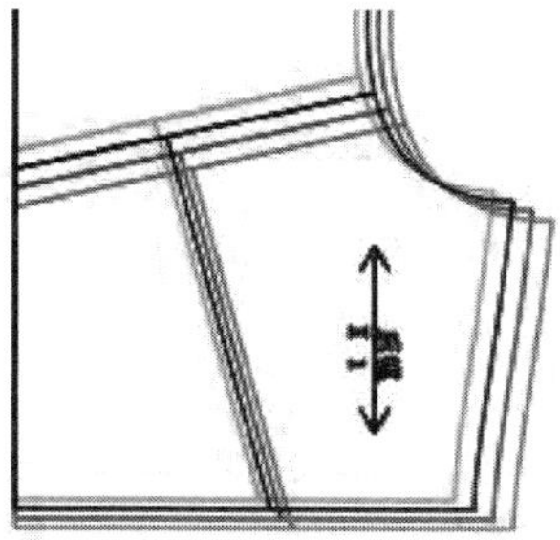 a a' b 图一 b a 图三	图二 图四	
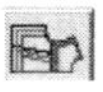	辅助线放码 主要功能：相交在纸样边线上的辅助线端点按照到边线指定点的长度来放码（如下图，A点至B点的曲线长）	用该工具在辅助线A点上双击，弹出“辅助线点放码”对话框，在对话框中输入适当的数据，选择恰当的选项，点击“应用”即可

续表

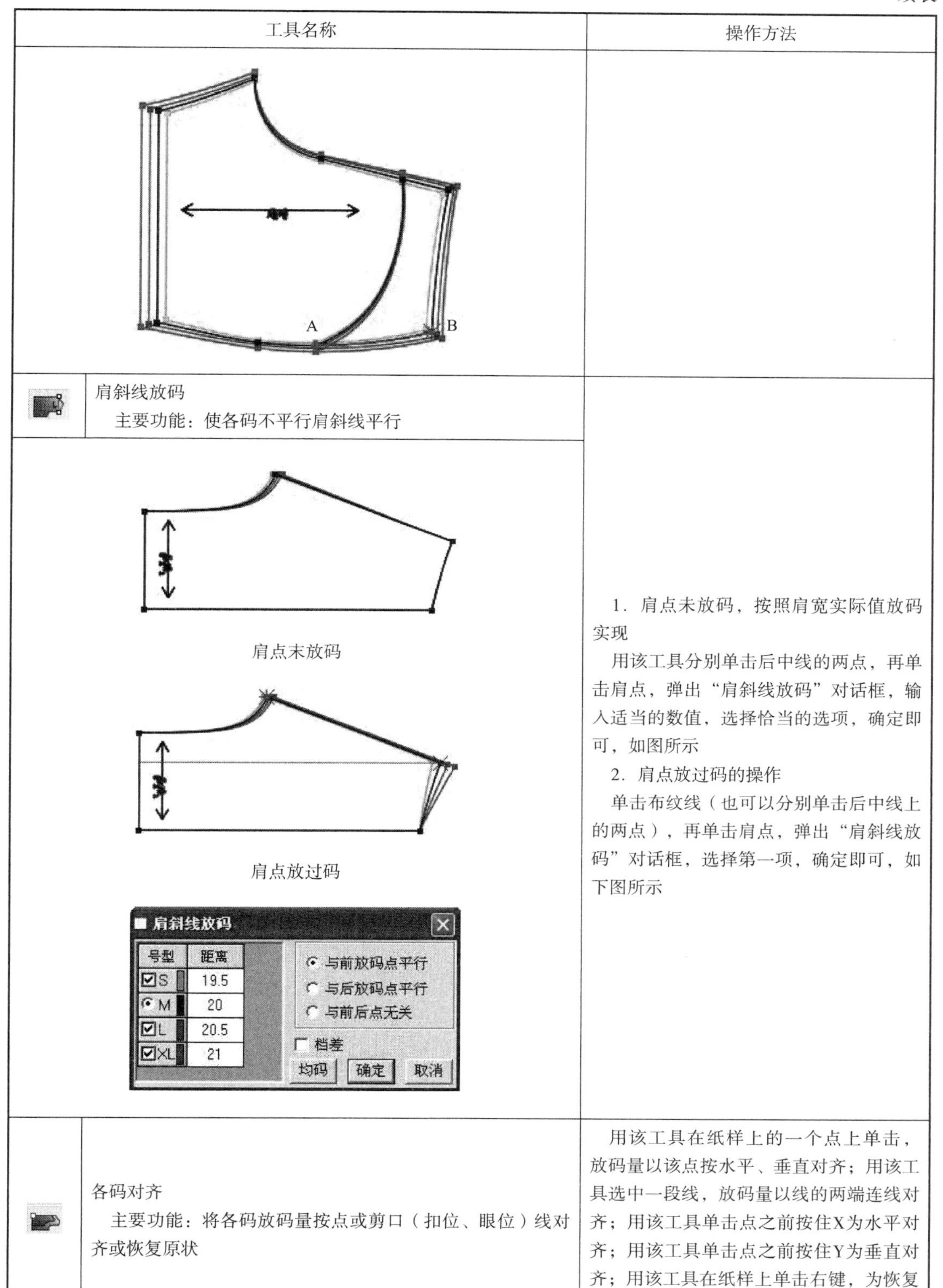

工具名称	操作方法
A B	
肩斜线放码 主要功能：使各码不平行肩斜线平行 肩点未放码 肩点放过码 肩斜线放码 号型 距离 S 19.5 M 20 L 20.5 XL 21 与前放码点平行 与后放码点平行 与前后点无关 档差 均码 确定 取消	1. 肩点未放码，按照肩宽实际值放码实现 用该工具分别单击后中线的两点，再单击肩点，弹出“肩斜线放码”对话框，输入适当的数值，选择恰当的选项，确定即可，如图所示 2. 肩点放过码的操作 单击布纹线（也可以分别单击后中线上的两点），再单击肩点，弹出“肩斜线放码”对话框，选择第一项，确定即可，如下图所示
各码对齐 主要功能：将各码放码量按点或剪口（扣位、眼位）线对齐或恢复原状	用该工具在纸样上的一个点上单击，放码量以该点按水平、垂直对齐；用该工具选中一段线，放码量以线的两端连线对齐；用该工具单击点之前按住X为水平对齐；用该工具单击点之前按住Y为垂直对齐；用该工具在纸样上单击右键，为恢复原状

续表

工具名称		操作方法
	圆弧放码 主要功能：可对圆弧的角度、半径、弧长来放码	用该工具单击圆弧，圆心会显示，并弹出“圆弧放码”对话框，输入正确的数据，点击“应用”以及“关闭”即可
	拷贝点放码量 主要功能：拷贝相同放码量	1．情况一，单个放码点的拷贝 用该工具在有放码量的点上单击或框选，再在未放码的放码的点上单击或框选，如图一至图二的效果 2．情况二，多个放码点的拷贝 用该工具在放了码的纸样上框选或拖选，如图三A点至B点，再在未放码的纸样上框选或拖选，如图三C点至D点 3．情况三，把相同的放码量，连续拷贝到多个放码点上 按住Ctrl键，用该工具在放了码的纸样上框选或拖选，再在未放码的纸样上框选或拖选 4．情况四，只拷贝其中的一个方向或反方向，在对话框中选择即可
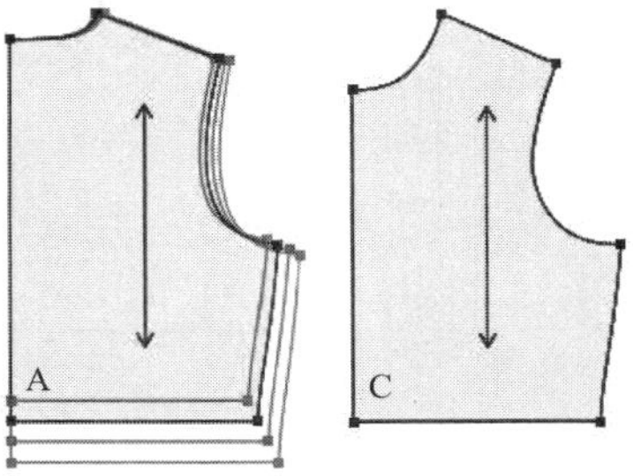 图一 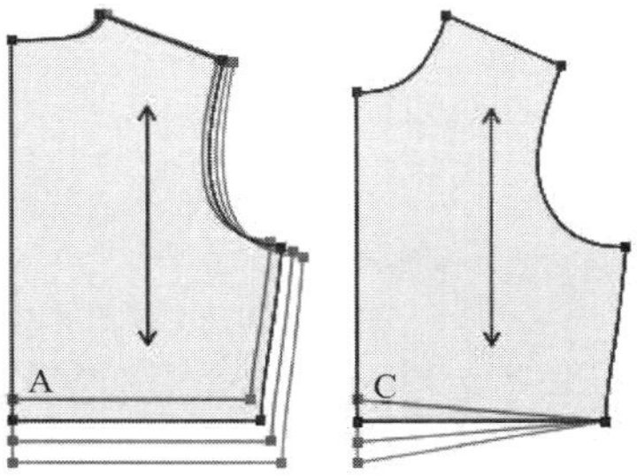 图二 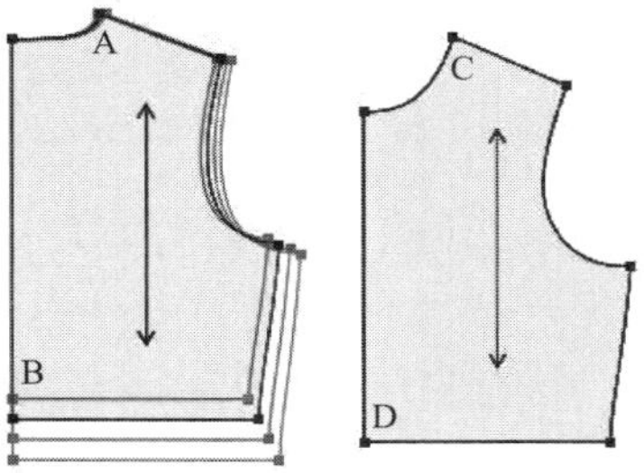 图三 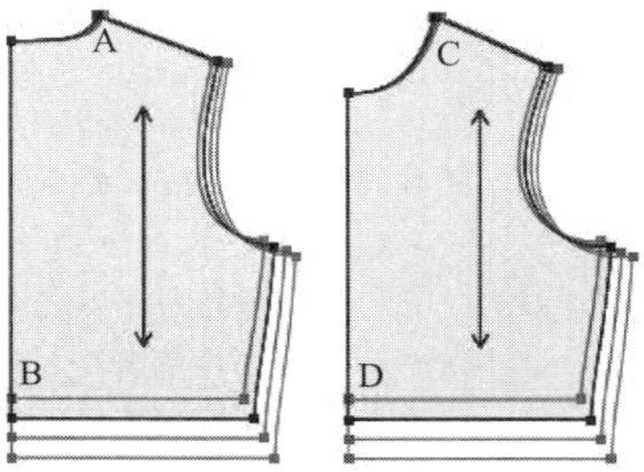 图四		

续表

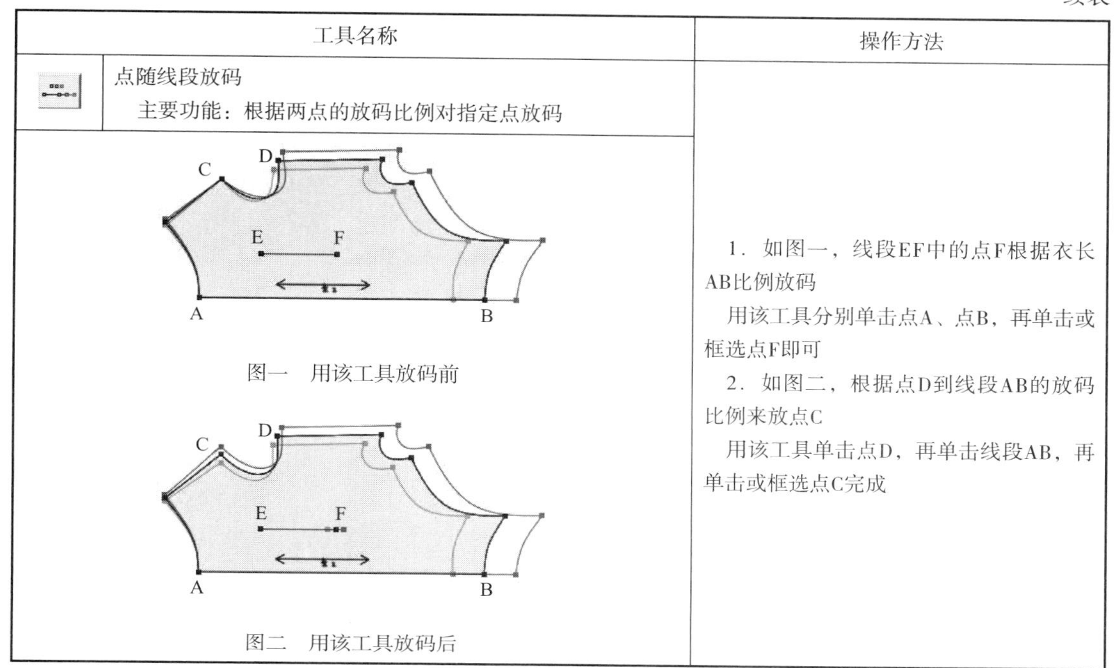

工具名称	操作方法
点随线段放码 主要功能：根据两点的放码比例对指定点放码 图一　用该工具放码前 图二　用该工具放码后	1. 如图一，线段EF中的点F根据衣长AB比例放码 用该工具分别单击点A、点B，再单击或框选点F即可 2. 如图二，根据点D到线段AB的放码比例来放点C 用该工具单击点D，再单击线段AB，再单击或框选点C完成

四、自定义工具栏1介绍

自定义工具栏1放置了画面操作的放大镜工具，可根据使用习惯，在选项菜单下系统设置命令，打开系统设置窗口，单击工具栏配置图标进行自定义工具栏设置（图2-5、图2-6）。

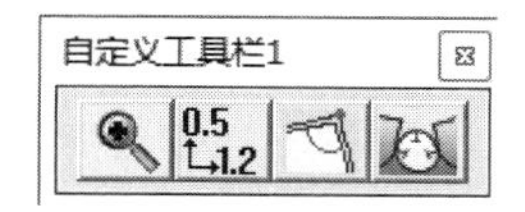

图2-5　自定义工具栏1

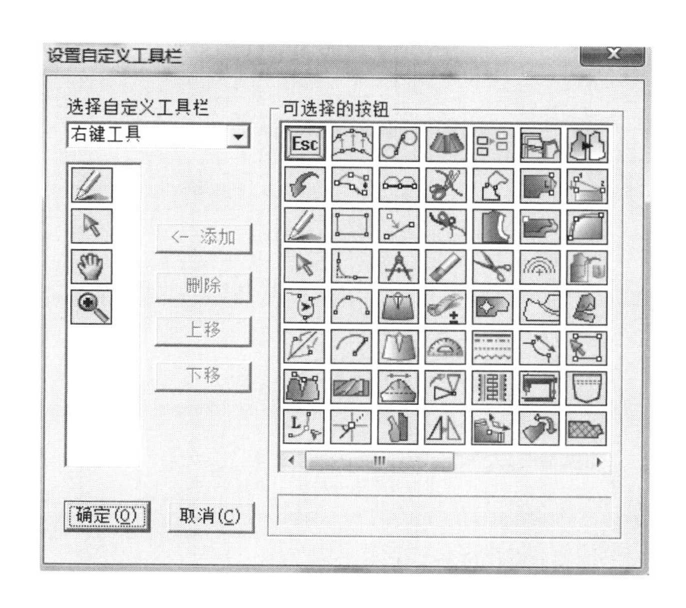

图2-6　设置自定义工具栏

练习与思考

1. 熟练掌握设计工具栏工具的操作。
2. 熟练掌握纸样工具栏工具的操作。
3. 熟练掌握放码工具栏工具的操作。
4. 简述比拼行走工具的应用。
5. 简述比较长度工具的应用。
6. 简述智能笔工具常用的6种操作应用。

应用与技能——

服装CAD应用

课题名称： 服装CAD应用

课题内容： 1．服装CAD基础板型设计

2．服装变化CAD应用

3．服装CAD工艺单制板应用

课题时间： 38课时

教学目的： 通过本课程的学习，使学生熟练掌握设计工具栏与纸样工具栏工具在基础板型的应用，并熟练掌握服装CAD在服装变化款式与工艺单制板中的灵活应用，且熟悉各工具快捷键的使用。

教学方式： 多媒体课件展示与示范讲解。

教学要求： 1．通过教学演示及学生上机实践，使学生掌握服装CAD基础板型设计。

2．通过教学演示及学生上机实践，使学生掌握服装变化CAD应用。

3．通过教学演示及学生上机实践，使学生掌握服装CAD工艺单制板应用。

课前准备： 按教学进程预习本教材内的实践教学内容。

第三章 服装CAD应用

板型设计的方法有两种，一种是平面裁剪法，另一种是立体裁剪法。目前服装CAD板型技术是平面的方法，三维立体服装CAD板型技术还有待于发展与完善。无论哪种裁剪法，熟练掌握服装结构的基础板型是其方法的指导和规律。基础板型也称原型，其作为服装纸样设计的基础，在理论上被现代服装教育所推广，在欧美、日本等服装工业发达的国家和地区，都创立了符合他们各自体型的基础纸样。如日本的原型、美国与英国的基本型等。

第一节 服装CAD基础板型设计

一、基础型裙制板

（一）基础型裙款式特征

基础型裙款式特征：整体为直筒形，合体，长度齐膝，腰位齐腰，绱腰头，前后片左右各设两个省道，后开中缝，装拉链，后开衩。基础裙款式图如图3-1所示。

图3-1 基础裙款式图

（二）尺寸与放松量设计

制作基础裙的必要尺寸包括裙长、腰围和臀围。

1. **裙长**

裙长为腰围线到膝围线处长度。

2. **腰围**

基础裙的腰围是腰部最细处水平围量再加2cm的松量。

3. **臀围**

基础裙的臀围是臀部最丰满处水平围量再加4cm的松量。

（三）基础型裙的制板步骤

1. 规格设计

执行“号型”菜单下的“号型编辑”命令，在弹出的窗口内设置160/66A号型名，部位尺寸设计如图3-2所示。

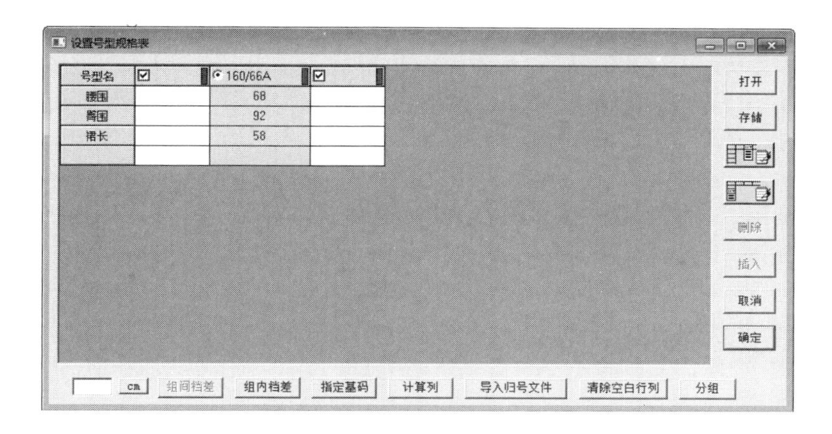

图3-2 设置号型规格表

2. 绘制基础线

（1）用“矩形”工具或“智能笔”工具绘制基础框架：选择该工具拉框后，在弹出的窗口内指定水平尺寸，单击弹出窗口上的计算器图标，双击选择臀围尺寸，如图输入“臀围/2”后单击“确定”按钮，接着用同样的方法输入纵向尺寸裙长-3（也可直接输入水平与纵向尺寸），即完成了裙上平线、下平线、前后裙片中线等基础线绘制，如图3-3所示。

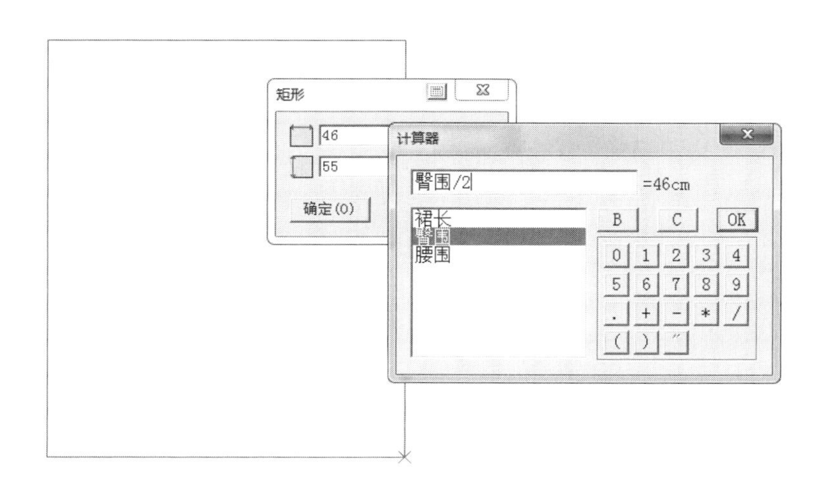

图3-3 绘制基础框架

（2）用“智能笔”工具绘制臀围线与侧缝分界线：选择该工具单击后中心线，输入参照上平线参照点距离18cm为腰长尺寸，按右键切换到水平垂直线功能，移动鼠标与右边线相交时单击鼠标，臀围线完成；同理绘制侧缝分界线，参照前中心线的距离臀围/ 4+1，如图3-4所示。

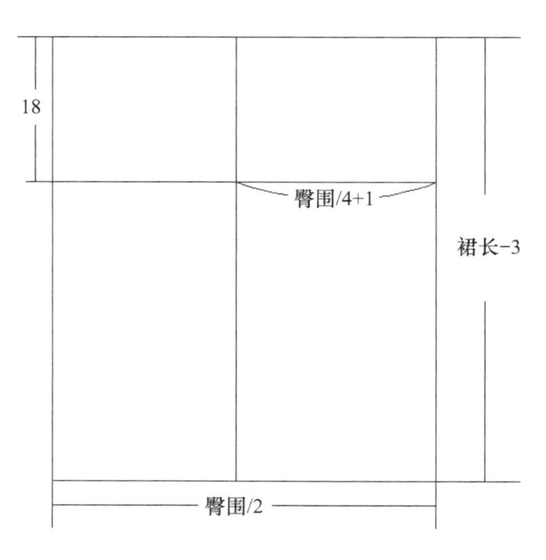

图3-4　绘制基础线

3. **裙后片制板**

（1）用“智能笔”工具绘制腰围线与侧缝线：选择该工具单击后中心线，输入参照上平线参照点的距离1cm，移动鼠标到新位置单击一次光标，再移动鼠标靠近后中心点，按Enter键，在弹出的对话框中，输入水平偏移与纵向偏移量，即后腰围大＝腰围/4-1+4（两个省道大），侧起翘高0.7cm，确定窗口后，单击右键结束；同理绘制后裙片侧缝线与后开衩宽度，如图3-5所示。

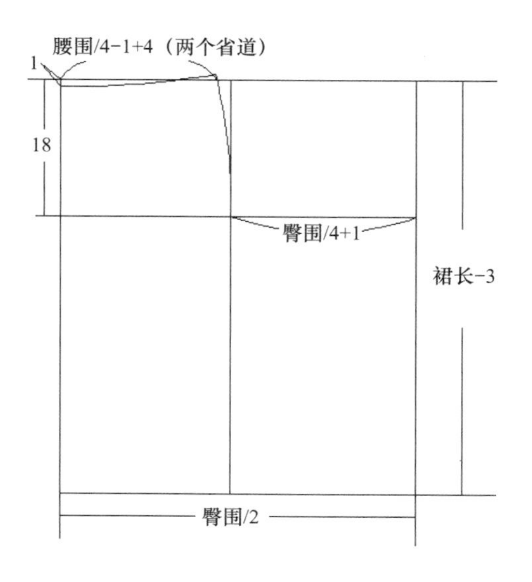

图3-5　绘制后片腰围线与侧缝线

（2）用“剪刀”工具拾取后裙片纸样：选择该工具，顺时针单击后中心线、腰口线、侧缝线与下摆线，拾取后裙片轮廓线，完成此操作后，自动形成样并自动加放1cm缝份，如图3-6所示。

（3）用“V形省”工具做后裙片腰省：选择该工具后，单击腰线，在弹出的对话框中，要求输入省道中心点与参照点位置，选择“比例方式”输入，参照后中心点的距离为1/3，确定此窗口后，在弹出的另一窗口中输入省宽=2cm，省长=11cm，确定窗口后，观察省道模拟缝合的腰线状态，调整腰口线至圆顺后单击右键结束，同理绘制另一后腰省，另一腰省省宽=2cm，省长=10cm，如图3-6所示。

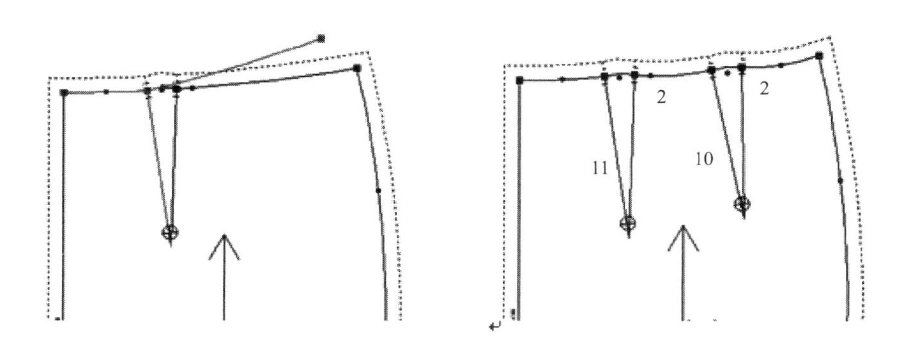

图3-6　编辑后裙片腰省

（4）设置布纹线上下文本说明方式：在选项菜单下进行系统设置，进行布纹线设置，选择布纹线上显示号型名与纸样名，选择布纹线线下显示布料类型与纸样份数等，如图3-7所示。

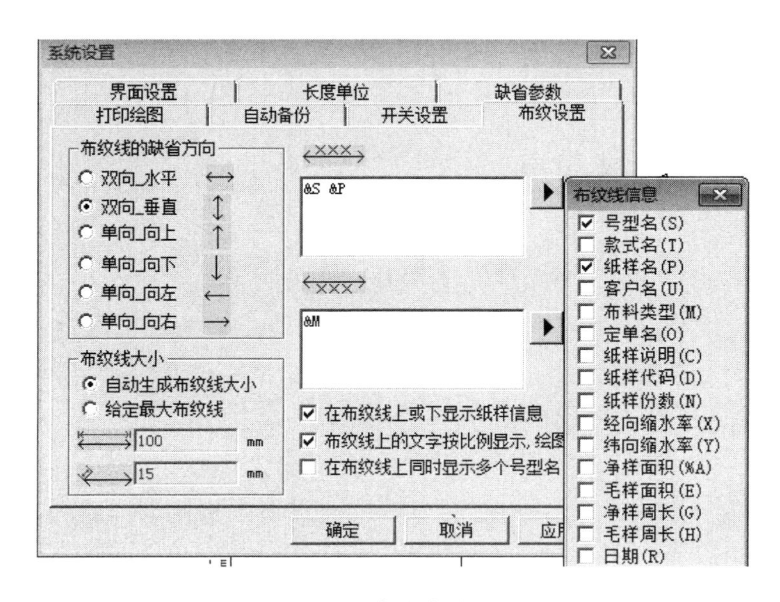

图3-7　布纹线设置

（5）用“加缝份”工具修改底边缝份宽：选择该工具，拉框选择底边缝份后，单击右键，在弹出的对话框中输入与款式工艺相要求的缝份宽度4cm后，确定窗口，如图3-8所示。

（6）用“布纹线”工具修改布纹方向与款式工艺要求一致：选择该工具后，单击纸样上的两点，布纹线与选择的两点方向一致，或用该工具对准布纹线击右键，每击一次，顺时针旋转45°，如图3-8所示。

（7）完成裙后片纸样，如图3-8所示。

4. 裙前片制板

（1）用“智能笔”工具绘制腰围线与侧缝线：方法同后裙片，制图需要的两个尺寸分别是：前腰围大=腰围/4+1+4（两个省道大），侧起翘高0.7cm，如图3-9所示。

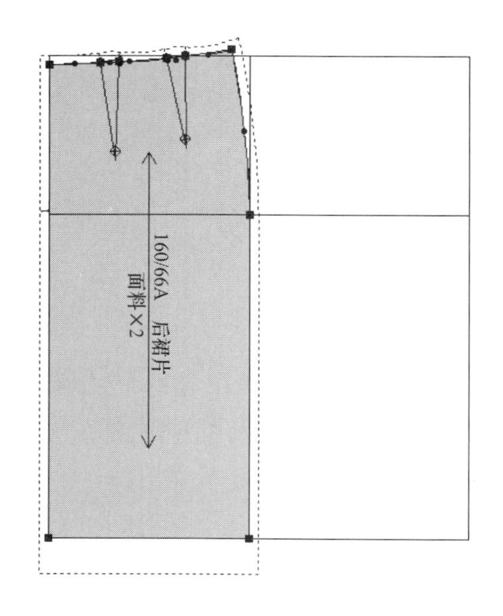

图3-8 后片纸样

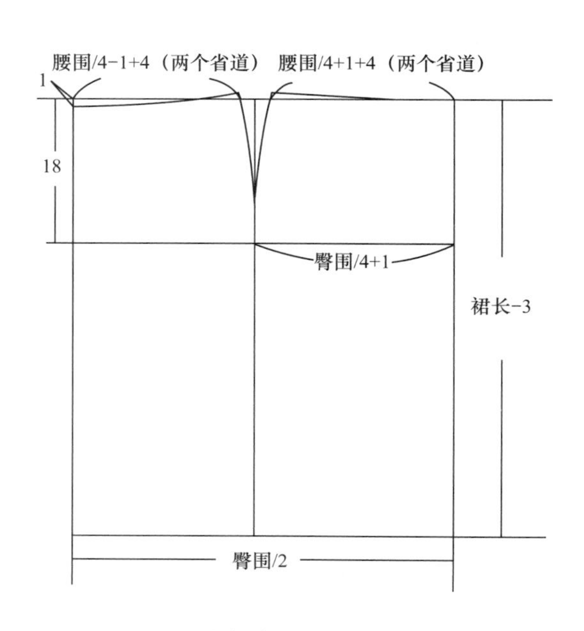

图3-9 绘制前片腰围线与侧缝线

（2）用“剪刀”工具拾取前裙片纸样：方法同后裙片，如图3-8所示。

（3）用“V形省”工具做前裙片两个腰省：方法同后裙片，靠近前中心的省宽=2cm，省长=10cm，另一省的省宽=2cm，省长=9cm，如图3-8所示。

（4）同理编辑前裙片底边缝份、布纹线方向、纸样资料、布纹线上下的文字说明等。完成裙前片纸样，如图3-10所示。

5. 裙腰头制板

（1）用“矩形”工具或“智能笔”工具绘制裙腰头：选择该工具拉框后，在弹出的窗口内，输入水平长度=腰围+2（搭门宽），纵向长度=腰高×2，然后用“智能笔”工具绘制搭门宽线，并在工作窗口右上角快捷工具栏窗口内选择点类型绘制腰折线与搭门线，如图3-11所示。

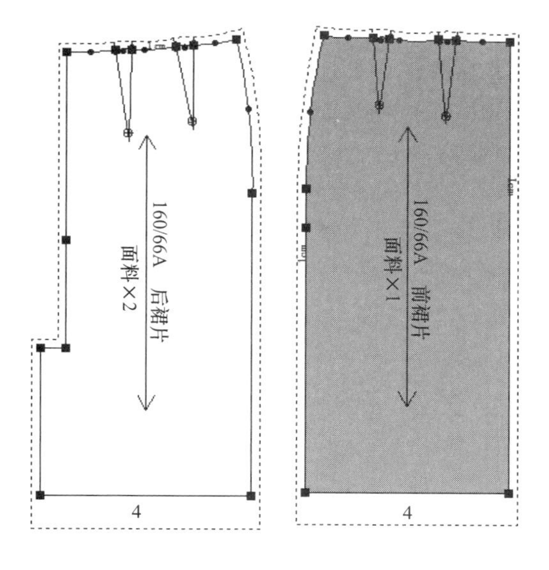

图3-10　基础裙前后片纸样编辑

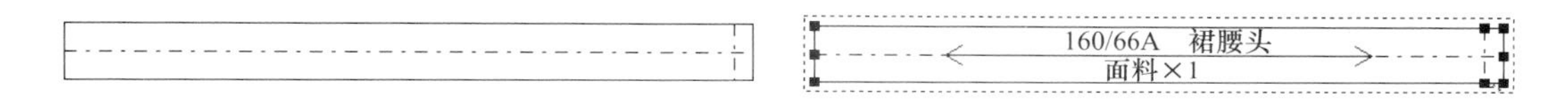

图3-11　裙腰头制板

（2）用“剪刀”拾取裙腰纸样：选择该工具，拉框选择裙腰头，即刻产生裙腰头纸样，并用布纹线与两点“平行”工具改变布纹线方向到水平，如图3-11所示。

（3）完成基础裙全部裁片，做上对位记号及文字说明：在纸样菜单下，单击纸样资料命令，逐一对纸样进行说明，如纸样名称、布料类型与纸样份数等，并通过加剪口工具等，做上对位记号，设置完毕后，用“纸样对称”工具完成前裙片整个裁片，如图3-12所示。

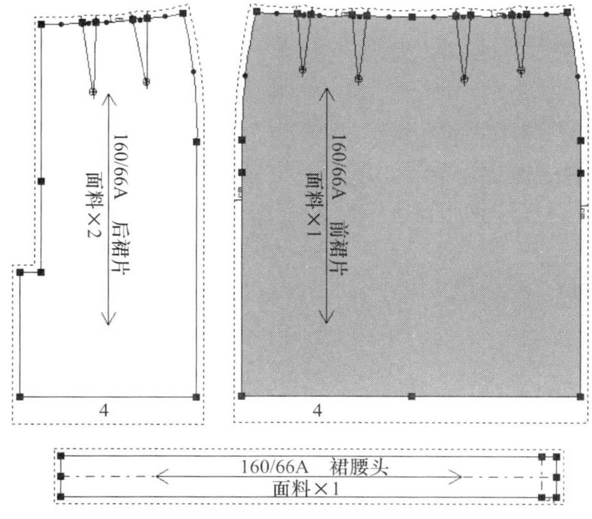

图3-12　基础裙纸样完成

二、第七代文化原型上衣制板

（一）第七代文化原型上衣款式特征

第七代文化原型上衣整体为合身型，长度齐腰，腰部呈水平着装状态，前片左右各有一腰省，后片有肩省，左右各有两腰省，如图3–13所示。

图3–13　第七代文化原型上衣款式图

（二）尺寸与放松量设计

制作第七代文化原型上衣的必要尺寸包括胸围、背长和袖长。

1. **背长**

背长是第七颈椎点到腰围线处长度。

2. **胸围**

第七代文化厚型上衣的胸围是胸部最丰满处水平围量再加10cm的松量。

3. **袖长**

袖长是从肩端点沿手臂量至所需要的长度。

（三）文化原型上衣制板的步骤

1. **规格设计**

执行“号型”菜单下的“号型编辑”命令，在弹出的窗口内以160/84号型为例，尺寸设计如图3–14所示。

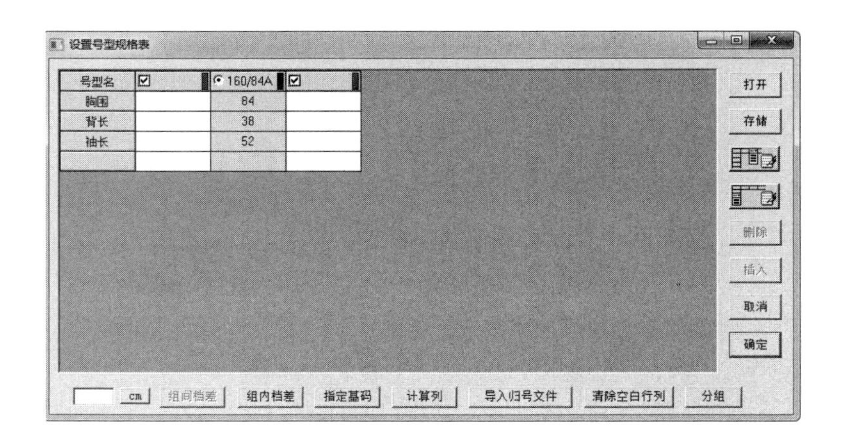

图3–14　设置号型规格表

2. **绘制基础线**

用“矩形”工具绘制基础框架：选择该工具，拉框绘制前中线、后平线、上平线及下平线；用“智能笔”工具绘制胸围线、后背宽、前胸宽等。绘画顺序与计算公式如图3–15所示。

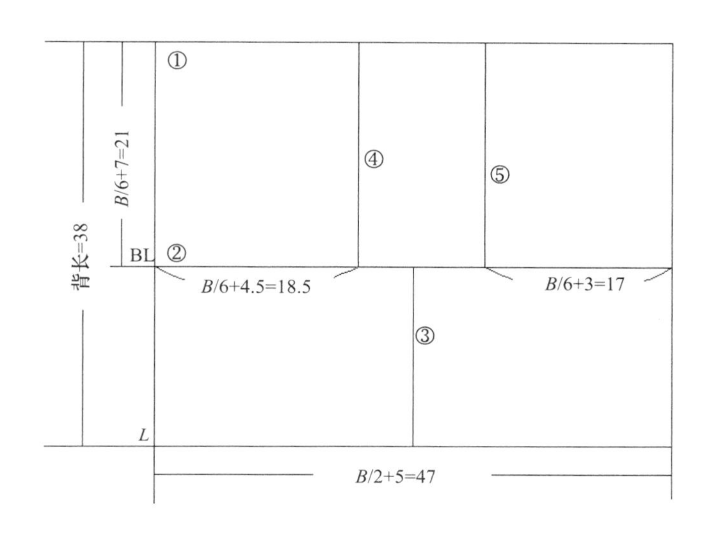

图3–15 绘制基础线

3. **第七代文化原型上衣后片制板**

（1）用“智能笔”工具绘制后肩颈点：选择该工具，根据领宽=$B/20+2.9=7.1=$◎，后领深=◎/3=2.37cm等计算公式绘制后肩颈点，如图3–16所示。

（2）用“智能笔”工具绘制后肩斜线：选择该工具，根据落肩量 = 1/3后横开领宽=◆，冲肩量=2cm等数据绘制后肩斜线。如图3–16所示。

（3）选择“等份规”工具绘制袖窿深中点与后袖窿宽中点：用“比较长度”工具，按Shift键切换成测量直线段上两点长度，测量后袖窿宽/2=●，如图3–16所示。

（4）用“智能笔”工具绘制后袖窿凹势：长度=●+0.5，如图3–16所示。

（5）用“比较长度”工具测量后肩长：先用“智能笔”工具连接后片轮廓线，再选择“比较长度”工具，测量时，按键盘上的Shift键，单击前片的肩颈点与肩端点即可，测量长度=▲，如图3–16所示。

（6）选择“等份规”工具绘等分后背宽，找到后腰省中心线位置，如图3–16所示。

（7）绘制肩省与腰省：用“加点”工具与“智能笔”等工具完成肩省与腰省绘制，如图3–16所示。

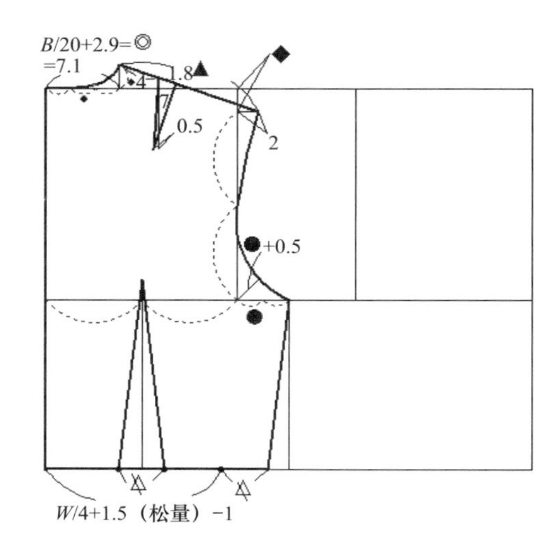

图3-16　后片制板

4. **第七代文化原型上衣前片制板**

（1）用“智能笔”工具绘制前领口方框：选择该工具，根据前领宽=◎−0.2=6.9，前领深=◎+1=8.1等计算公式进行绘制，如图3-17所示。

（2）用“智能笔”工具绘制前落肩线：选择该工具绘制，落肩量 = 2/3后横开领宽=2◆，并用“圆规”工具绘制前肩线，前小肩长=▲−1.8，如图3-17所示。

（3）选择“等份规”工具绘制前袖窿深中点、前胸宽与前领宽，前领宽用△表示，如图3-17所示。

（4）用“智能笔”工具绘制前袖窿凹势、领口凹势与下摆凸起量：袖窿凹势=●，领口凹势=△−0.3，凸起量=△，如图3-17所示。

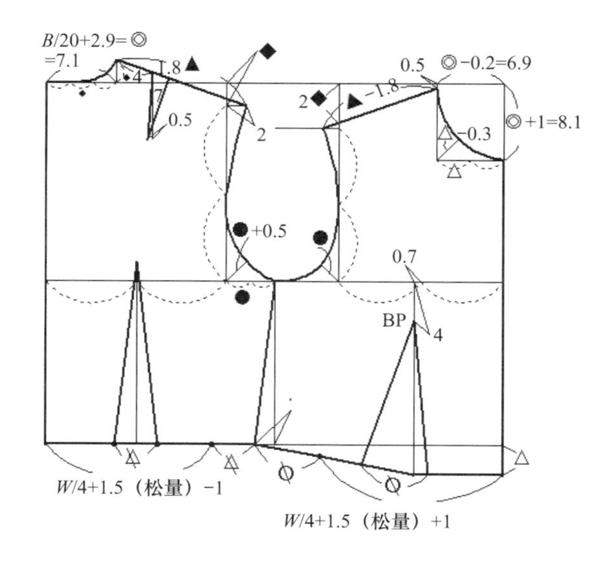

图3-17　第七代文化原型上衣衣身制板

（5）用“智能笔”工具绘制BP点：操作时按Shift键，右键相对参照点拉框绘制BP点，如图3-17所示。

（6）用“智能笔”工具连接前片轮廓线，并用“智能笔”与“加点”等工具完成腰省绘制，如图3-17所示。

5. 第七代文化原型袖制板

（1）用“比较长度”工具分别测量前后袖山弧线长及总长，要测量袖窿曲线按右键即可，测量时可记录被测量线段长度，如图3-18所示。

（2）用“智能笔”工具绘制袖长与袖宽线，袖山高=AH/3，如图3-18所示。

（3）用“圆规”工具绘制前后袖山斜线，前袖山斜线长=前AH，后袖山斜线长=后AH+1，如图3-18所示。

（4）用“等份规”工具将前袖山斜线四等分，将后袖山线三等分，等分袖长中点，等分前后袖口的中点，再用“加点”工具找到袖山弧线经过的其他点，如图3-18所示。

（5）用“智能笔”工具配合Shift键切换到“三角尺”功能，找到前后袖山线的弧度，如图3-18所示。

（6）用“智能笔”工具绘制袖轮廓线，并完成袖肘线绘制，如图3-18所示。

6. 在裁片上作对位记号及文字说明

用“剪刀”工具拾取纸样，并在纸样菜单下，单击纸样资料命令，逐一对纸样进行说明，如纸样名称、布料类型与纸样份数等，并通过加剪口工具等，作上对位记号，设置完毕后，用“纸样对称”工具完成前片整个裁片，如图3-19所示。

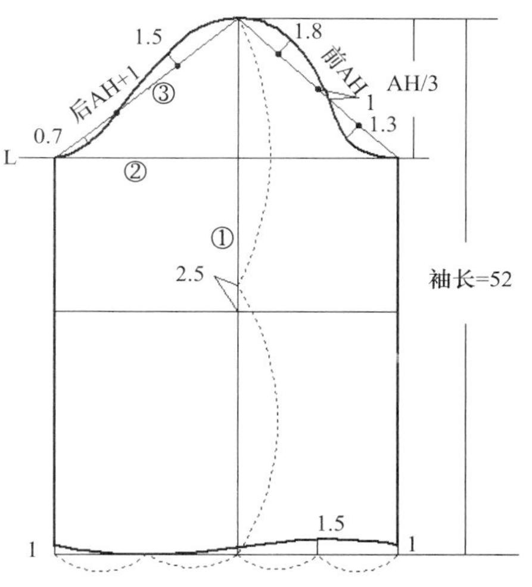

图3-18　第七代文化原型袖片制板

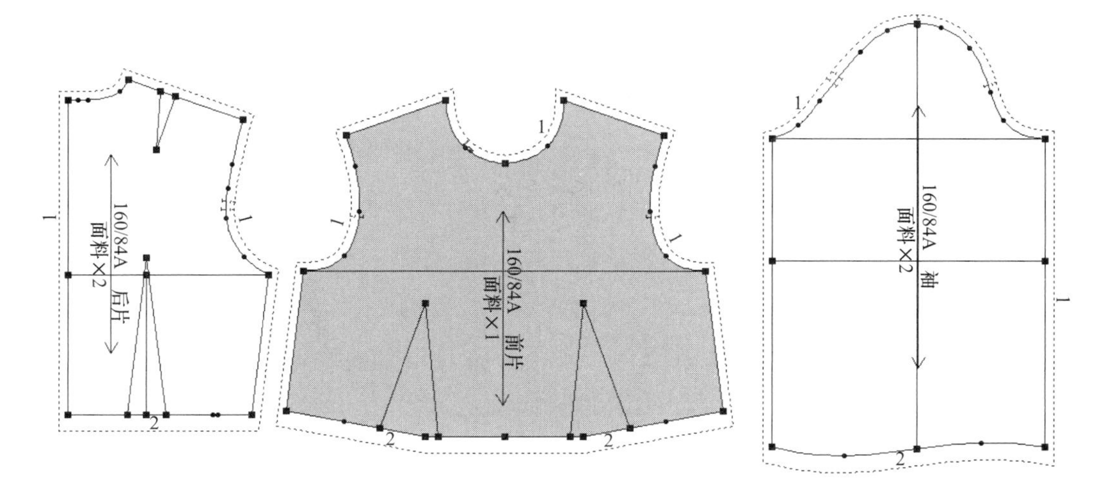

图3-19　第七代文化原型上衣纸样

三、第八代文化原型上衣制板

（一）第八代文化原型上衣款式特征

第八代文化原型上衣整体为合身型，长度齐腰，腰部水平着装状态，腰省较多，前片左右各有两腰省，有袖窿省，后片有肩省，后中收腰，左右各有两腰省，如图3-20所示。

图3-20　第八代文化原型上衣款式图

（二）尺寸与放松量设计

制作第八代文化原型上衣的必要尺寸包括胸围、背长和袖长。

1. **背长**

背长是第七颈椎点到腰围线处长度。

2. **胸围**

第八代文化原型上衣的胸围是胸部最丰满处水平围量再加12cm的松量。

3. **袖长**

袖长是从肩端点沿手臂量至所需要的长度。

（三）文化原型上衣制板的步骤

1. **规格设计**

执行“号型”菜单下的“号型编辑”命令，在弹出的窗口内以160/84号型为例，尺寸设计如图3-21所示。

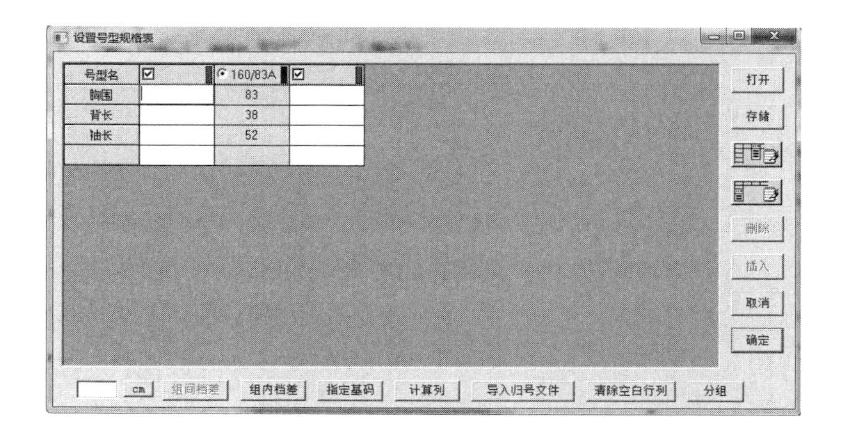

图3-21　设置号型规格表

2. 绘制基础线

（1）用“智能笔”工具绘制基础框架：选择该工具，根据画后中线，画下平线宽，后袖窿深、胸围线、前中线、前袖窿深、前胸宽、后背宽、前后上平线等。绘画顺序与计算公式如图3-22所示。

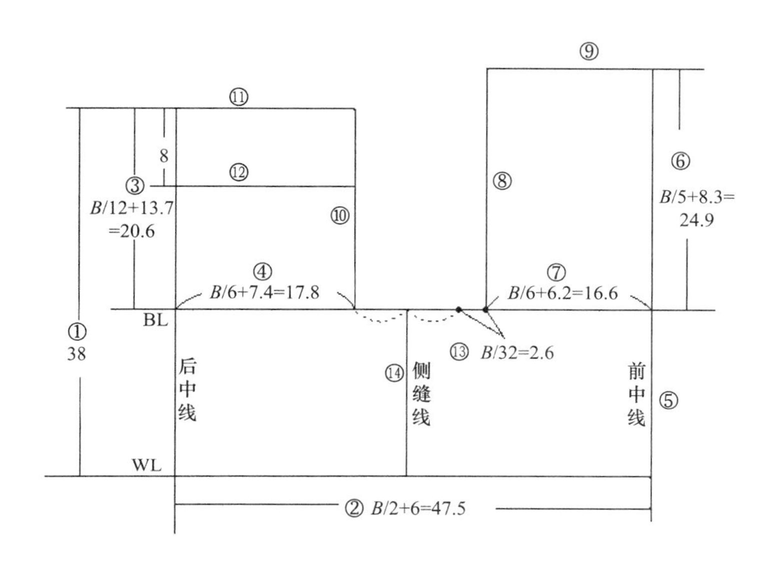

图3-22 绘制基础线

（2）用“点”工具绘制前胸省位置点：选择该工具，单击靠近前片胸宽点的胸围线，在弹出的偏移对话窗口中，输入点的位置长度$B/32=2.6$cm，确定窗口即可，接着用“等份规”工具找到侧缝点后，用“智能笔”工具完成侧缝线，如图3-22所示。

3. 第八代文化原型上衣衣身制板

（1）用“智能笔”工具绘制前领口方框辅助线：选择该工具，根据领宽=$B/24+3.4=6.9$=◎，领深=◎+0.5=7.4cm等计算公式绘制领口方框，如图3-23所示。

（2）用“智能笔”工具绘制前肩斜线（也可用“角度线”工具绘制，角度为22°）：选择该工具，根据8：3.2比例，绘制前肩斜线，再用“点”工具绘制前肩端点，如图3-23所示。

（3）选择“比较长度”工具测量前肩长：选择该工具，按Shift键，单击前片的肩颈点与肩端点即可，测量长度=●，如图3-23所示。

（4）同上，用“智能笔”工具根据计算公式◎+0.2=7.1cm画后领宽，根据后领高=后领宽/3=2.37cm，找到后肩颈点，如图3-23所示。

（5）同上，用“智能笔”工具绘制后肩斜线（也可用“角度线”工具绘制，角度为18°）：选择该工具，根据8：2.6比例，绘制后肩斜线，再用“点”工具绘制后肩端点，后肩长=●+1.8（省宽），如图3-23所示。

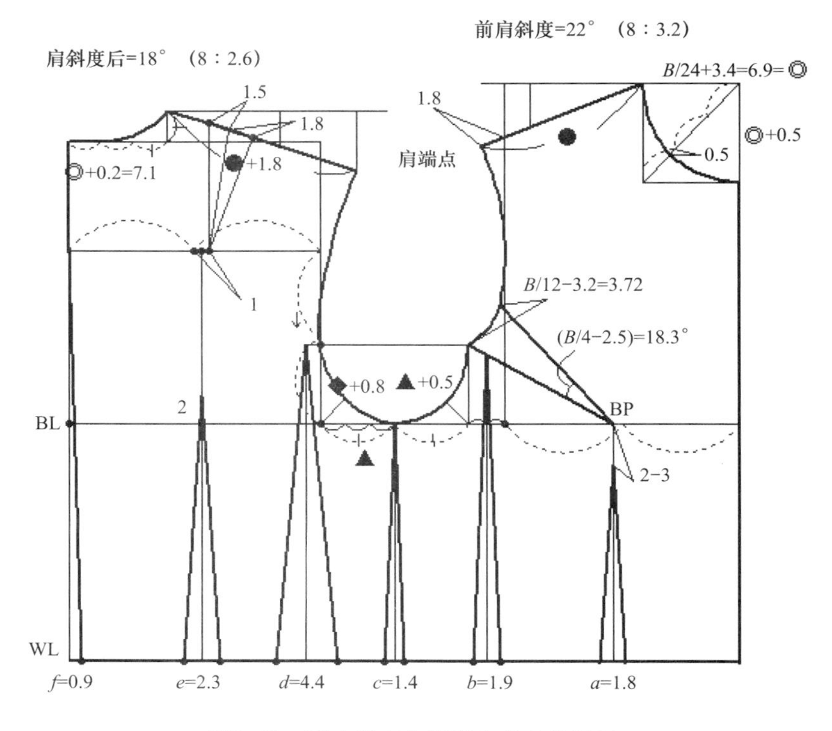

图3-23 第八代文化原型上衣衣身制板

（6）用“等份规”工具、“点”工具与“智能笔”工具找到后肩省尖点、BP点与*G*线，如图3-23所示。

（7）用“圆规”工具绘制袖窿省；用“加省山”工具加袖窿省省山，如图3-23所示。

（8）用“智能笔”工具完成前后领圈线、前后袖窿曲线、肩省、腰省等线条绘制。一半胸腰差=（*B*/2+6）−（*W*/2+3）=12.5cm，*a*省=14%×12.5=1.8cm，*b*省=15%×12.5=1.9cm，*c*省=11%×12.5=1.4cm，*d*省=35%×12.5=4.4cm，*e*省=18%×12.5=2.3cm，*f*省=7%×12.5=0.9cm。

4. 第八代文化原型袖制板

（1）用“移动”工具复制移动原型上衣：选择该工具，拉框选择原型上衣结构线，或单击选择需要的结构线，选中的线变红色后单击鼠标右键，通过Shift键切换到光标右上角显示X^2状态，移动光标到新位置单击鼠标，原型上衣即被复制移动新位置，如图3-24所示。

（2）用“剪断线”工具剪断前衣片胸围线与前中线的交点后，再用“旋转”工具合并袖窿省，操作时，选择该工具，拉框选择需转动的线，或单击选择需要旋转的结构线，选中的线变红色后单击鼠标右键，单击选择BP点与省道大上方点，旋转移动靠近另一省道大点，两省道即刻合并，如图3-24所示。

（3）用“比较长度”工具分别测量前后袖山弧线长及总长，单击要测量袖窿曲线按右键即可，测量时可记录被测量线段长度，如图3–24所示。

（4）用“智能笔”工具与“等份规”工具找到袖山高点，绘制袖山高，如图3–24所示。

（5）用“圆规”工具绘制前后袖山斜线，然后用“等份规”工具将前袖山斜线四等分。用“测量”工具测量1/4长度，再用“点”工具参照袖山高点在后袖山斜线上找到与此同长度的点。通过此点，用“智能笔”工具配合Shift键切换到“三角尺”功能，找到前后袖山线的弧度，如图3–24所示。

（6）完成文化原型袖片制板，如图3–24所示。

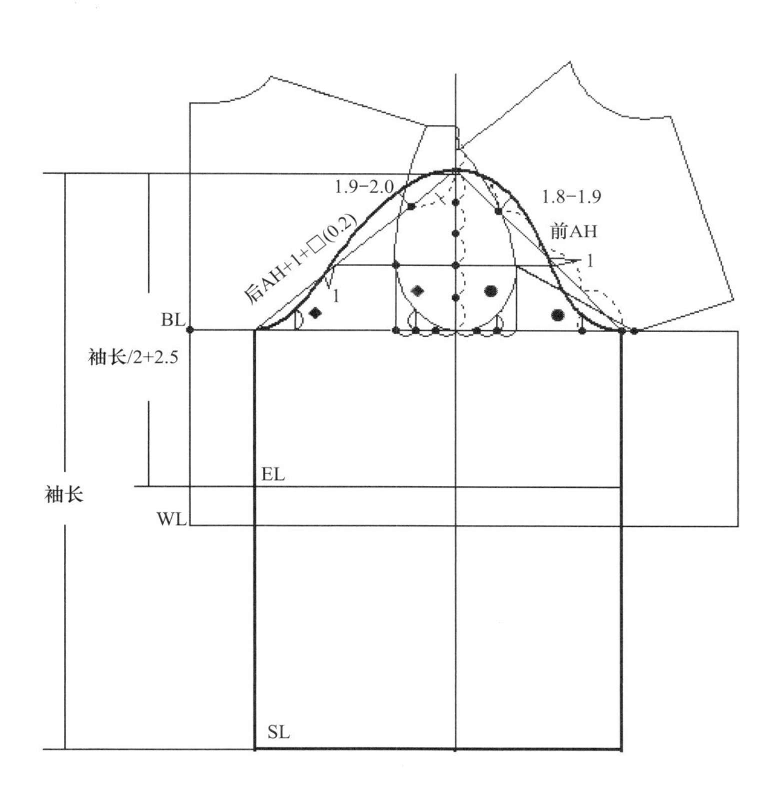

图3–24 文化原型袖片制板

5. ***在裁片上作对位记号及文字说明***

在用“剪刀”工具拾取纸样，并在纸样菜单下，单击纸样资料命令，逐一对纸样进行说明，如纸样名称、布料类型与纸样份数等，并通过加剪口工具等，作上对位记号，设置完毕后，再用“纸样对称”工具完成前片整个裁片，如图3–25所示。

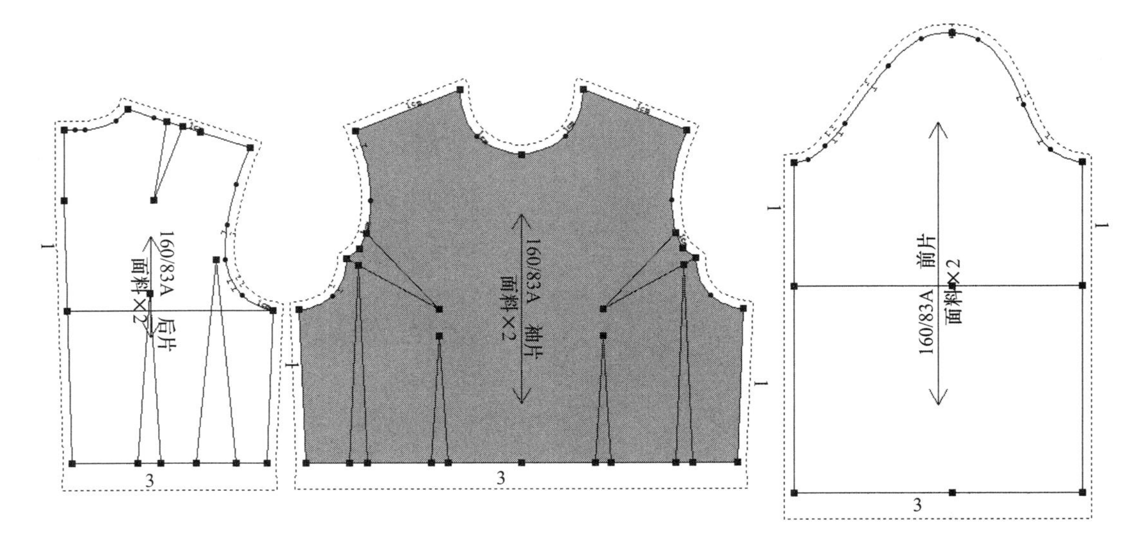

图3-25 第八代文化原型上衣纸样

四、基础型裤制板

（一）基础型裤款式特征

基础型裤整体为合体型，腰位齐腰，绱腰头，前片左右各设两褶裥，后片左右各设有两个省，前中装拉链，如图3-26所示。

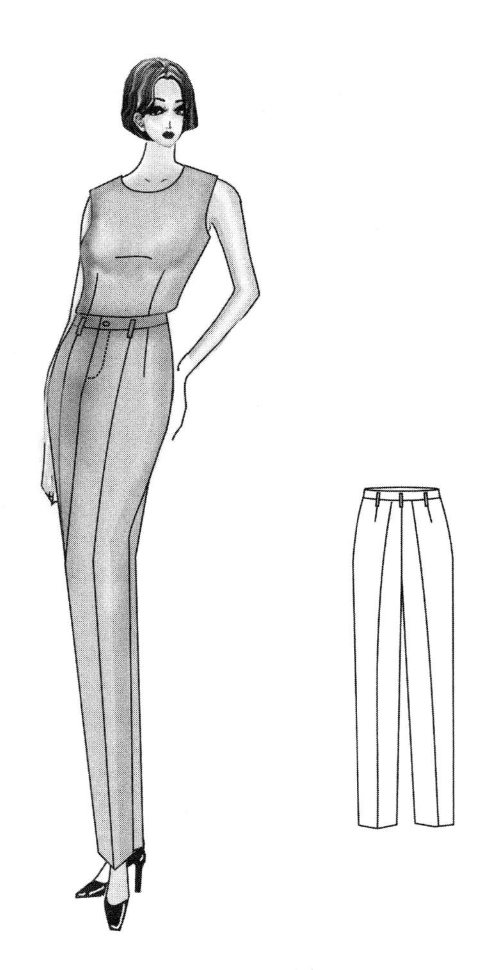

图3-26 基础型裤款式图

（二）尺寸与放松量设计

制作裤的必要尺寸包括裤长、腰围、臀围及脚口。

1. **裤长**

裤长是指自体侧髋骨外向上3cm左右为始点，顺直向下量至所需长度。

2. **腰围**

基础型裤腰围的放松量一般在0～2cm之间。

3. **臀围**

基础型裤臀围是在臀部最丰满处水平围量再加8cm的松量。

4. **脚口**

脚口宽22cm。

（三）裤的制板步骤

1. 规格设计

执行“号型”菜单下“号型编辑”命令，在弹出的窗口内以160/66号型为例，尺寸设计如图3-27所示。

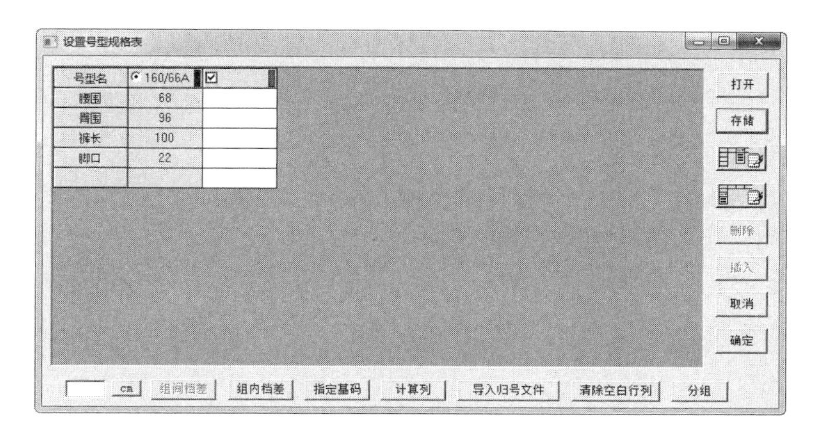

图3-27　设置号型规格表

2. 裤前片制板

（1）绘制基础线。

①用“矩形”工具或“智能笔”工具绘制基础框架：选择该工具拉框后，在弹出的窗口内指定水平尺寸与纵向尺寸，水平=裤长-3，纵向尺寸=臀围/4-1后，完成裤的基本框架，绘制腰围线、脚口线与裤长线等，如图3-28所示。

②用“智能笔”工具绘制横裆线：选择该工具对准腰围线，拖拉鼠标到横裆位围单击鼠标，弹出对话框，输入与参照线的距离为臀围/4-1，确定窗口，完成横裆线绘制，如图3-28所示。

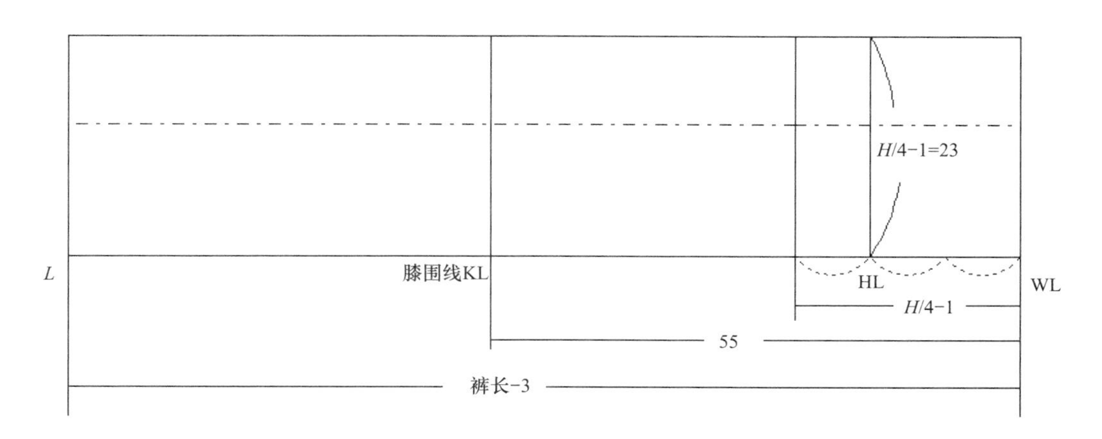

图3-28　绘制基础线

③用“等份规”工具等分上裆长，先在界面的右上角输入等分量3，选择该工具单击上裆长两点即可，如图3–28所示。

④用“智能笔”工具绘制膝围线与臀围线，膝围线高=55cm，如图3–28所示。

（2）绘制前片轮廓点。

①用“智能笔”工具绘制小裆宽、小裆凹势，小裆宽=$H/20-1=3.8$cm，小裆凹势=2.5cm，如图3–29所示。

②用“加点”工具在横裆线上找到偏进0.7cm的点，接着用“等份规”工具找到前裤片烫迹线上点，同时，通过该点，用“智能笔”工具完成前烫迹线，图3–29所示。

③用“智能笔”工具、“等份规”工具、“对称”工具与用“加点”工具等工具综合应用，找到脚口大、中裆大，图3–29所示。

④用“智能笔”工具定前腰点，前中心偏进1cm左右，腰口线偏里1cm左右，图3–29所示。

⑤用“圆规”工具定出前腰围大：腰围大为$W/4-1+5$（褶裥量），如图3–29所示。

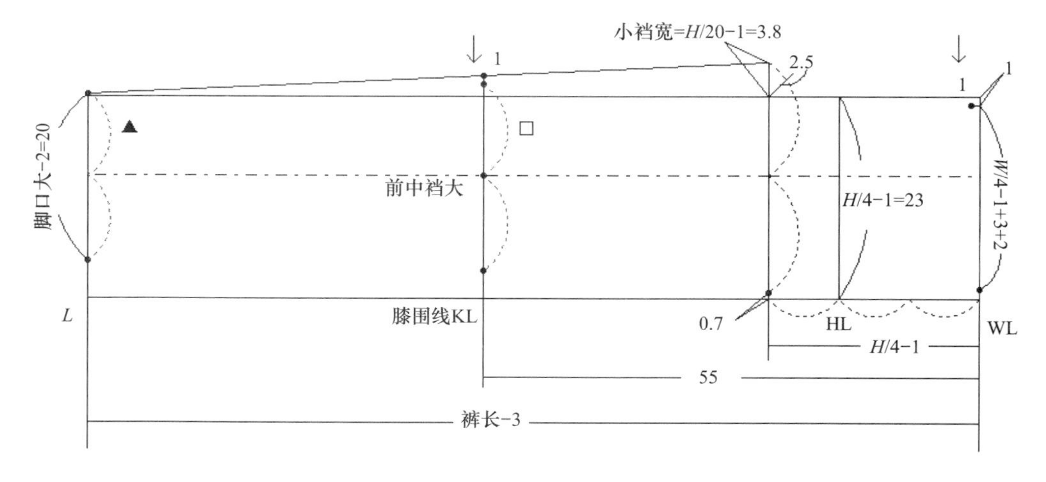

图3–29 绘制前片轮廓点

（3）绘制褶裥位置线、门襟线，完成前裤片结构图绘制，如图3–30所示。

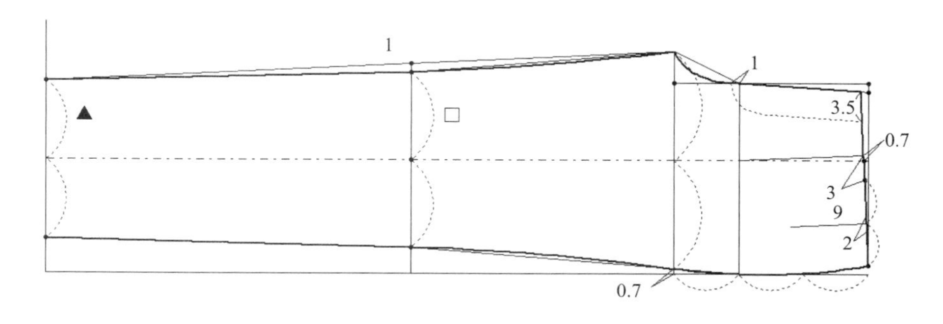

图3–30 前裤片结构图

（4）用“剪刀”工具拾取后裤片纸样：选择该工具，顺时针单击前裆线、腰口线、侧缝线、脚口线与下裆缝线，拾取后裤片轮廓线，自动形成纸样并自动加放1cm宽缝份，完成此操作时，用衣片辅助线工具拾取腰部两褶裥位置线、烫迹线、中裆线、横裆线与臀围线等，如图3-31所示。

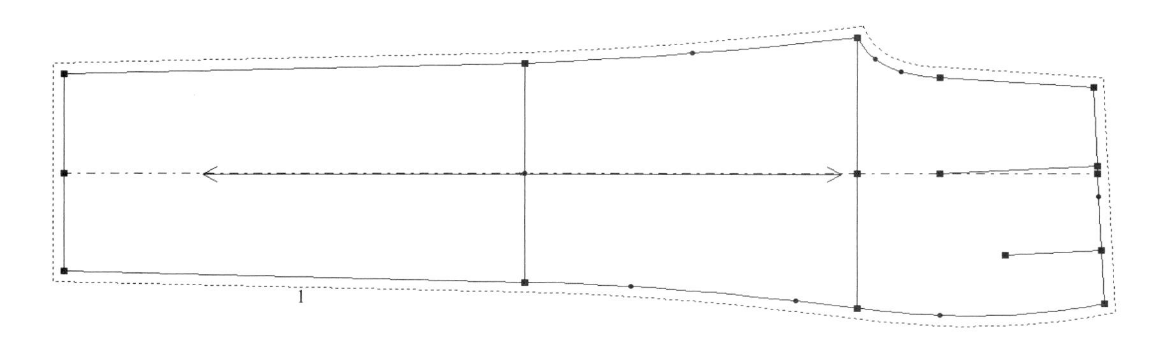

图3-31　拾取前裤片纸样

（5）用“褶”工具分别编辑前腰两个褶：选择该工具，单击被上步拾取的褶线后按右键，在弹出的对话框中，选择相应的褶类型与倒向等属性，输入相应的参数后确定窗口，观察褶模拟合并的状态并调整腰口线，按右键确定窗口即可，如图3-32所示。

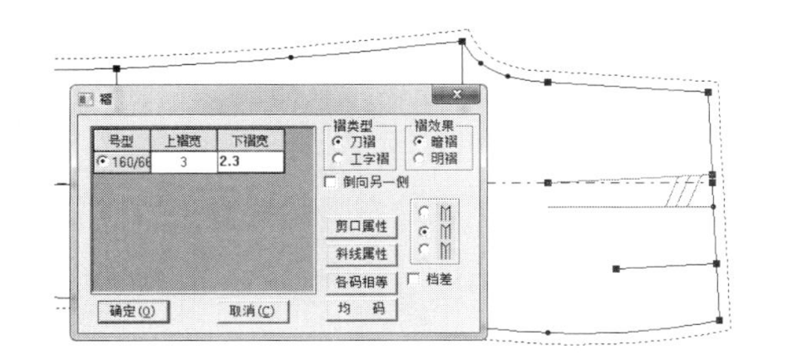

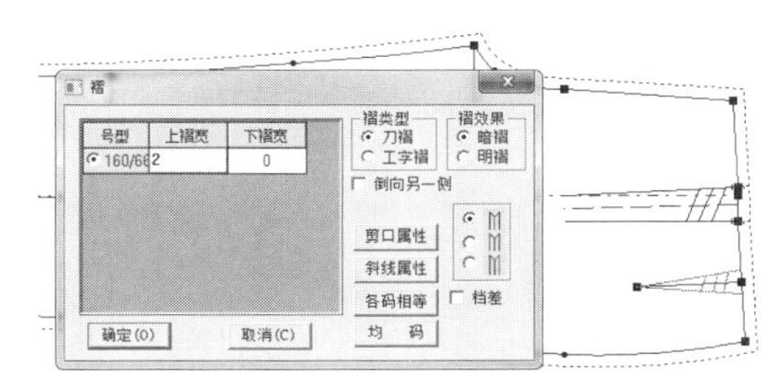

图3-32　编辑前腰褶

（6）用“加缝份”工具修改脚口缝边宽：选择该工具，拉框选择脚口缝边后，单击右键，在弹出的对话框中输入与款式工艺要求的缝边宽度4cm后，选择适当的缝份切角，确定窗口，完成裤后片纸样，如图3-33所示。

3. **裤后片制板**

（1）绘制基础线：用“移动”工具复制前片的基础结构线，并用“调整”工具改高纵向线2cm，使得后臀围大符合公式$H/4+1=25$cm，并将前横裆线下落1cm，如图3-34所示。

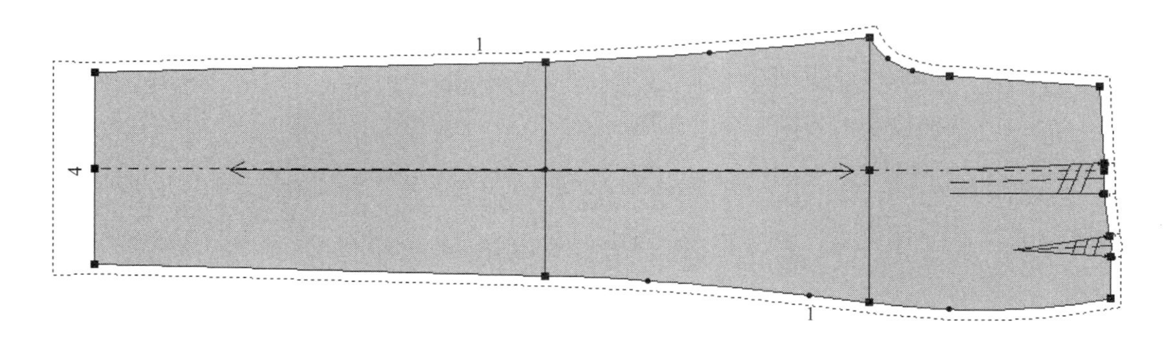

图3-33　裤前片纸样

图3-34　绘制基础线

（2）绘制后片轮廓点。

①用“智能笔”工具绘制后裆斜线，后裆困势为15∶3，延长后裆斜线与上平线相交再延长，绘制后裆起翘2cm，并用该工具使后裆斜线与横裆线连角，最后绘制后裆大=*H*/10=9.6cm，如图3-35所示。

②用“等份规”工具等分后横裆大，用“智能笔”工具绘制后裤片烫迹线；分别测量前片脚口大与前片中裆大后，再用“等份规”工具定出后片脚口大、后片中裆大，最后用“智能笔”工具绘制后裆凹势=2cm，如图3-35所示。

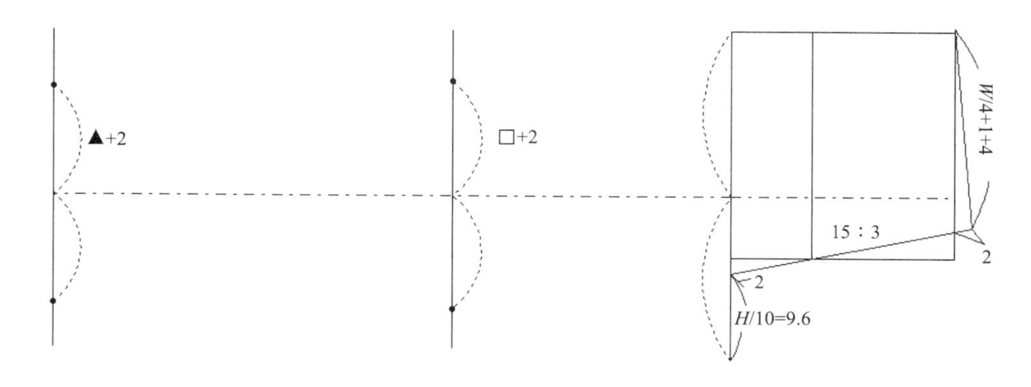

图3-35　绘制脚口大、中裆大与腰围大点

③用“圆规”工具定出后腰围大：后腰围大为$W/4+1+4$（省道大），如图3-35所示。

（3）绘制省中心线，完成后裤片结构图绘制，如图3-36所示。

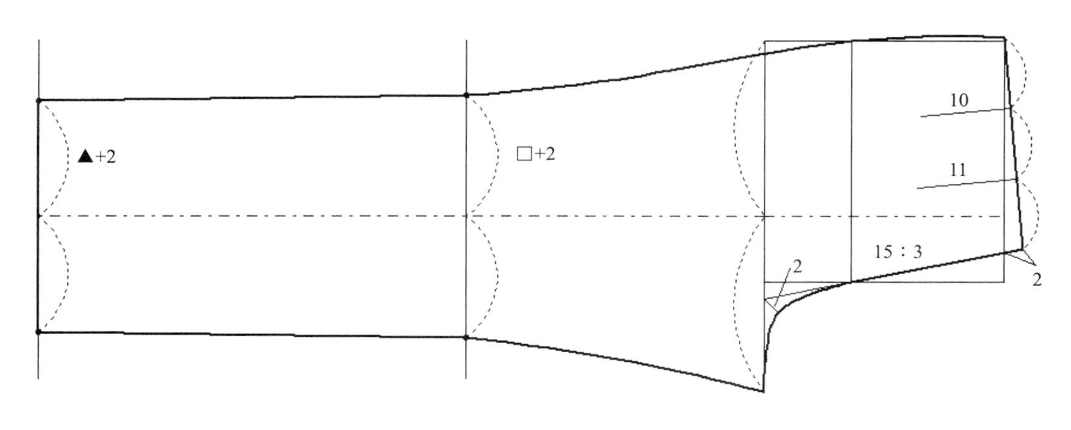

图3-36 后裤片结构图

（4）用“剪刀”工具拾取后裤片纸样：选择该工具，顺时针单击前裆线、腰口线、侧缝线、脚口线与下裆缝线，拾取后裤片轮廓线，自动形成样并自动加放1cm宽缝份，完成此操作时，用衣片辅助线工具拾取腰部两省中心线、烫迹线、中裆线、横裆线与臀围线等，如图3-37所示。

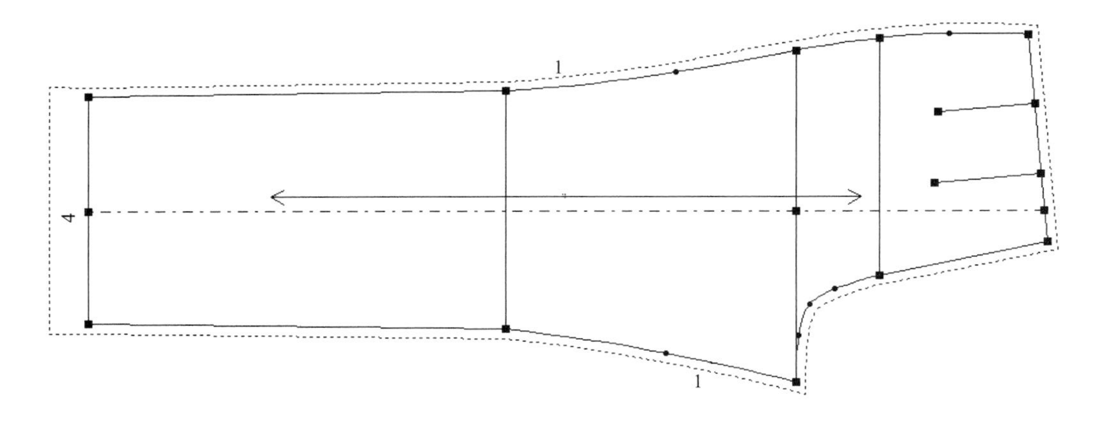

图3-37 拾取后裤片纸样

（5）用“V形省”工具分别编辑后腰两个省：省宽都为2cm，如图3-38所示。

（6）用“加缝份”工具修改脚口缝边宽：选择该工具，拉框选择脚口缝边后，单击右键，在弹出的对话框中输入与款式工艺相要求的缝边宽度4cm后，选择适当的缝份切角，确定窗口，完成裤后片纸样，如图3-38所示。

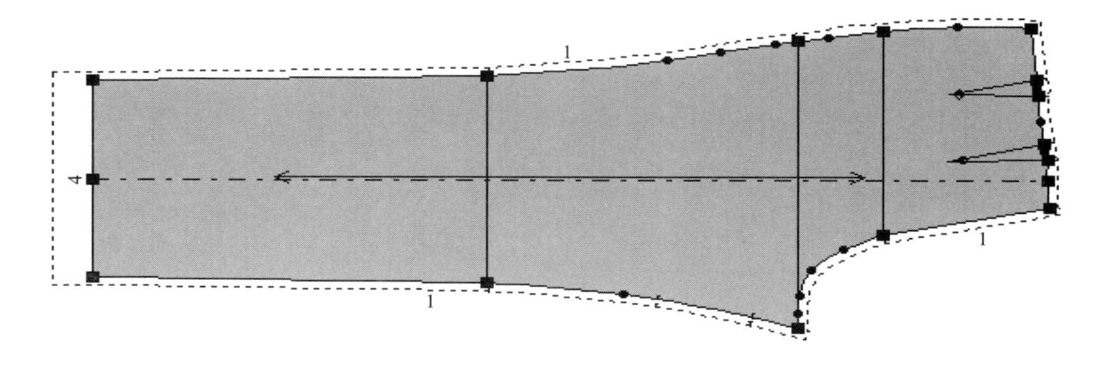

图3-38 裤后片纸样

4. 裤门里襟制作

用“剪刀”工具在前片上拾取门襟纸样，参照门襟长度，绘制里襟，并用剪刀工具拾取纸样，如图3-39所示。

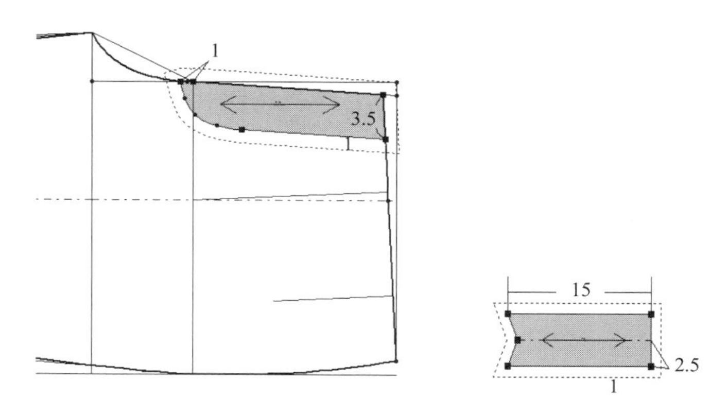

图3-39 门襟纸样与里襟纸样

5. 裤腰头与串带绘制

用“智能笔”工具绘制腰与串带：裤腰水平长度=腰围+2.5（搭门宽），裤腰头纵向高度=2×腰头高；串带长=25cm，宽=3cm，如图3-40所示。

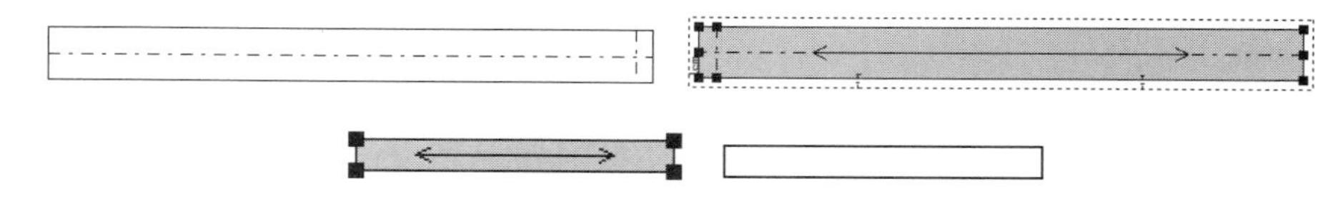

图3-40 裤腰头与串带绘制

6. 完成全部裁片，加缝份，并作对位记号及文字说明

在纸样菜单下，单击“纸样资料”命令，逐一对纸样进行说明，如纸样名称、布料类型与纸样份数等，并通过加剪口工具等，作上对位记号，设置完毕后，如图3-41所示。

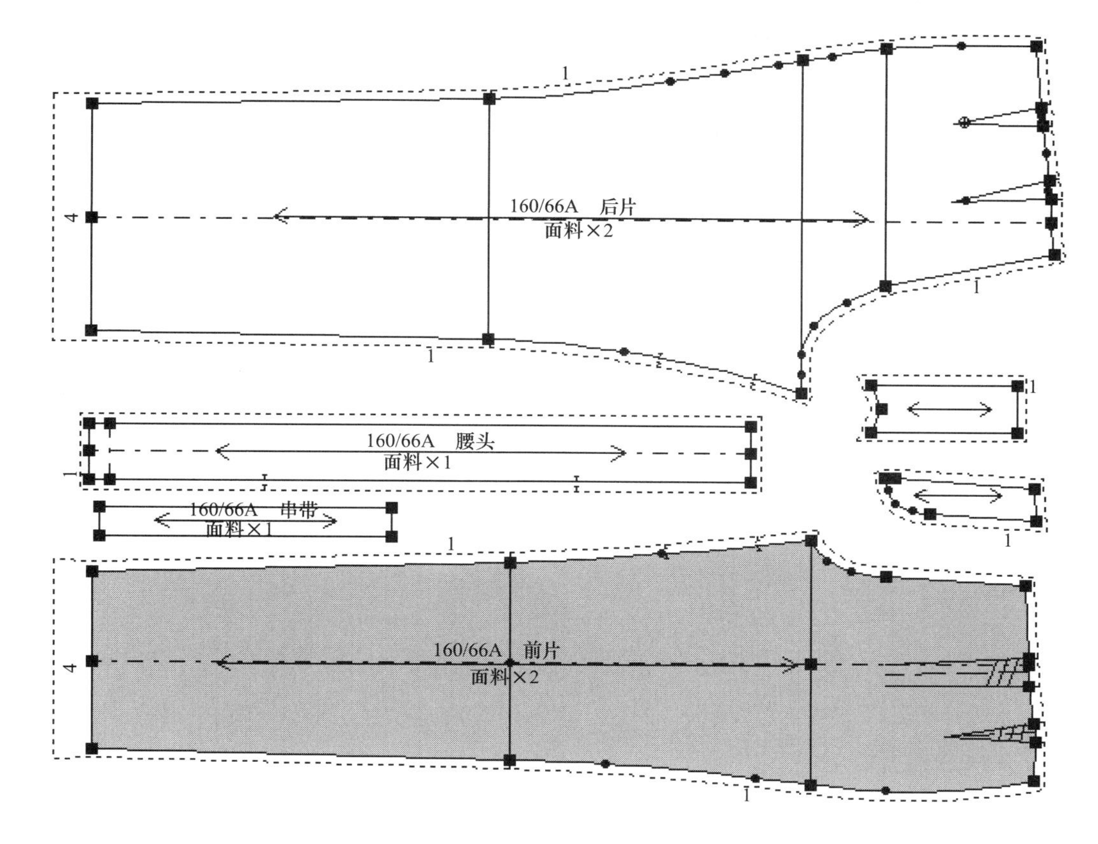

图3-41 基础裤纸样

五、基础型衬衫制板

（一）基础型衬衫款式特征

基础型衬衫为翻领、长袖、圆角下摆，袖口设计了袖克夫，前后有腰省，腋下左右各有一省，半紧身，整体呈H形造型，如图3-42所示。

图3-42 基础型衬衫款式图

（二）尺寸与放松量设计

衬衫的必要尺寸包括衣长、胸围、腰围及肩宽。

1. **衣长**

衣长是在原型背长的基础上加长20cm，为58cm。

2. **胸围**

胸围是在净胸围84cm的基础上加6 ~ 8cm的放松量为92cm。

3. **腰围**

腰围是胸围减去16cm的A体型胸腰差为76cm。

4. **肩宽**

160/84A的净肩宽-2cm为38cm。

（三）衬衫的制板步骤

1. **规格设计**

执行“号型”菜单下的“号型编辑”命令，在弹出的窗口内以160/84A号型为例，尺寸设计如图3-43所示。

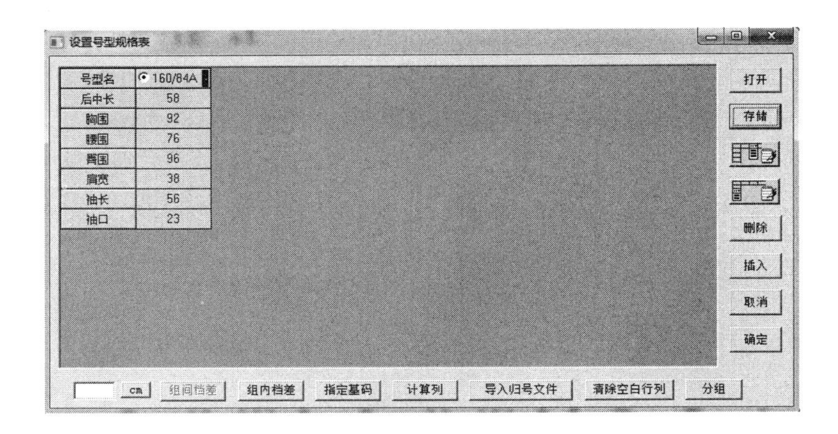

图3-43　设置号型规格表

2. **原型的准备**

打开第八代原型上衣，作好如下图的准备，后肩省合并2/3，另1/3松量作为缩缝量，前胸省1/3作为松量，如图3-44所示。

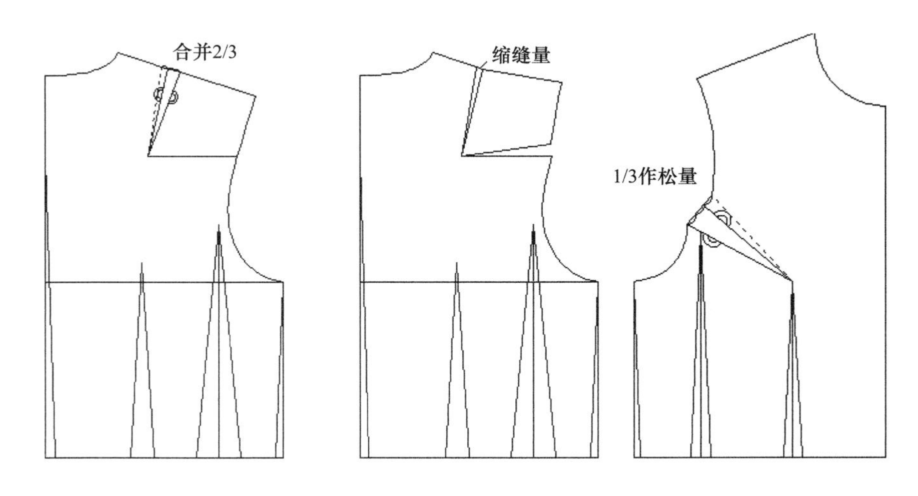

图3-44　原型准备

3. 绘制基础线

用“智能笔”工具绘制基础框架：根据衣长、腰长与搭门宽等数据绘制臀围线、底边线与前止口线，如图3–45所示。

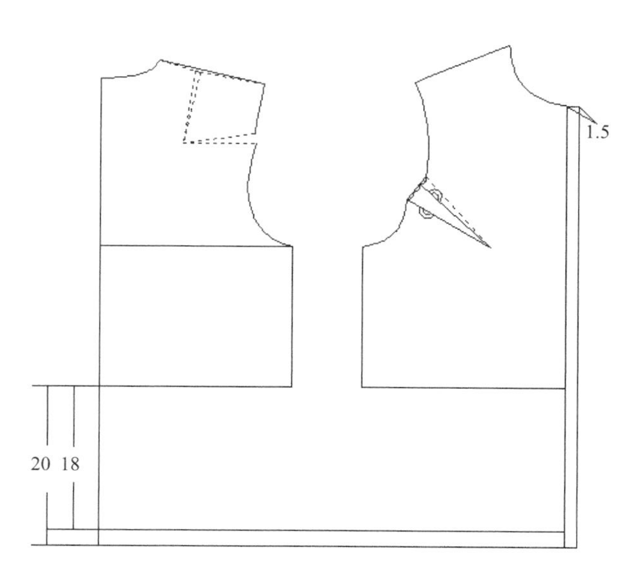

图3–45 绘制基础线

4. 衬衫后片制板

（1）找到后片轮廓点：领宽开宽0.5cm找到肩颈点，再通过规格表尺寸找到肩端点、胸围大点、腰围大点、下摆大点等。可用“加点”工具与“智能笔”等工具综合应用绘制，如图3–46所示。

（2）用“等份规”工具找到腰省中点，再用“智能笔”工具绘制腰省等，完成衬衫后片结构图绘制，用“比较长度”工具分别测量后片小肩长、后背宽与后领弧长，并记录，分别用“●”“□”与“◎”特殊符号表示，完成衬衫后片结构制图，如图3–47所示。

5. 衬衫前片制板

（1）找到前片轮廓点：领宽开宽0.5cm找到肩颈点、前领口下降0.7cm，前中心低落1cm，再通过后小肩长与背宽找到前肩端点与前胸宽线，前小肩长=●–0.3，胸宽=□–1.5，再通过规格表尺寸找到胸围大点、腰围大点、下摆大点等。可用“加点”工具与“智能笔”工具综合应用绘制，如图3–48所示。

（2）用“智能笔”工具绘制衬衫前片轮廓线及腰省，如图3–49所示。

（3）用“转省”工具或“旋转”工具合并袖窿省，腋下省张开，并用“加省山”加上省山，调整腋下省尖的位置，离BP点距离3～4cm，如图3–50所示。

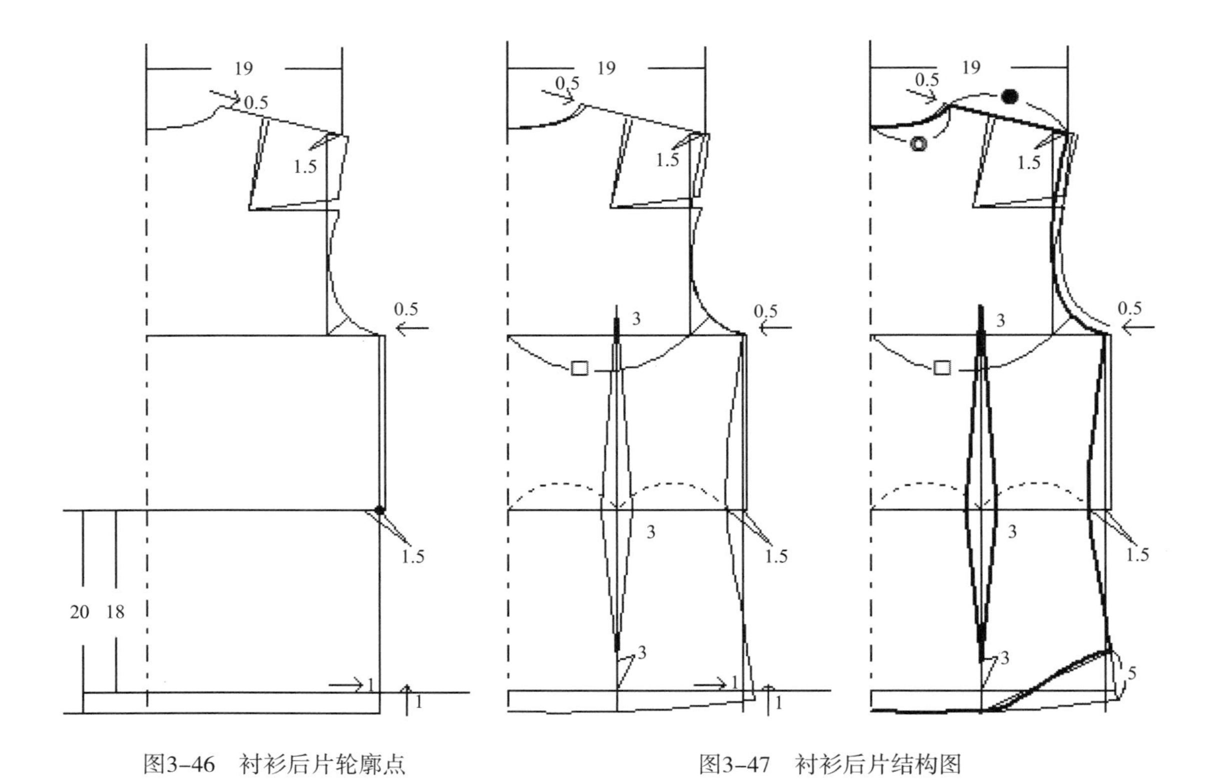

图3-46　衬衫后片轮廓点　　　　图3-47　衬衫后片结构图

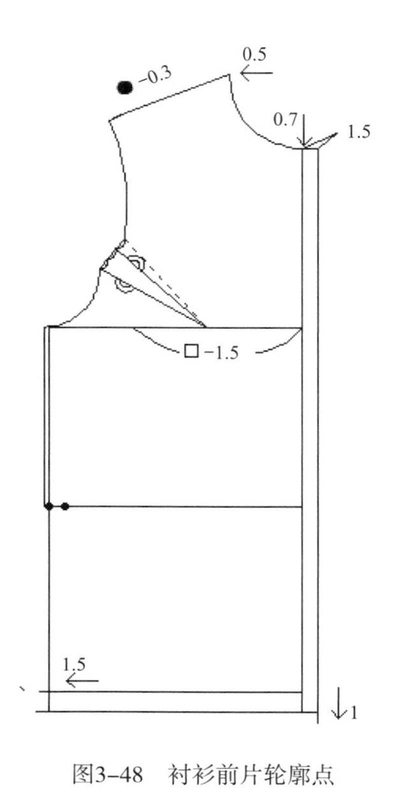

图3-48　衬衫前片轮廓点

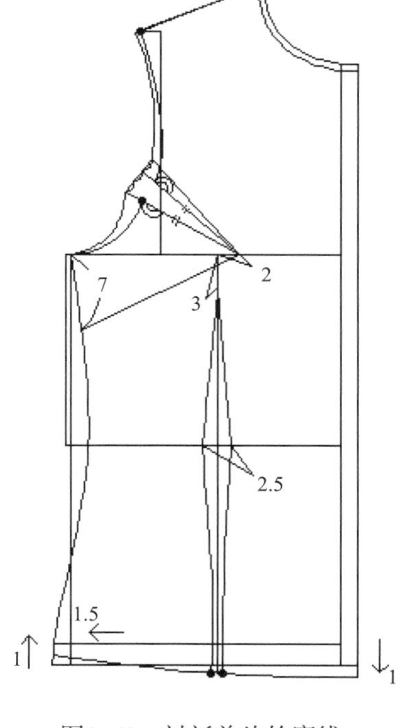

图3-49　衬衫前片轮廓线

（4）用“智能笔”工具完成衬衫前片结构线绘制。测量前领弧长，用“○”特殊符号表示，可用“加点”工具定扣位，如图3-50所示。

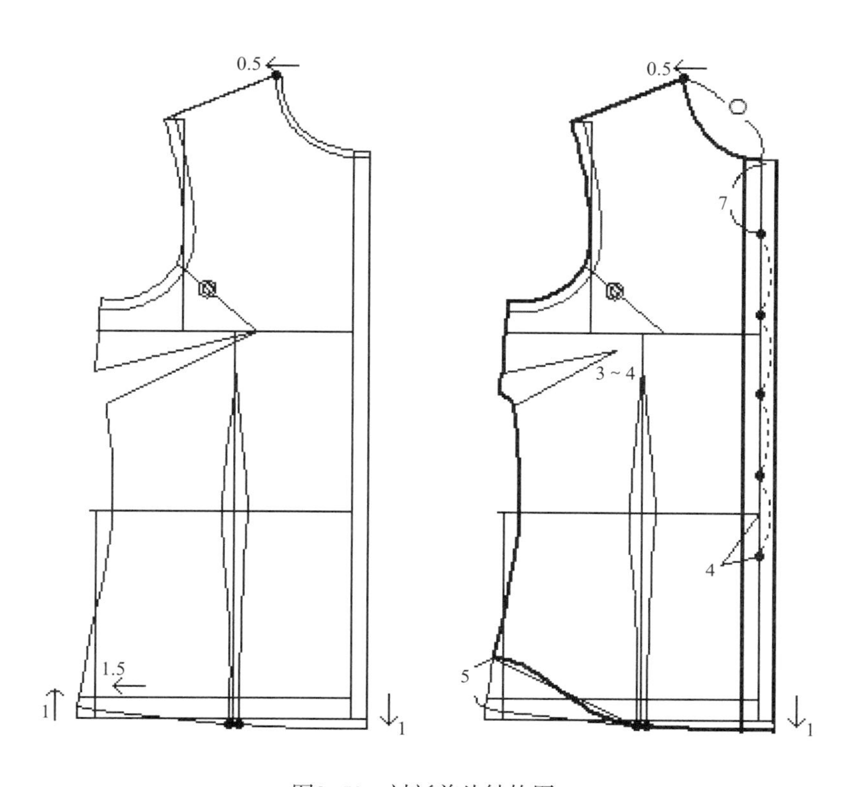

图3-50 衬衫前片结构图

6. **衬衫袖制板**

（1）用“比较长度”工具分别测量前后袖山弧线长及总长，单击要测量袖窿曲线按右键即可，测量时可记录被测量线段长度。

（2）用“智能笔”工具绘制袖长与袖宽线，袖山高=AH/3，如图3-51所示。

（3）用“圆规”工具绘制前后袖山斜线、前袖山斜线长、后袖山斜线长，吃势控制在1.5cm左右，如图3-51所示。

7. **衬衫领制板**

（1）用“智能笔”工具绘制领高与领底线，如图3-52所示。

（2）用“智能笔”工具绘制领座与领面造型，并完成领轮廓线绘制，如图3-52所示。

8. **完成全部裁片，加缝份，并作对位记号及文字说明**

用“剪刀”工具逐一拾取纸样，并用拾取辅助线工具拾取主要基础线在相应的纸样上，在“纸样”菜单下，单击“纸样资料”命令，逐一对纸样进行说明，如纸样名称、布料类型与纸样份数等， 并通过加“剪口”工具等，作上对位记号，用“钻孔”工具

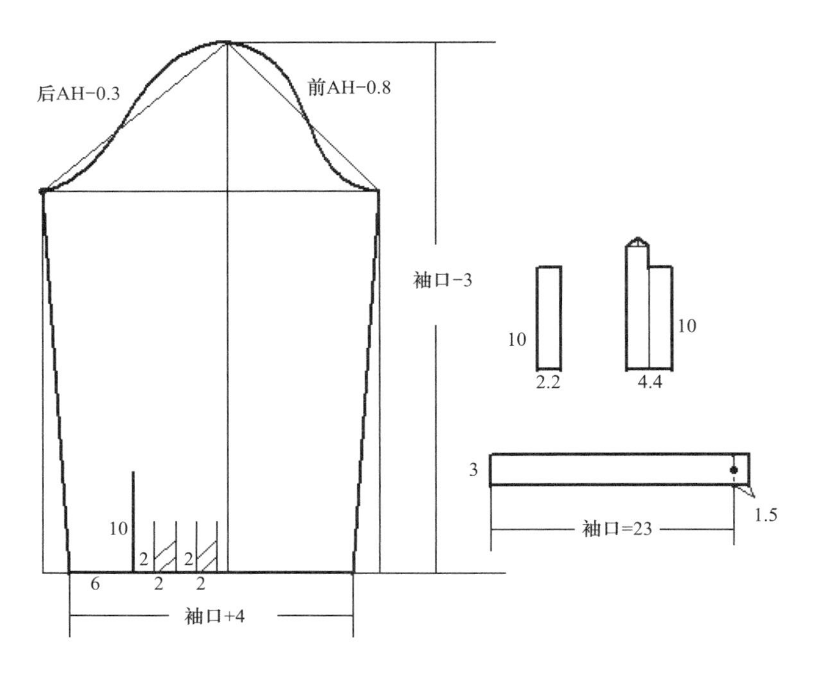

图3-51　衬衫袖结构图

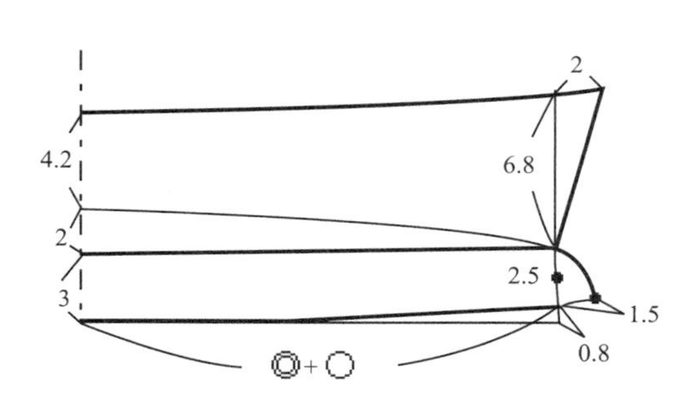

图3-52　衬衫领结构图

加上扣眼等，设置完毕后，用“纸样对称”工具完成后片、领面与领座整个裁片，如图3-53所示。

六、基础型连衣裙制板

（一）基础型连衣裙款式特征

基础型连衣裙的特征为V形领、无袖、前有两腰省、腋下左右各有一省，后开拉链，半紧身、整体呈A字形，如图3-54所示。

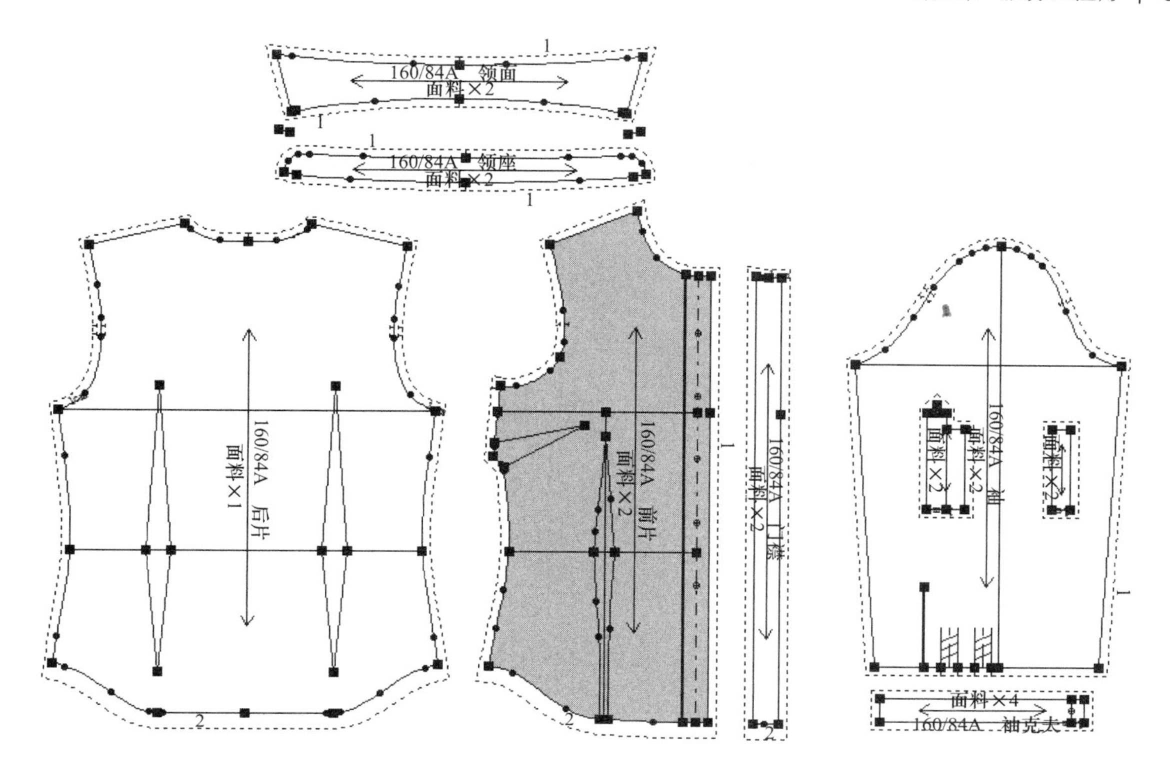

图3-53　基础衬衫纸样

图3-54　基础型连衣裙款式图

（二）尺寸与放松量设计

连衣裙的必要尺寸包括：裙长、胸围、腰围、臀围、肩宽。

1. **裙长**

裙长是在原型背长的基础上加长42cm，为80cm。

2. **胸围**

胸围是在净胸围84cm的基础上加6～8cm的放松量，为90cm。

3. **腰围**

连衣裙腰围尺寸是胸围减去16cm的A体胸腰差，为74cm。

4. **臀围**

臀围是在胸围的基础上加6～8cm的放松量，为98cm。

5. **肩宽**

肩宽是160/84A的净肩宽-4cm左右，为35cm。

（三）连衣裙的制板步骤

1. 规格设计

单击菜单下“号型”菜单下的“号型编辑”命令，在弹出的窗口内以160/84A号型为例，尺寸设计如图3-55所示。

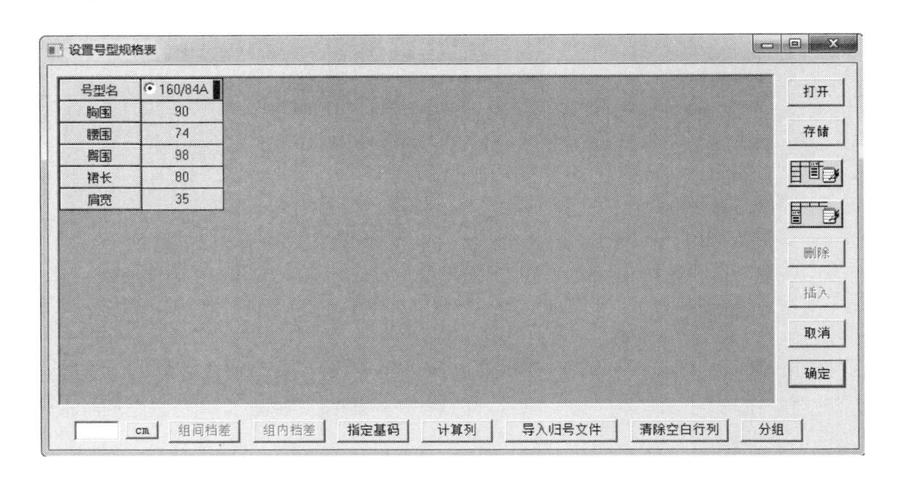

图3-55 设置号型规格表

2. 原型的准备

打开第八代原型上衣，前片袖窿省全省准备转移到腋下，如图3-56所示。

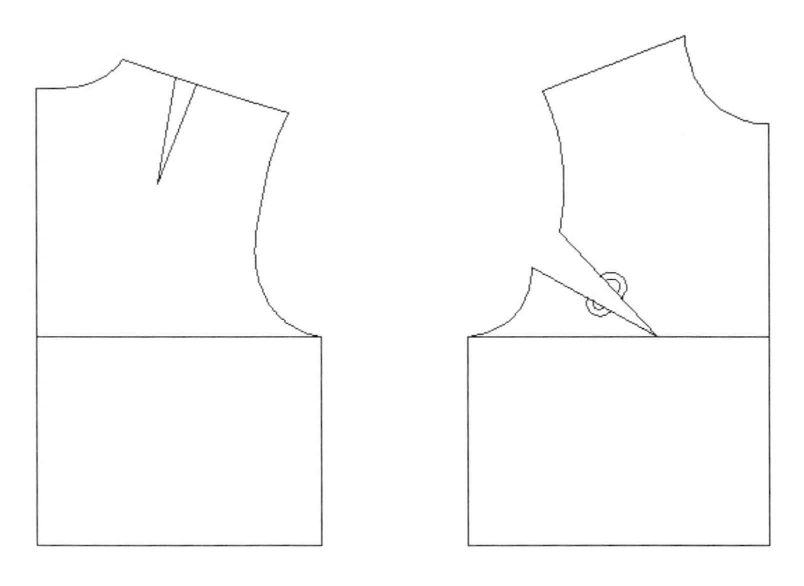

图3-56 原型准备

3. 绘制基础线

用“智能笔”工具绘制基础框架：根据裙长、腰长与等数据绘制臀围线、底边线，为了修饰体型的修长，腰节在原型板腰围位置往上1.5cm处，如图3-57所示。

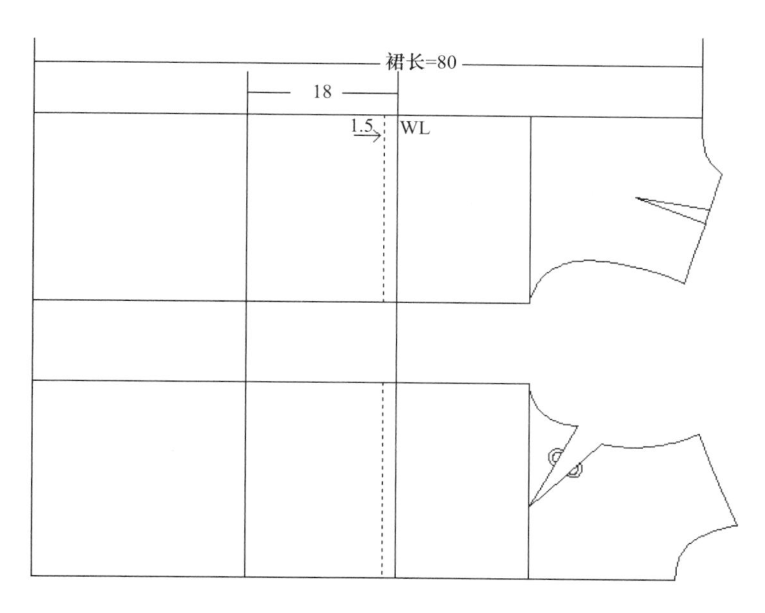

图3-57 绘制基础线

4. 绘制后中心线，定胸围大点

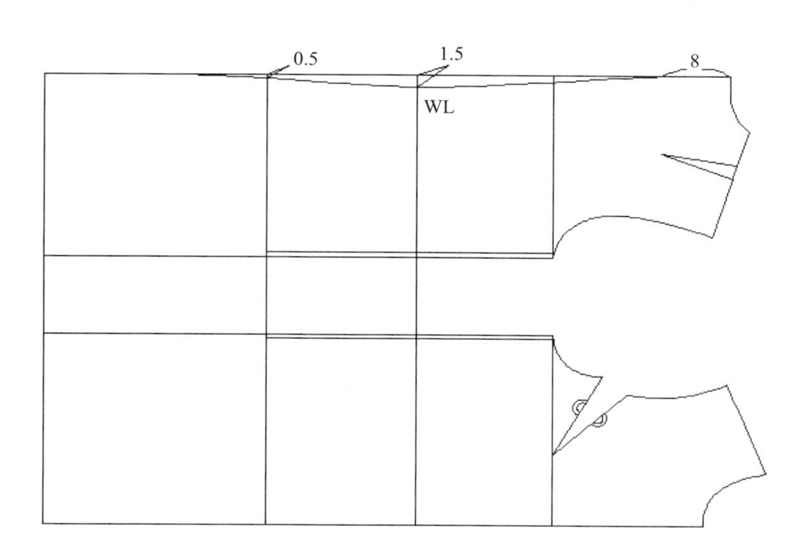

图3-58 绘制后中心线，定胸围大点

5. 连衣裙后片制板

（1）绘制后片轮廓线：可用“加点”工具与“智能笔”工具综合应用绘制，如图3-59所示。

（2）用“等份规”工具找到腰省中点，再用“智能笔”工具绘制腰省与领贴线，然后用“比较长度”工具测量成衣肩颈点与肩端点的长度，用“◎”特殊符号表示，完成连衣裙后片结构制图，如图3-59所示。

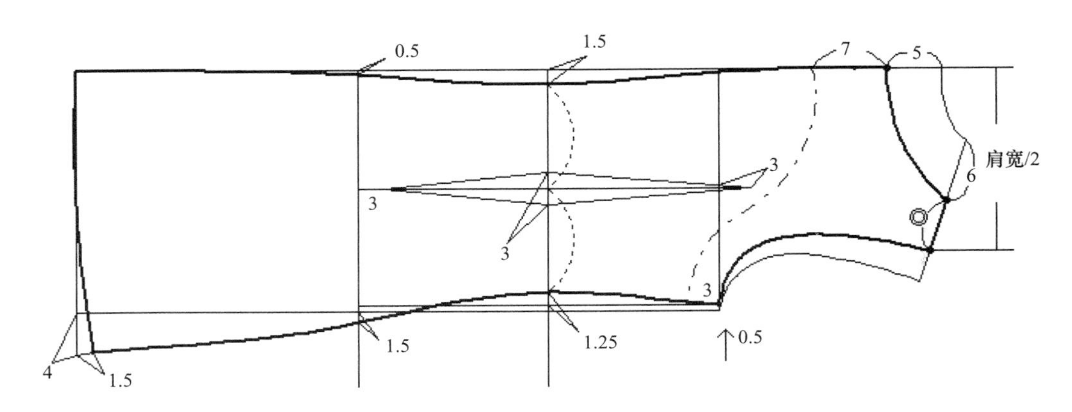

图3-59 连衣裙后片结构图

6. 连衣裙前片制板

（1）找到前片轮廓点：可用“加点”工具与“智能笔”工具综合应用绘制，如图3-60所示。

（2）用“智能笔”工具绘制连衣裙前片轮廓线及腰省，如图3-60所示。

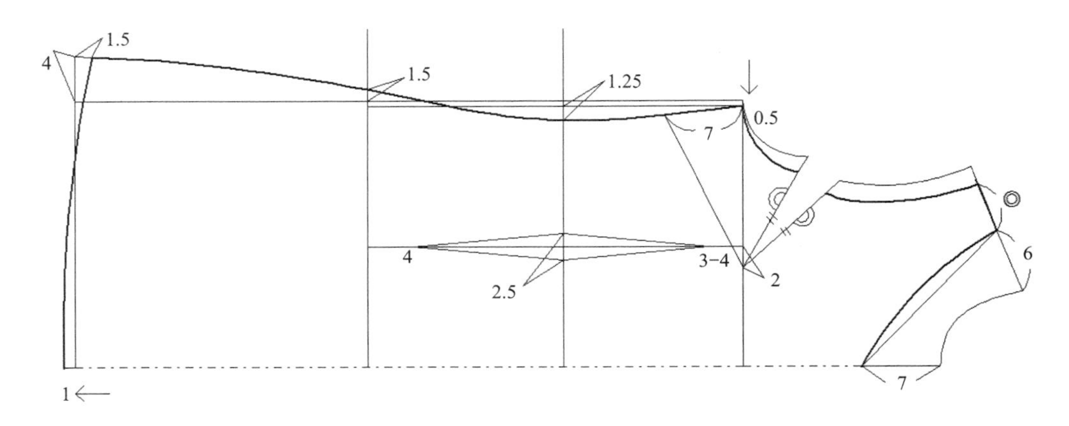

图3-60 连衣裙前片制板

（3）用“转省”工具或“旋转”工具合并袖窿省，腋下省张开，并用“加省山”工具加上省山，调整腋下省尖的位置，离BP点距离3～4cm，再用“智能笔”工具绘制领贴线，如图3-61所示。

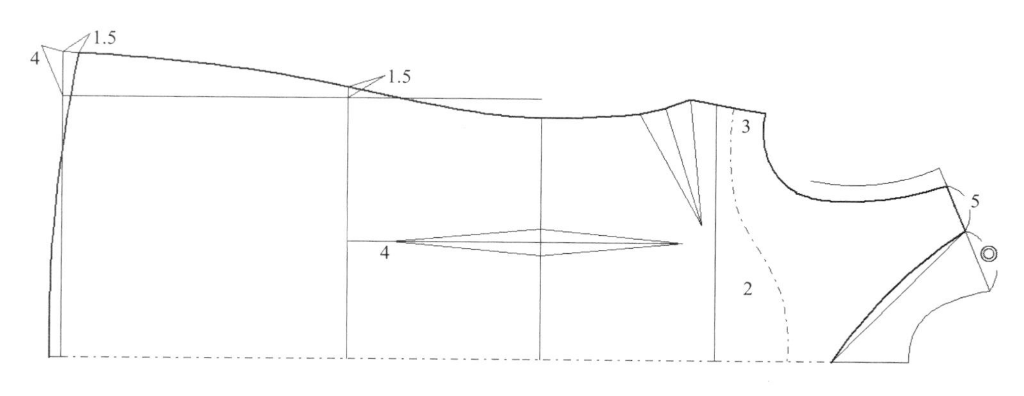

图3-61 连衣裙前片结构图

7．完成全部裁片，加放缝份，并作对位记号及文字说明

用“剪刀”工具 逐一拾取纸样，并用拾取辅助线工具拾取主要基础线在相应的纸样上，再在“纸样”菜单下，单击“纸样资料”命令，逐一对纸样进行说明，如纸样名称、布料类型与纸样份数等，并通过加“剪口”工具 等，作上对位记号，设置完毕后，用“纸样对称”工具 完成后片、领面与领座整个裁片的纸样，如图3-62所示。

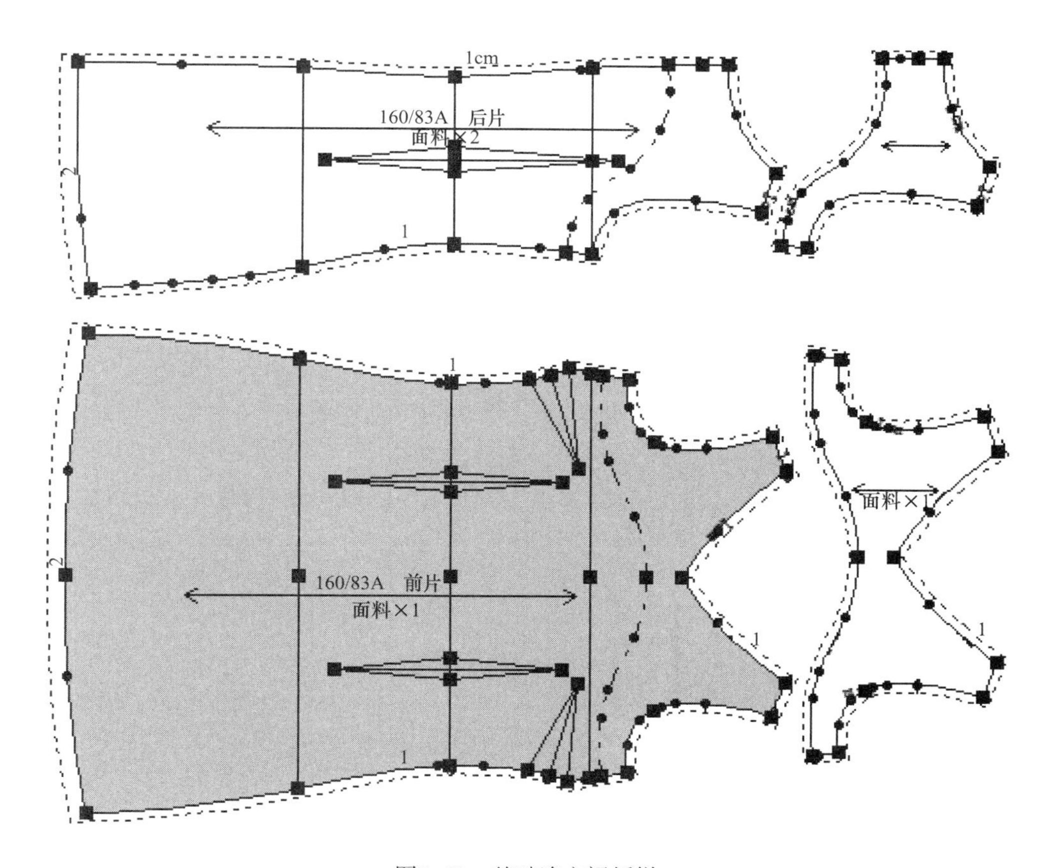

图3-62 基础连衣裙纸样

七、女西装制板

（一）女西装款式特征

女西服款式主要特征为：三粒扣、平驳领、四开身结构、利用刀背缝分割线突出服装的立体感，如图3-63所示。

图3-63 女西装款式图

（二）尺寸与放松量设计

女西装的必要尺寸包括衣长、胸围、腰围、臀围、肩宽、袖长及袖口。

1. **衣长**

女西装衣长是在原型背长的基础上加长22cm，为60cm。

2. **胸围**

女西装胸围是在净胸围84cm的基础上加6～8cm的放松量，为92cm。

3. **腰围**

以胸围减去18cm的A体胸腰差腰围尺寸，74cm。

4. **臀围**

在胸围的基础上加4cm的放松量女西装臀围尺寸，96cm。

5. **肩宽**

女西装肩宽比净肩宽略小，为38cm。

6. **袖长**

女西装袖长是在原型袖的基础上加4cm的长度，为56cm。

7. **袖口**

女西装袖口宽为13m。

（三）女西装的制板步骤

1. **规格设计**

单击菜单下“号型”菜单下的“号型编辑”命令，在弹出的窗口内以160/84A号型为例，尺寸设计如图3-64所示。

2. **原型的准备**

打开第八代原型上衣，作好如图3-65所示的准备，后肩省合并2/3，另1/3松量作为缩

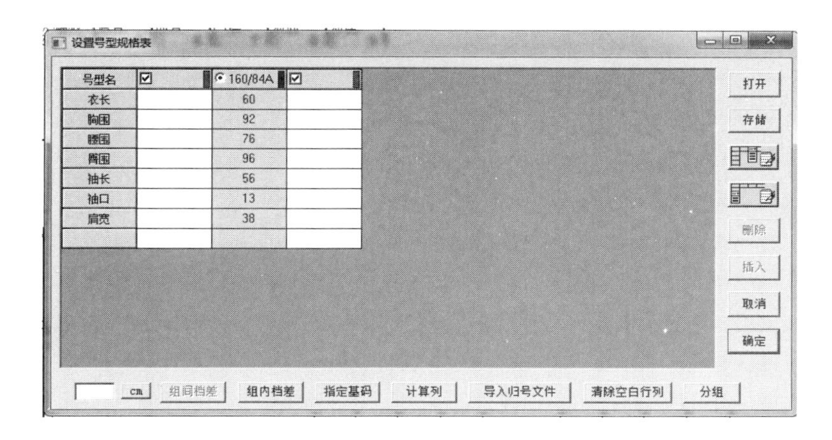

图3-64 设置号型规格表

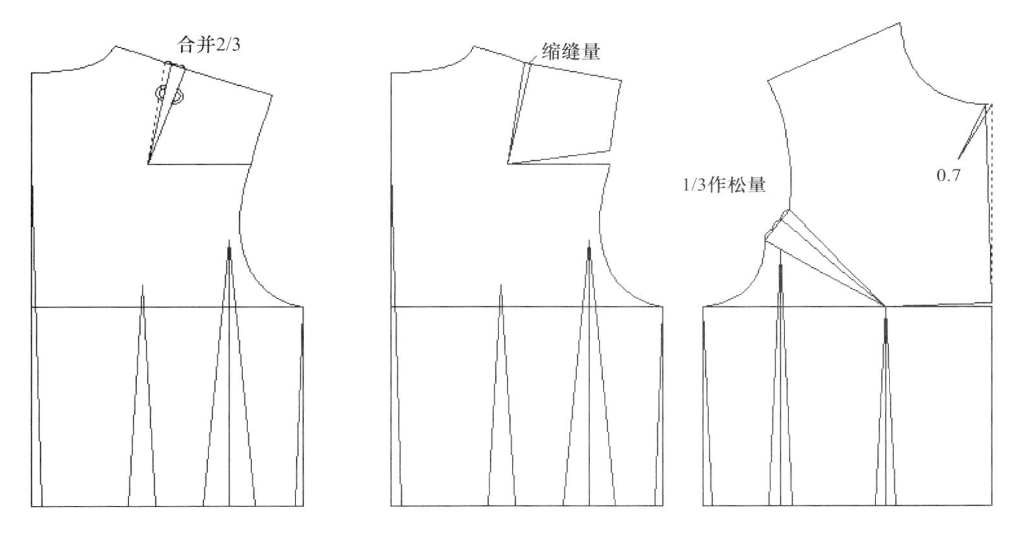

图3-65 原型准备

缝量。前胸省转移部分省量至前中心，使领口中点偏移0.7cm的前胸撇门后，余下省的1/3作为松量。

3. 绘制基础线

用“智能笔”工具绘制基础框架，根据衣长、腰长和搭门宽等数据绘制臀围线、底边线与前止口线，如图3-66所示。

4. 女西装后衣身制板

（1）找到后衣身轮廓点：后中收腰1.5cm，领宽开宽0.5cm处找到肩颈点，再通过规格表尺寸找到肩端点、胸围大点、腰围大点、下摆大点等。可用“加点”工具与“智能笔”等工具综合应用绘制，如图3-67所示。

（2）用“等份规”工具找到腰省中点，再用“智能笔”工具绘制刀背缝线等，完成西服后片结构图绘制，用“比较长度”工具分别测量后片小肩长、后背宽与

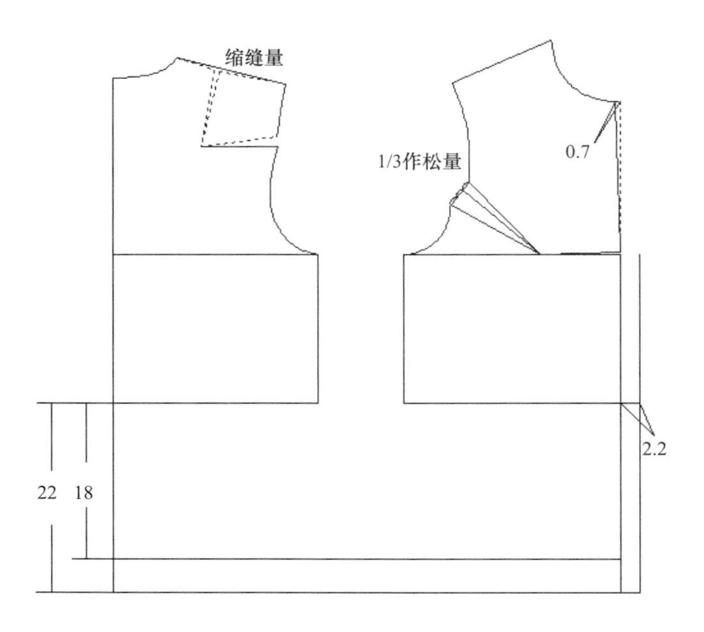

图3-66 绘制基础线

后领弧长，并记录，分别用“●”“□”与“◎”特殊符号表示，完成西服后衣身结构制图，如图3-68所示。

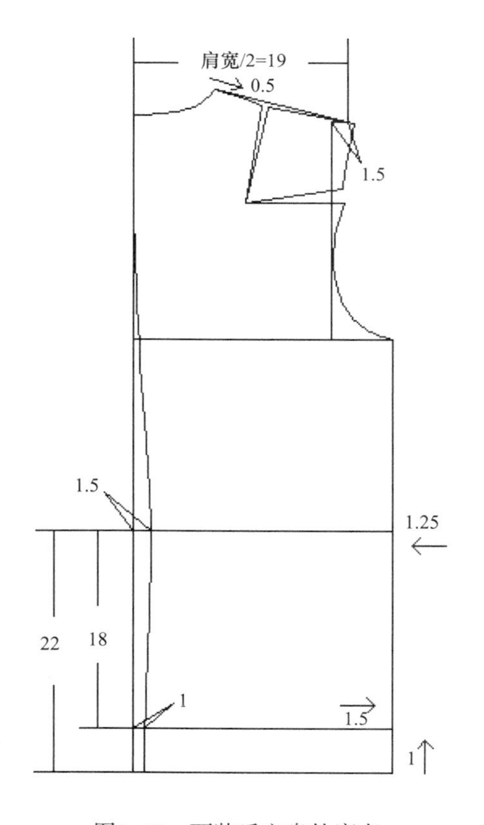

图3-67 西装后衣身轮廓点

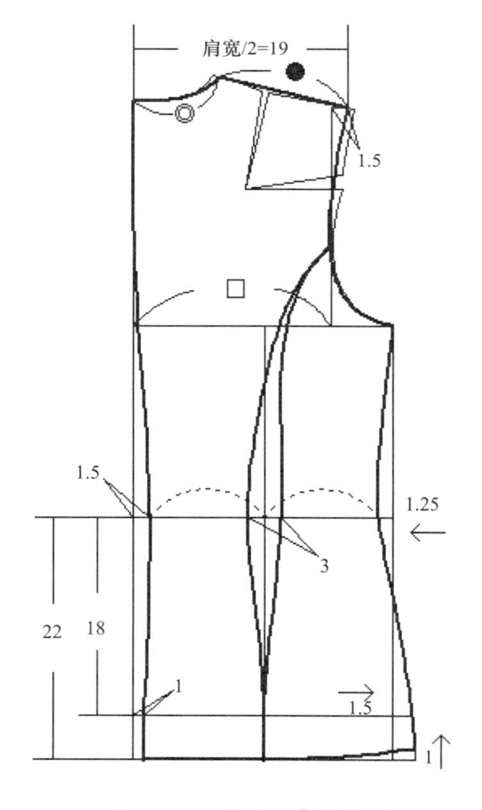

图3-68 西装后衣身结构图

5. 女西装前衣身制板

（1）找到前衣身轮廓点：领宽开宽0.5cm，找到肩颈点、前中心低落1cm，再通过后小肩长与背宽找到前肩端点与前胸宽线，前小肩长=●-0.5，胸宽=□-1.5，再通过规格表尺寸找到胸围大点、腰围大点、下摆大点等。可用“加点”工具与“智能笔”工具综合应用绘制，如图3-69所示。

（2）绘制驳领。

①用“智能笔”工具作出西服领翻折线翻折基点，并用该工具连接翻折线，画出驳头的造型线，如图3-70所示。

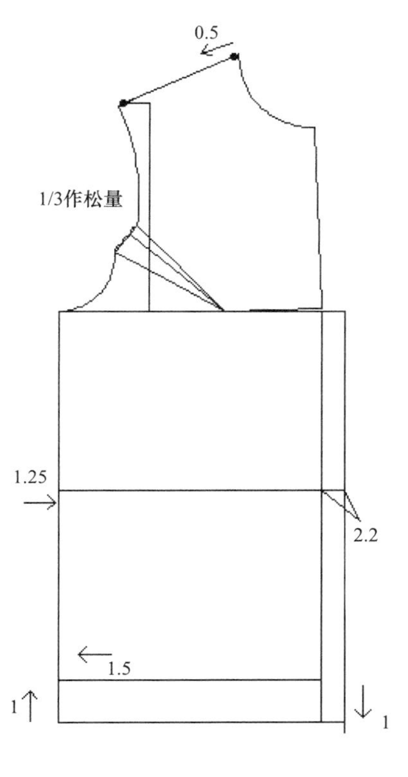

图3-69　西装前衣身轮廓点

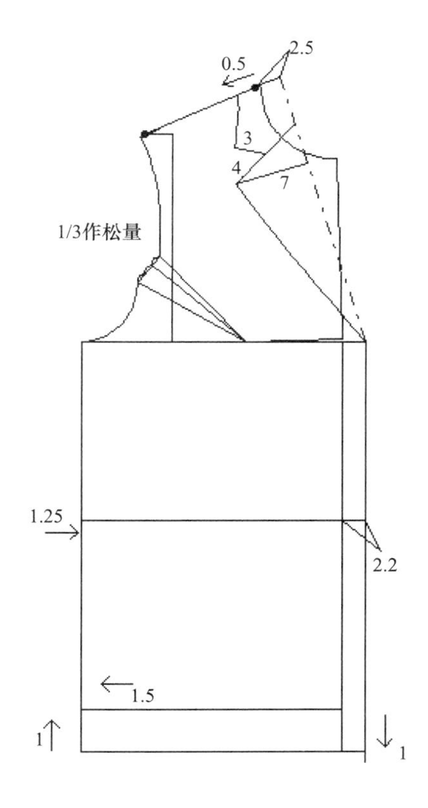

图3-70　西装驳领造型设计

②用“对称”工具把驳头的造型线对称到另一边，观察衣身结构的效果，如图3-71所示。

③用“智能笔”工具作翻折线的平行线，长度等于后领弧长◎，再用“CR圆弧”工具作倒伏量，用“智能笔”工具垂直功能作后领中线，并用“智能笔”工具将翻领的线连接，如图3-72所示。

（3）用“智能笔”工具完成衣身串口线绘制，并绘制西服前衣身轮廓线、前衣身分割线及口袋等，如图3-72所示。

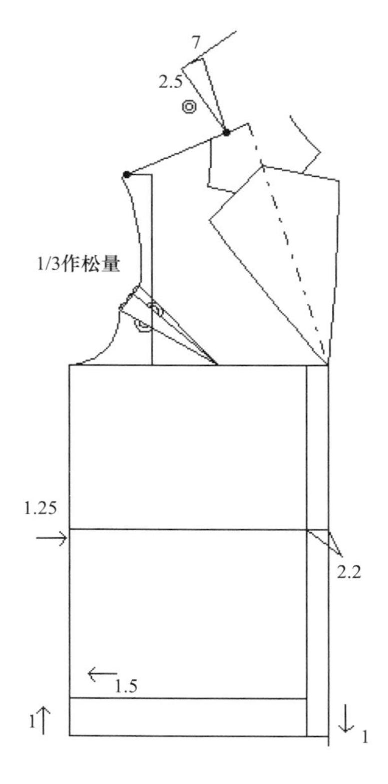

图3-71 西装驳领绘制

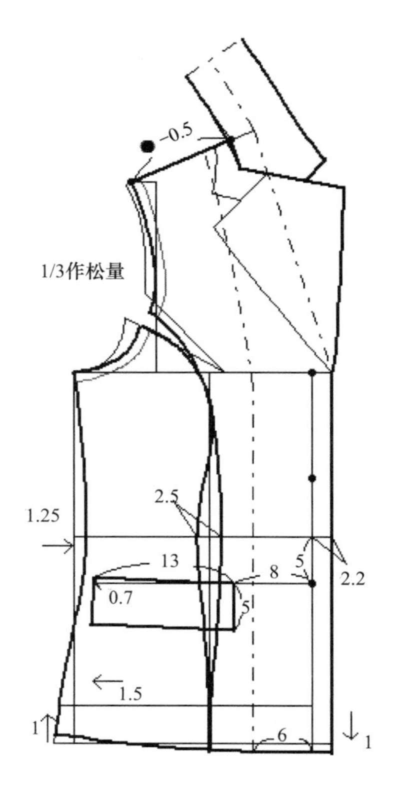

图3-72 西装前衣身结构图

6. 女西服袖制板

（1）打开一片袖的基本型，并用“比较长度”工具，比较袖山与袖窿的配合吃势，调整配合松量与袖长，然后用“等份规”工具分别将前后的袖分为两等份，再用“智能笔”工具绘制西服袖的基本框架线，如图3-73所示。

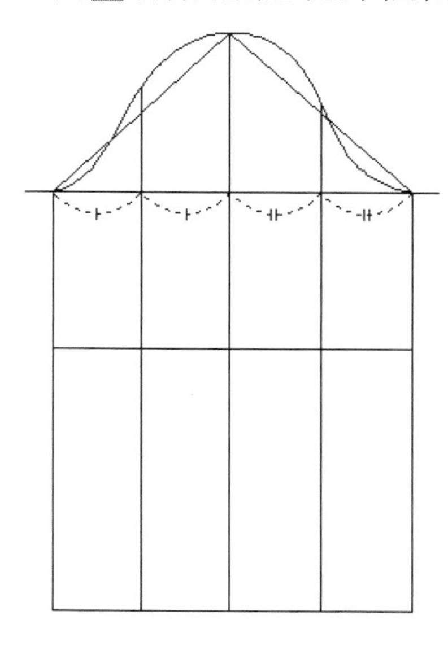

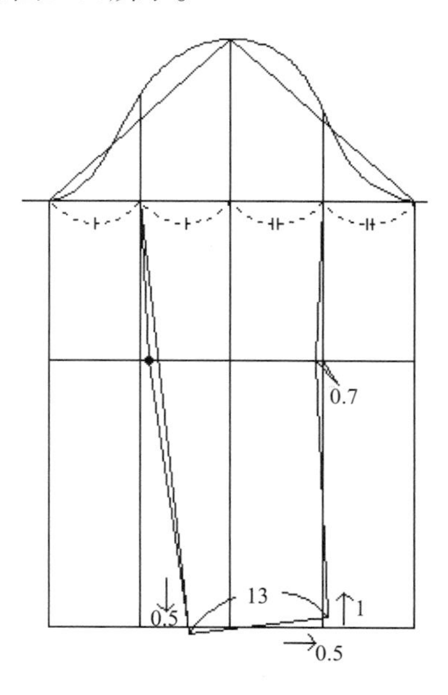

图3-73 女西装袖的基本框架

（2）用“智能笔”工具作出大小袖线，最后结合其他工具完成西装的结构设计。

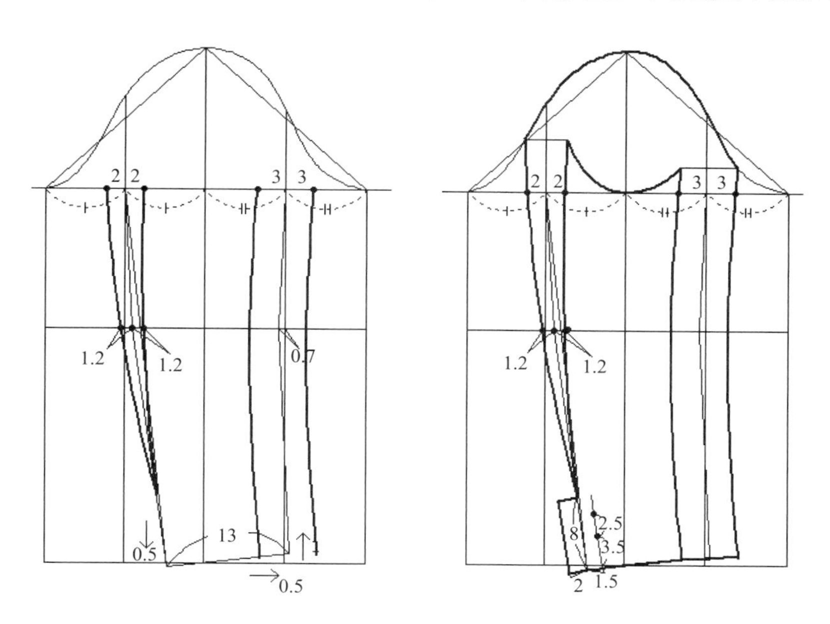

图3-74 女西装袖结构图

7. **完成全部裁片，加放缝份，并做对位记号及文字说明**

用“剪刀”工具逐一拾取纸样，并用拾取辅助线工具拾取主要基础线在相应的纸样上，并在“纸样”菜单下，单击“纸样资料”命令，逐一对纸样进行说明，如纸样名称、布料类型与纸样份数等，并通过加“剪口”工具等，作上对位记号，用“钻孔”工具加上扣眼等，设置完毕后，用“纸样对称”工具完成领面整个裁片，如图3-75所示。

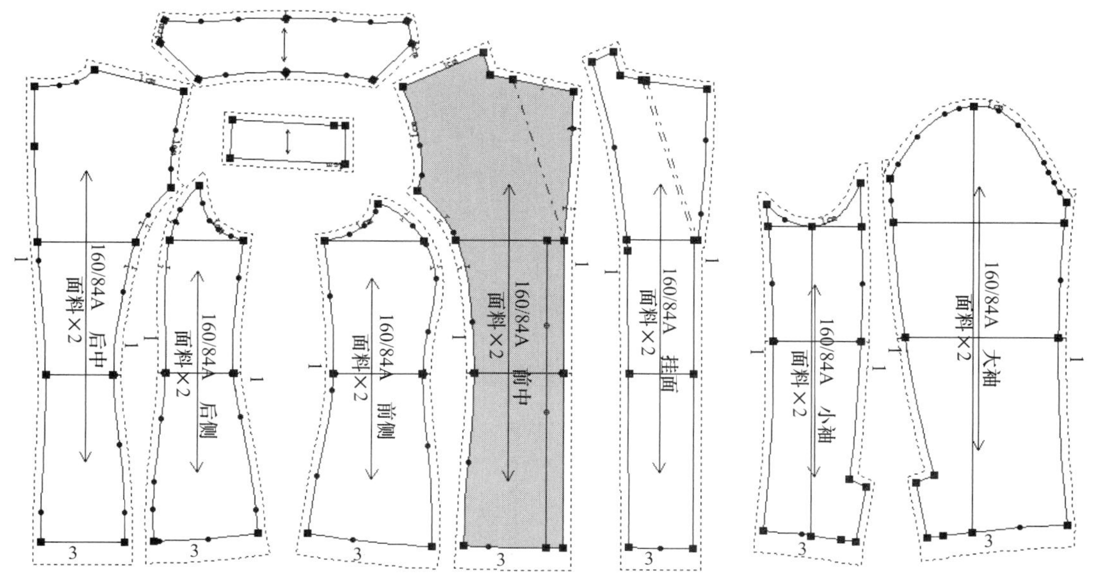

图3-75 基础西装纸样

第二节　服装变化CAD应用

一、裙变化CAD应用

（一）喇叭裙

1. **喇叭裙特征**

喇叭裙的长度在膝上约15cm处，腰位齐腰，腰部育克设计，下摆较宽，整体为A字型，后中装拉链，如图3-76所示。

图3-76　喇叭裙款式图

2. **规格设计**

执行“号型”菜单下的“号型编辑”命令，在弹出的窗口内设置160/66A号型名，部位尺寸设计如图3-77所示。

3. **喇叭裙变化步骤**

（1）基础型裙准备，如图3-78所示。

（2）长度造型与育克分割线设计：用“调整”工具调整裙长，用“智能笔”工具绘制腰部育克分割线，如图3-79所示。

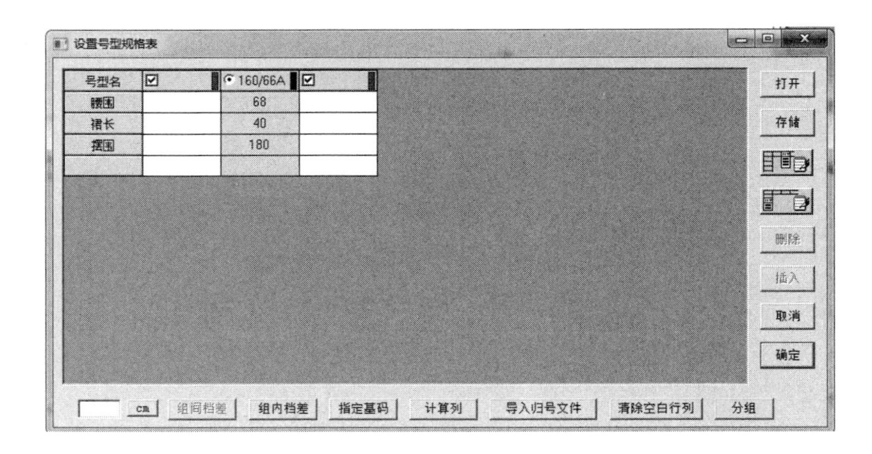

图3-77　设置号型规格表

（3）裙身变化。

①用“剪断线”工具与“移动”工具等，分离育克与裙身结构线，并添加裙身展开线，如图3-80所示。

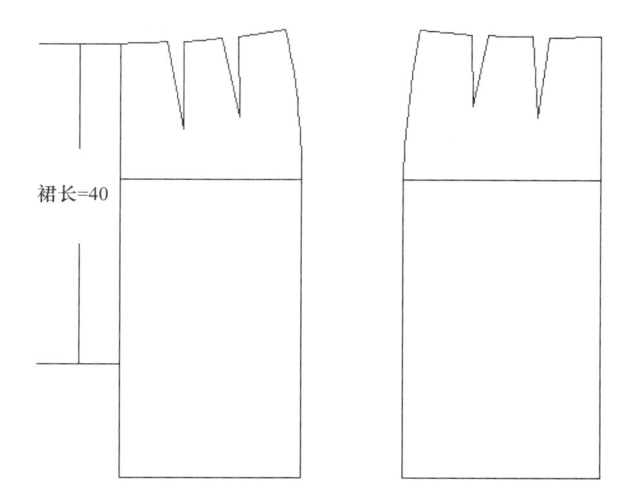

图3-78　基础型裙准备

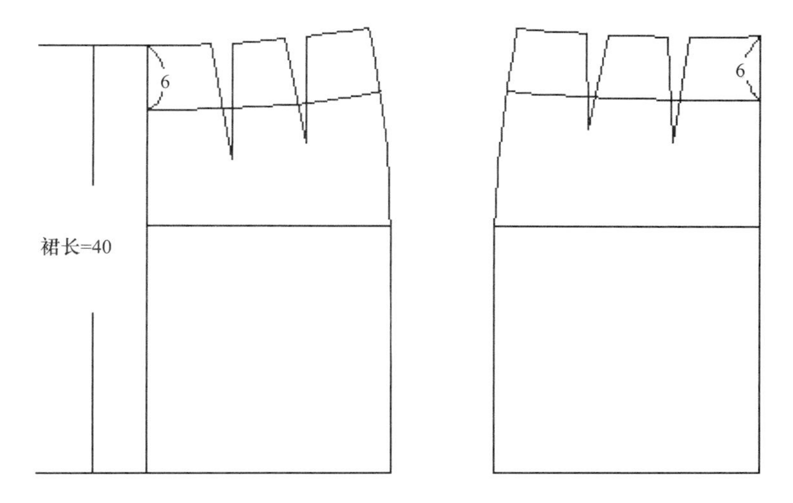

图3-79　长度造型与育克分割线设计

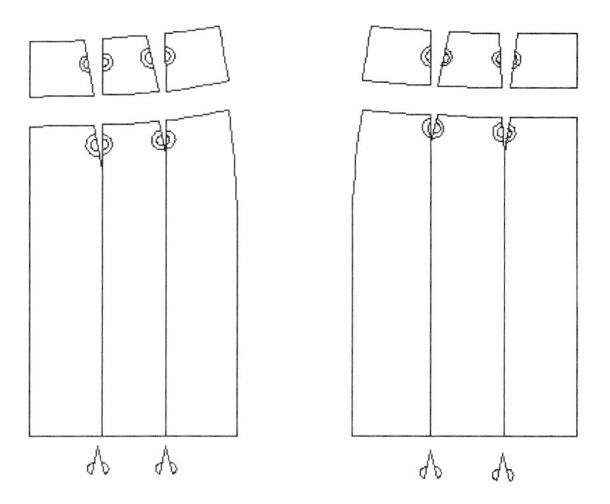

图3-80　分离育克与裙身结构线

②用“移动”工具与“旋转”工具合并育克，如图3-81所示。

③用“转省”工具合并裙身腰省，下摆按展开线（省线）展开，如图3-81所示。

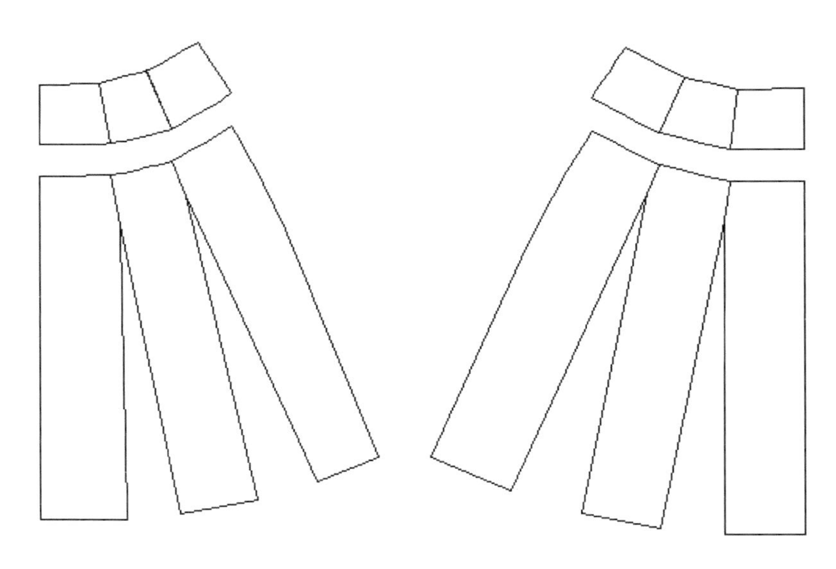

图3-81　合并裙身腰省

④用“智能笔”工具连接画顺图中曲线，并用“比较长度”工具测量底边总长是否与规格表的下摆围大小一致，如图3-82所示。

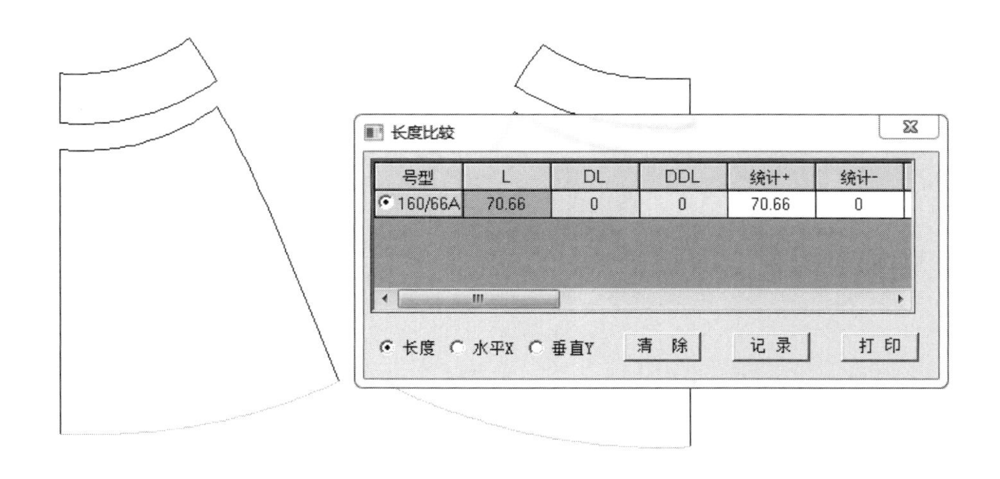

图3-82　测量底边总长

⑤利用“分割、展开、去除余量”工具分别调整前后裙片底边长，进一步展开下摆，在弹出的窗口，输入相应的伸缩数据，选择顺滑连线方式，如图3-83所示。

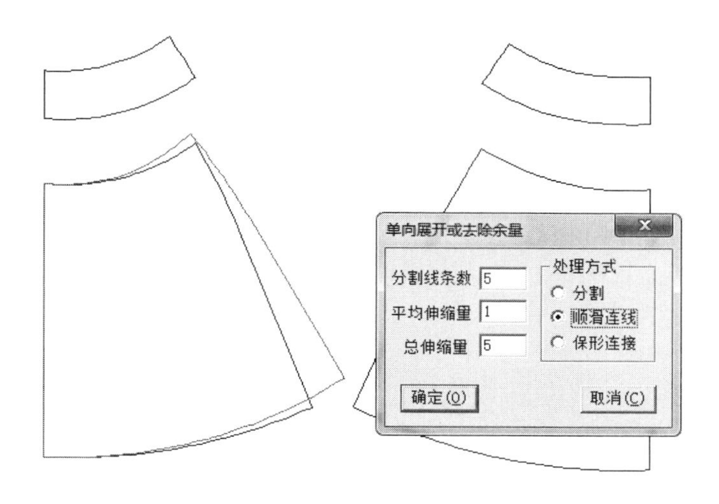

图3-83　调整前后裙片底边长

（4）完成全部裁片，加放缝份，并做对位记号及文字说明等操作。

用“剪刀”工具逐一拾取纸样，并在“纸样”菜单下，单击“纸样资料”命令，逐一对纸样进行说明，如纸样名称、布料类型与纸样份数等，并通过加“剪口”工具等，作对位记号，设置完毕后，用“纸样对称”工具完成前裙片的整个裁片，如图3-84所示。

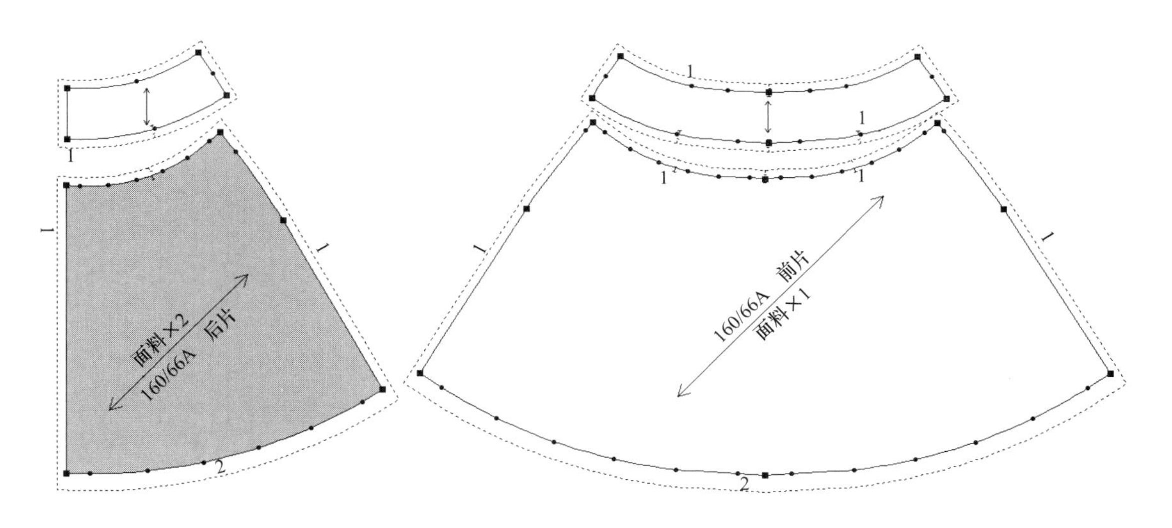

图3-84　喇叭裙纸样

（二）八片喇叭裙

1. 八片喇叭裙特征

八片喇叭裙长度在膝上约15cm，腰位齐腰，无腰设计，内装腰贴，后中装拉链，中

图3-85 八片喇叭裙款式图

臀部合体，下摆较宽，整体为微牵牛花喇叭造型，如图3-85所示。

2. 规格设计

执行“号型”菜单下“号型编辑”命令，在弹出的窗口内设置160/66A号型名，部位尺寸设计如图3-86所示。

3. 八片喇叭裙变化步骤

（1）基础型裙准备，如图3-87所示。

（2）长度造型、前后臀围与腰围大调整：用“调整”工具调整裙长和前后裙身臀围宽，目的是下一步操作八片裙片臀围同宽，并结合其他工具调整省道大小与位置，如图3-88所示。

（3）绘制分割线与底边线：并通过“比较长度”工具测量底边长，计算绘制每一片的放摆量，用“智能笔”工具绘制每一裙片侧缝线，并圆顺地连接每一裙片底边线，如图3-89所示。

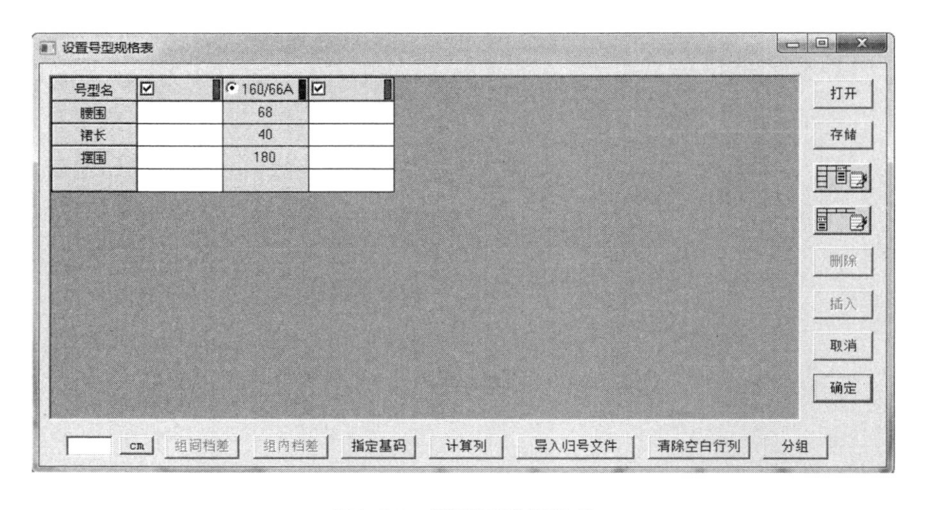

图3-86 设置号型规格表

（4）用“调整”工具调整每一裙片侧缝的弧度：选择该工具，按Ctrl+H组合键，开启显示调整时观察弦长功能，调整弦长参照如图数据，并调整每一裙片形状，使其为牵牛花状的喇叭造型，如图3-90所示。

（5）绘制腰贴，完成喇叭裙整体结构制图：用“剪断线”工具、“移动”工具以及“旋转”工具等绘制腰头，如图3-91所示。

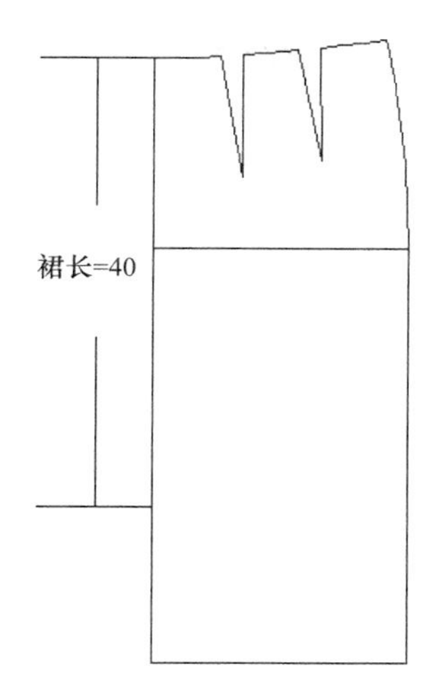

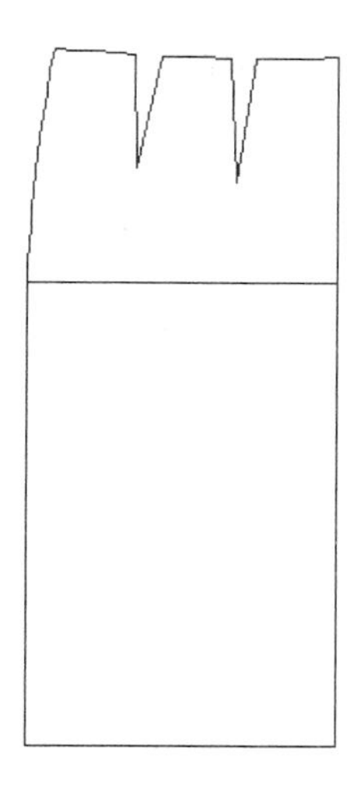

图3-87 基础型裙准备

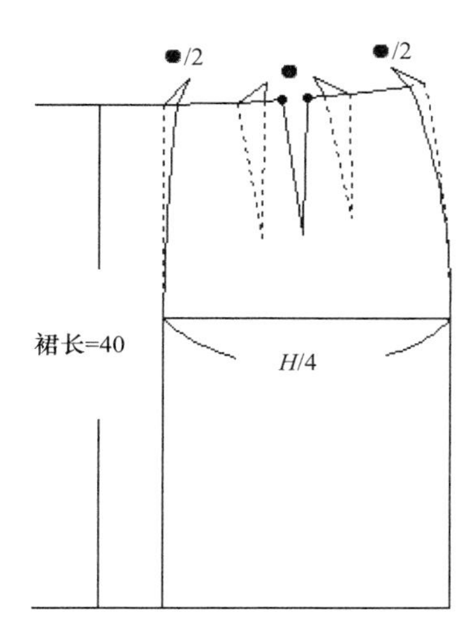

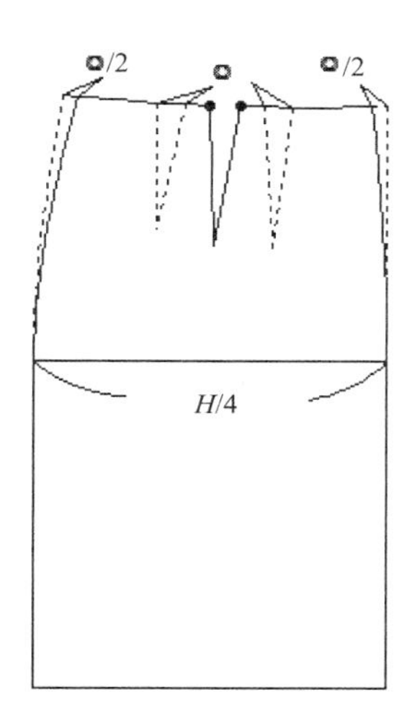

图3-88 长度造型、前后臀围与腰围大调整

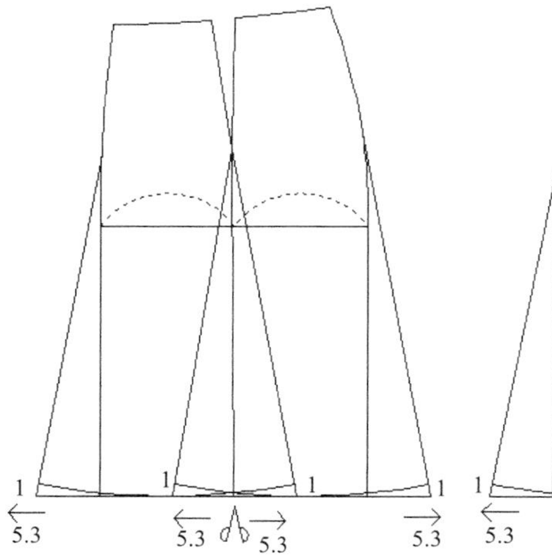

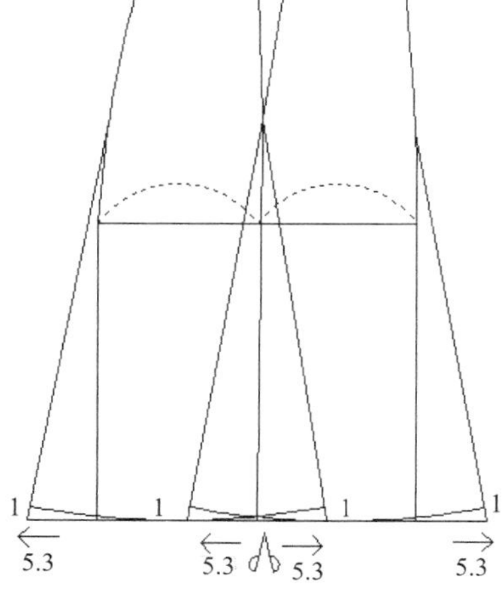

图3-89 绘制分割线与底边线

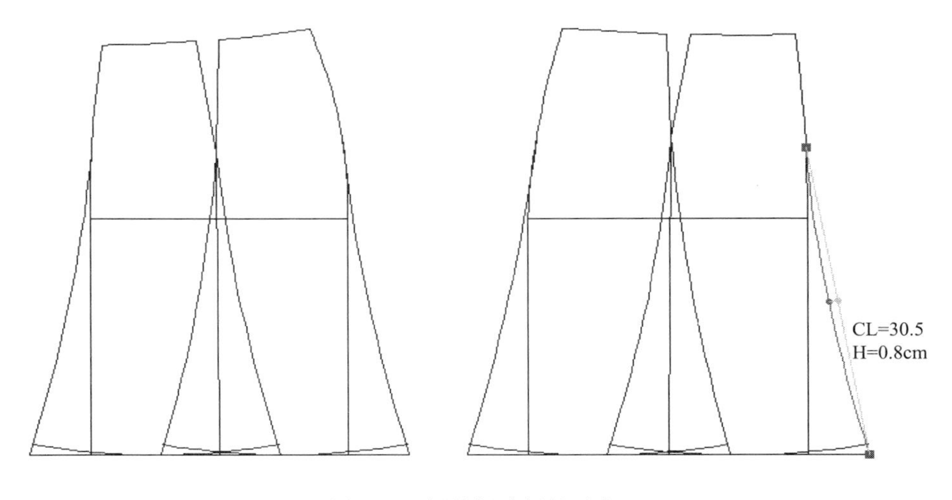

图3-90　调整裙片侧缝弧度

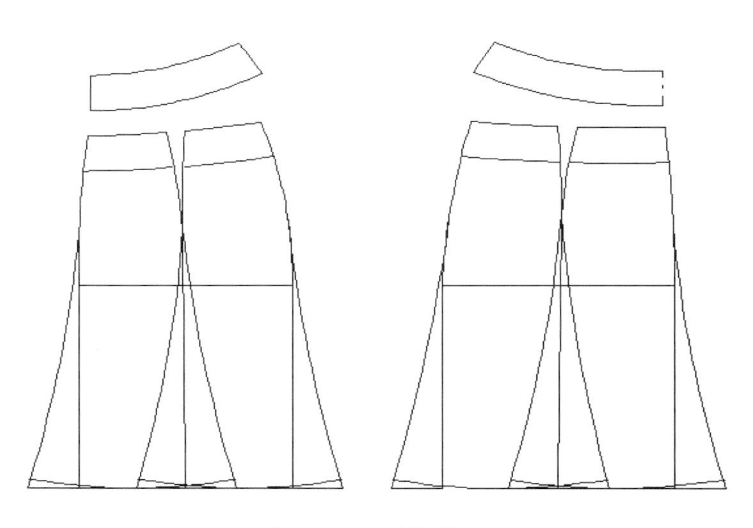

图3-91　绘制腰头

（6）用“合并调整”工具，调整腰口线圆顺：如图选择该工具，单击线腰口线①、②、③、④后按右键，再单击缝合线⑤、⑥、⑦、⑧后按右键，弹出如图所示的裙片侧缝拼合状态，选择调整方式，调整腰口形状圆顺后，按右键即可，如图3-92所示。

（7）调整圆顺底边线，如图3-93所示。

（8）完成全部裁片，加放缝份，并作对位记号及文字说明。

①用“剪刀”工具逐一拾取纸样并加放缝份，且通过“剪口”工具与“比拼行走”等工具加上对位剪口，如图3-94所示。

②在“纸样”菜单下，单击“纸样资料”命令，逐一对纸样进行说明，如纸样名称、布料类型与纸样份数等，如图3-95所示。

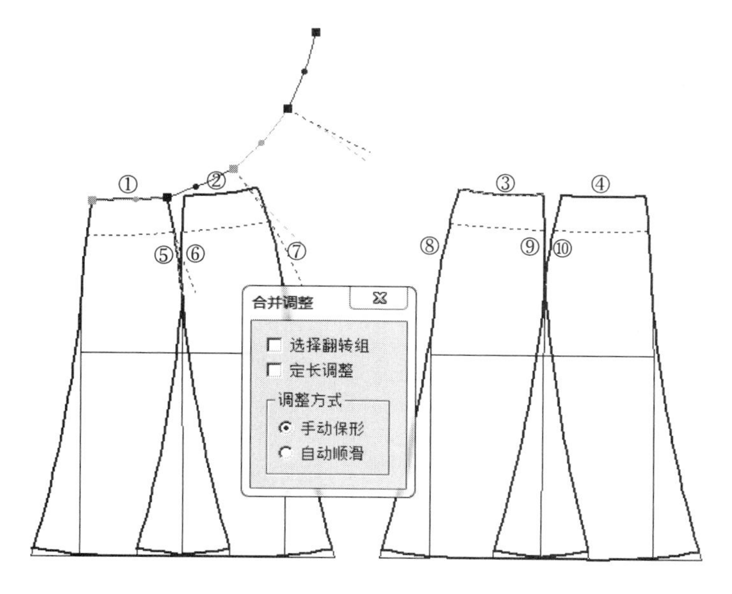

图3-92 合并调整腰口

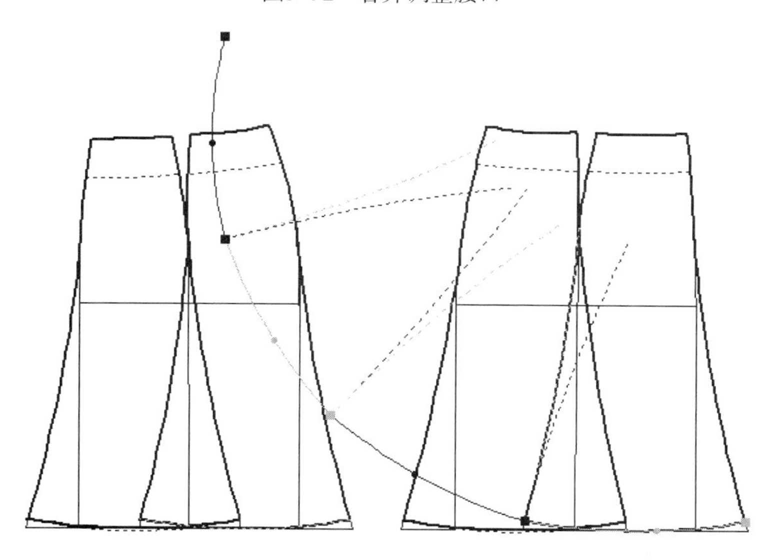

图3-93 合并调整底边

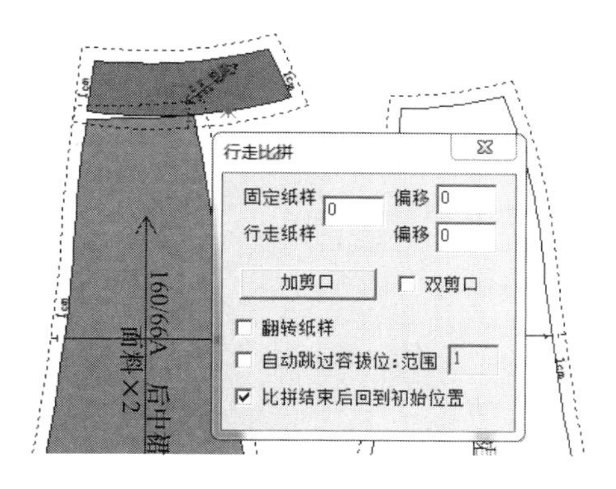

图3-94 比拼行走加剪口

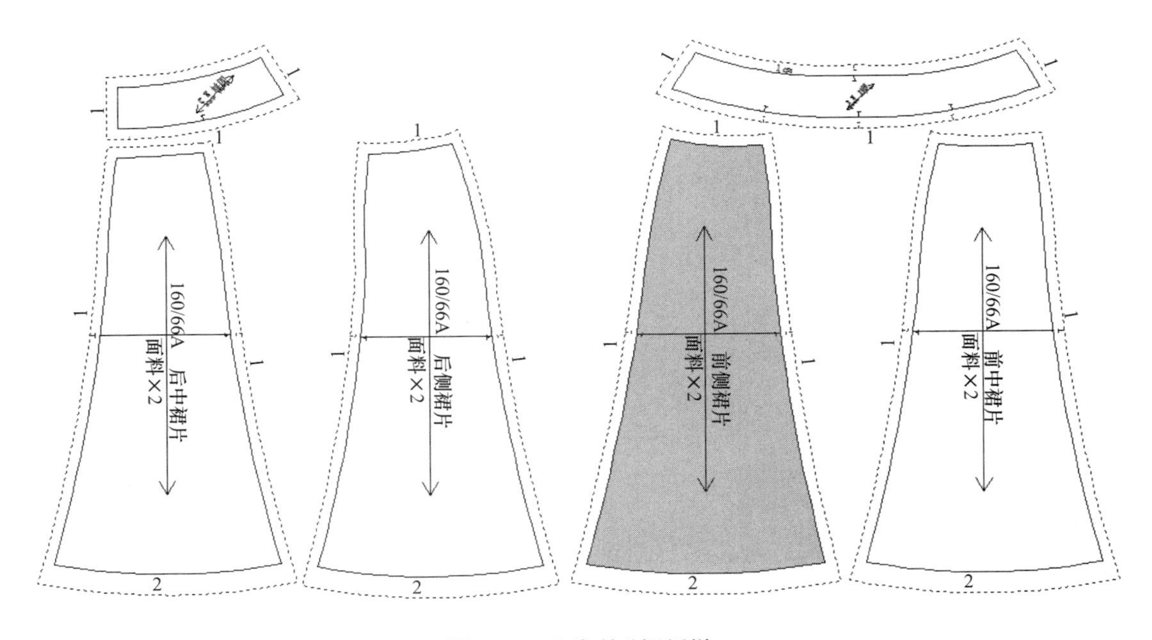

图3-95　八片喇叭裙纸样

（三）褶裥裙

1．褶裥裙特征

褶裥裙整体为A字型，绱腰头，前后片都有工字褶裥与刀褶设计，下摆展开的量较大，造型活泼，侧缝装拉链，如图3-96所示。

图3-96　褶裥裙款式图

2. 规格设计

执行“号型”菜单下的“号型编辑”命令，在弹出的窗口内设置160/66A号型名，部位尺寸设计如图3-97所示。

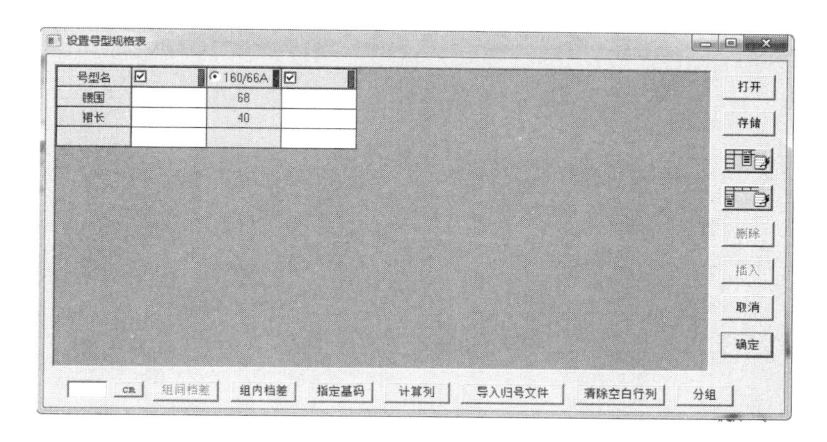

图3-97 设置号型规格表

3. 褶裥裙变化步骤

（1）基础型裙准备，如图3-98所示。

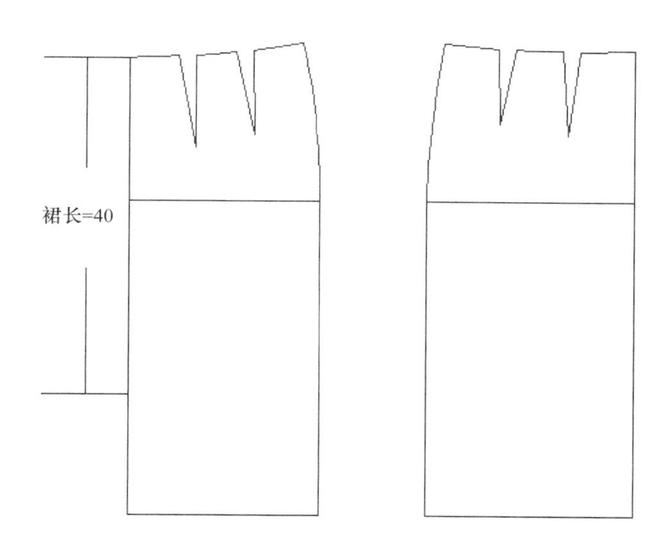

图3-98 基础型裙准备

（2）长度造型与省道移位设计：用“调整”工具调整裙长与省的位置与大小，前后保留一省，其中一省一半移到侧缝，另一半转移到另一省中，用“智能笔”工具将新的腰侧线画圆顺，如图3-99所示。

（3）裙身变化。

①用“转省”工具合并裙身腰省，下摆按展开线（省线）展开，如图3-100所示。

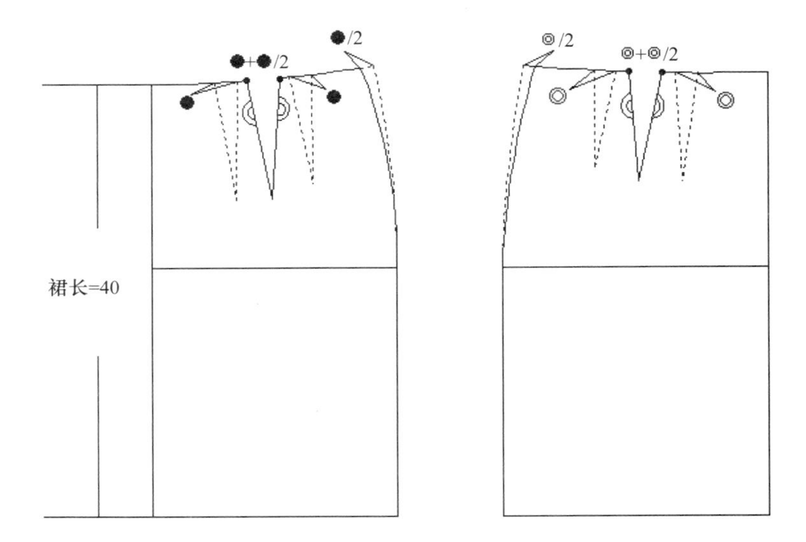

图3-99 长度造型与省道移位设计

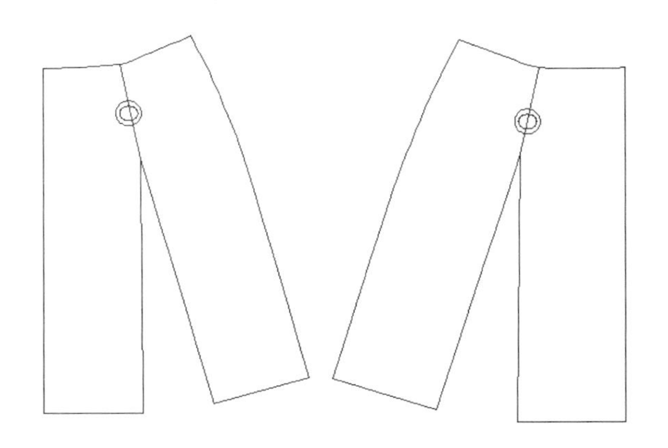

图3-100 合并裙身腰省

②用“智能笔”工具画顺腰口与底边，并添加褶裥的展开线，且用“对称”工具对称复制前后裙片的另外一半，然后用“剪断线”工具连接左右腰口线与底边线，便于下一步褶裥的展开操作，如图3-101所示。

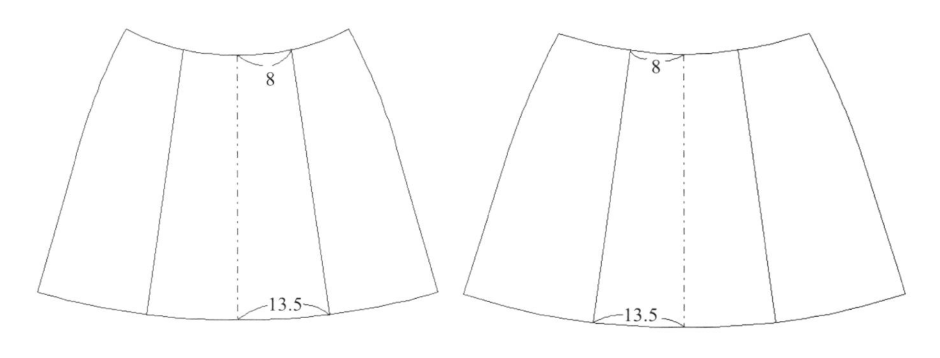

图3-101 画顺腰口与底边，添加裙褶的展开线

③利用“褶展开”工具分别进行刀褶展开与工字褶展开，展开量如图3-102所示。

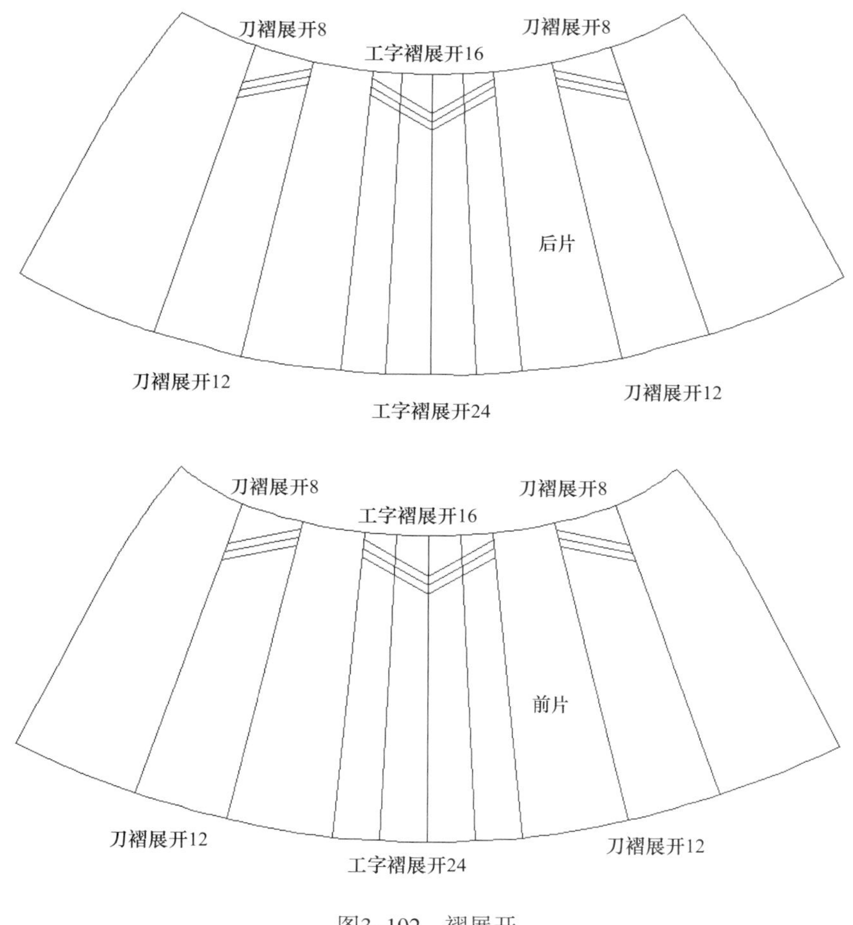

图3-102　褶展开

（4）裙腰绘制：用“智能笔”工具绘制腰头，裙腰绘图尺寸如图3-103所示。

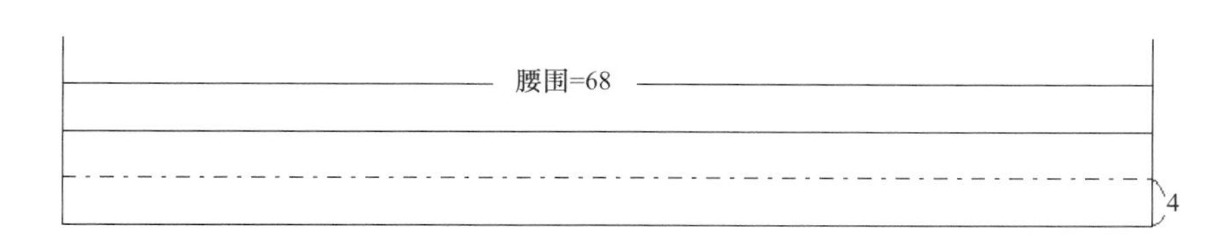

图3-103　裙腰绘制

（5）完成全部裁片，加放缝份，并作对位记号及文字说明。

①用“剪刀”工具逐一拾取纸样并加放缝份，且通过“剪口”工具与“比拼行走”等工具加上对位剪口，如图3-104所示。

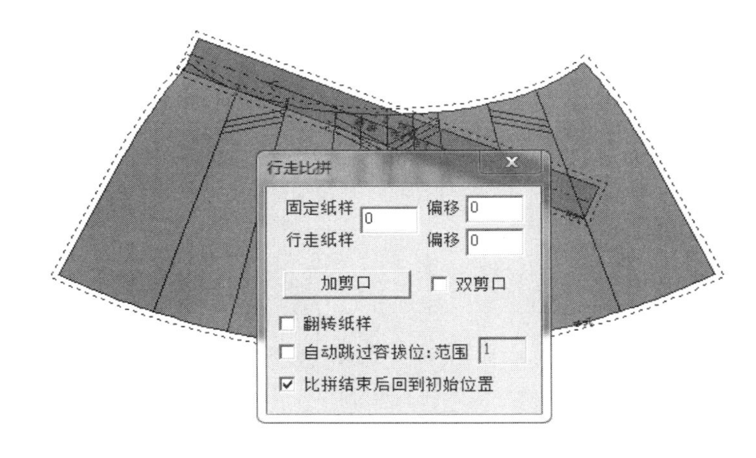

图3-104　比拼行走加对位剪口

②在“纸样”菜单下，单击“纸样资料”命令，逐一对纸样进行说明，如纸样名称、布料类型与纸样份数等，如图3-105所示。

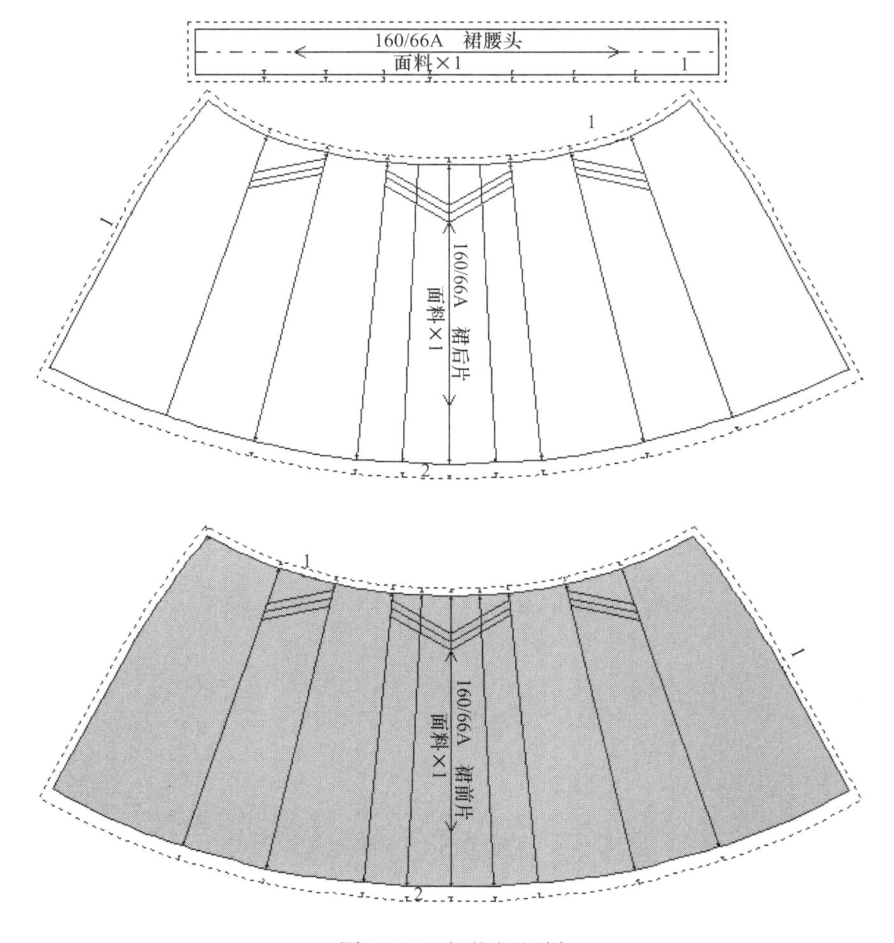

图3-105　褶裥裙纸样

（四）鱼尾裙

1. 鱼尾裙特征

鱼尾裙整体为鱼尾造型，腰臀合体，拼接腰头，前后片都有纵向分割，两侧横向分割放摆成鱼尾形状，造型活泼，侧缝装拉链，如图3-106所示。

2. 规格设计

执行“号型”菜单下“号型编辑”命令，在弹出的窗口内设置160/66A号型名，部位尺寸设计如图3-107所示。

3. 鱼尾裙变化步骤

（1）基础型裙准备，如图3-108所示。

图3-106 鱼尾裙款式图

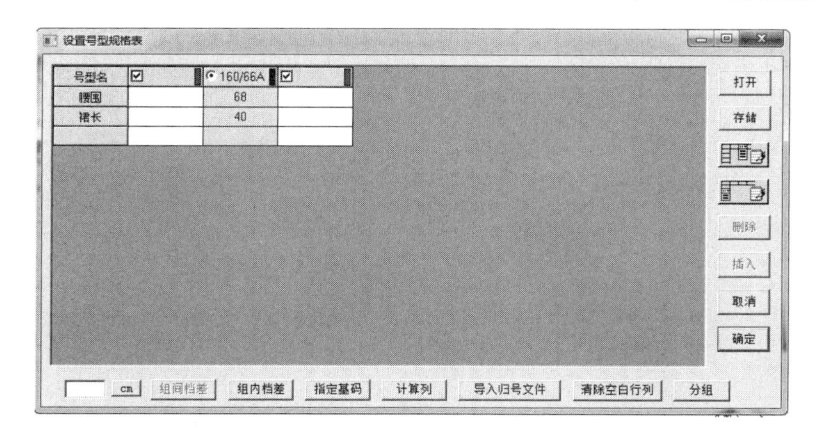

图3-107 设置号型规格表

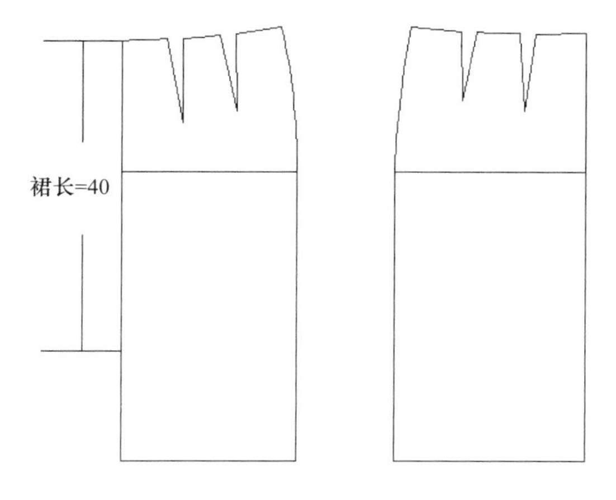

图3-108 基础型裙准备

（2）长度造型与省道移位设计：用“调整”工具调整裙长与省的位置及大小，前后保留一省，其中一省一半移到侧缝，另一半转移到另一省中，用“智能笔”工具新的腰侧线画圆顺，如图3-109所示。

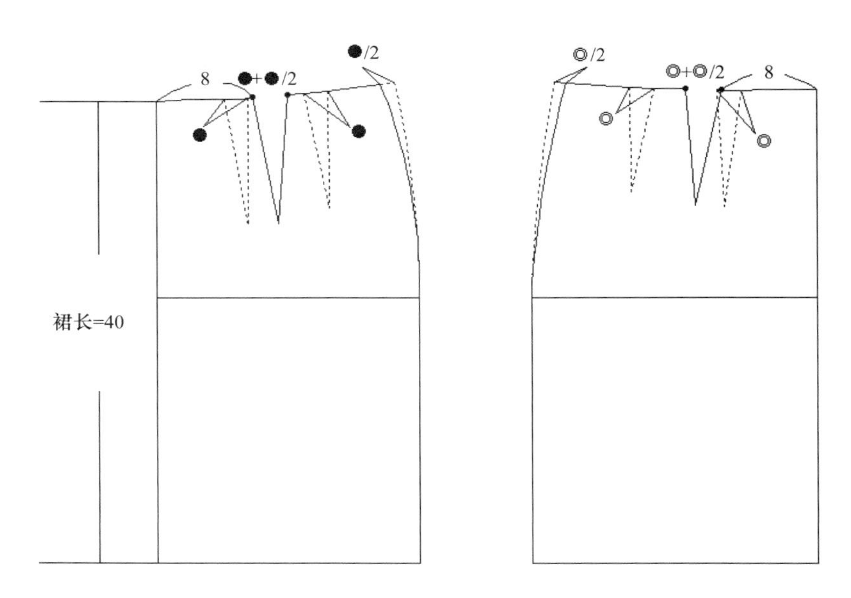

图3-109　长度造型与省道移位设计

（3）内部分割线设计：用“智能笔”工具绘制腰围拼合线、裙纵向分割线和下摆侧分割线，如图3-110所示。

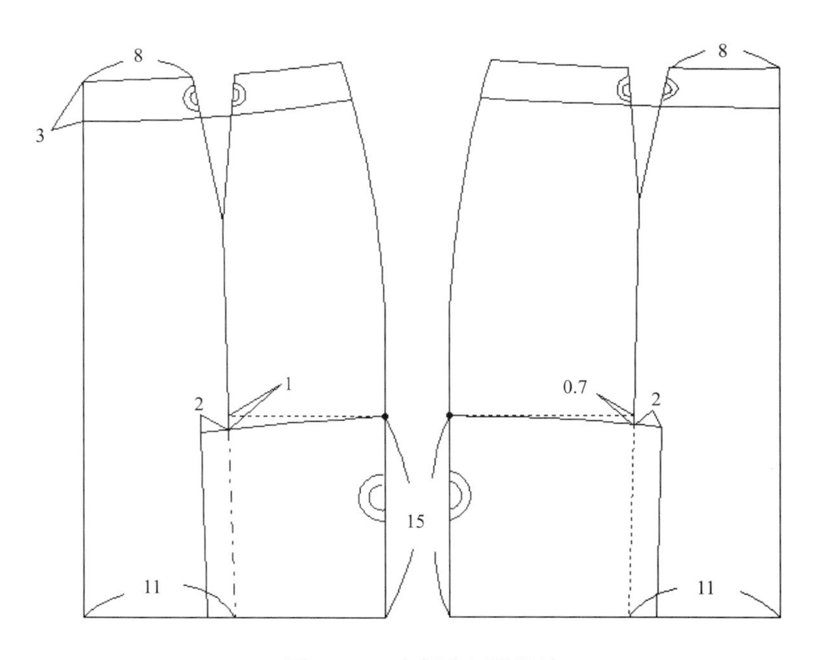

图3-110　内部分割线设计

（4）裙身变化。

①用“剪断线”工具、“旋转”工具和“移动”工具等，分离腰头与裙身结构线，侧下摆分割面积与裙身，并合并腰与裙侧下摆，如图3-111所示。

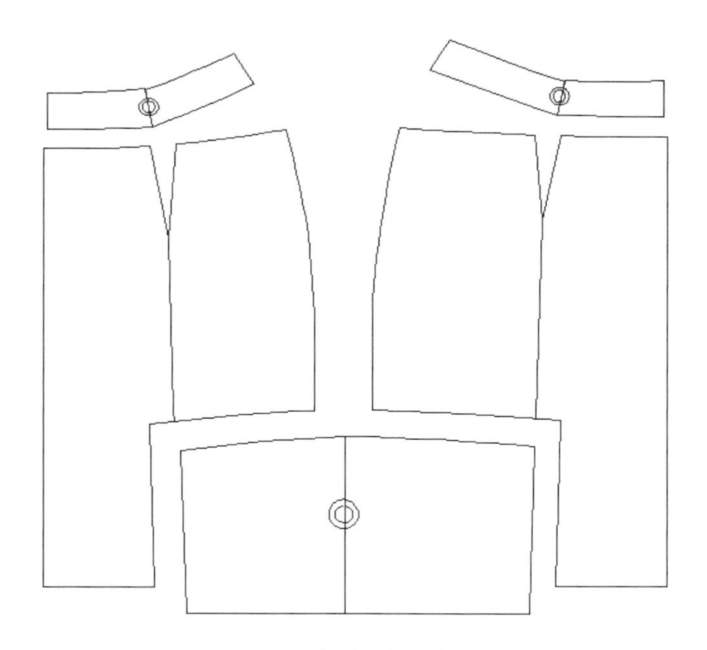

图3-111 合并腰与裙侧下摆

②用“智能笔”工具画顺腰口，并用“合并调整”工具调整裙身腰口线，如图3-112所示。

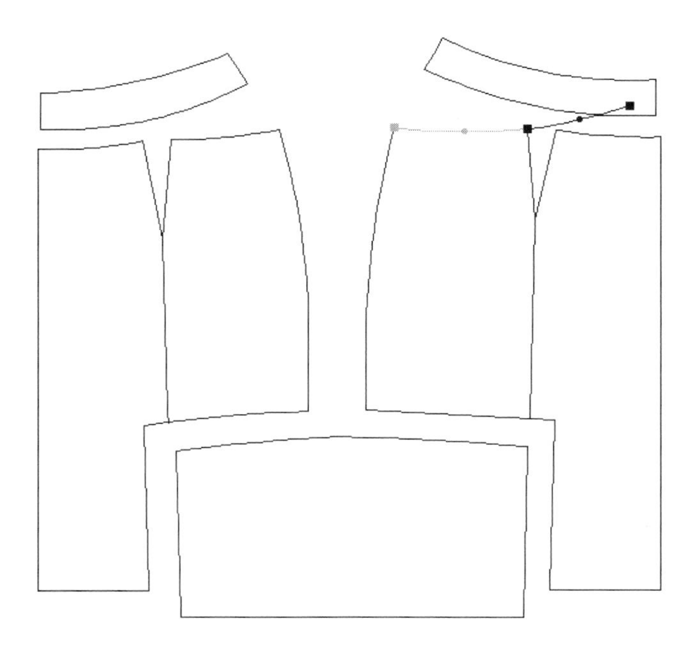

图3-112 合并裙身腰口线

③利用“分割、展开、去除余量”工具绘制裙侧下摆，在弹出的窗口中输入相应的伸缩数据，选择顺滑连线方式，展开量如图3-113所示。

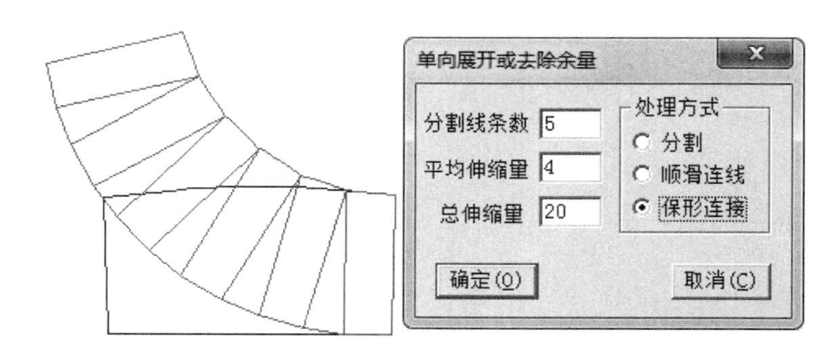

图3-113 展开裙介下摆

（5）完成全部裁片，加放缝份，并作对位记号及文字说明。

用“剪刀”工具逐一拾取纸样，并在“纸样”菜单下，单击“纸样资料”命令，逐一对纸样进行说明，如纸样名称、布料类型与纸样份数等，并通过加“剪口”工具等，作对位记号，设置完毕后，用“纸样对称”工具完成前裙片、后裙片和整个裁片试样，如图3-114所示。

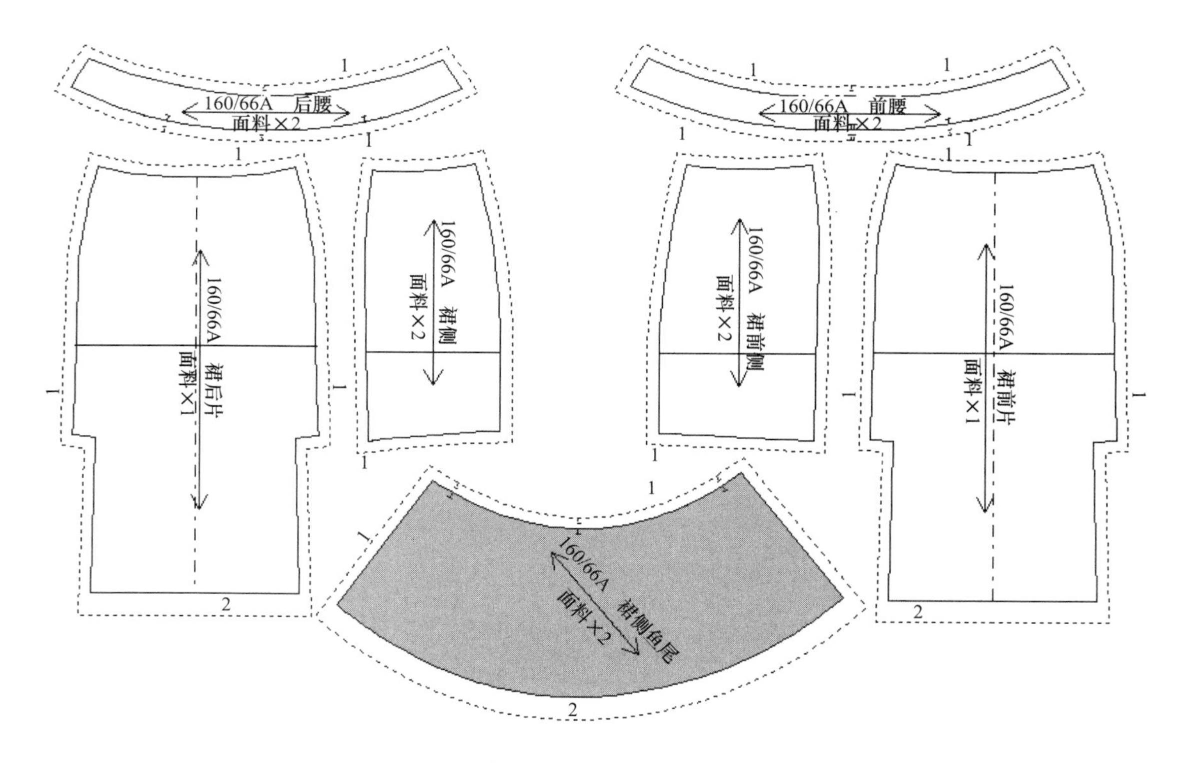

图3-114 鱼尾裙纸样

（五）育克褶裙

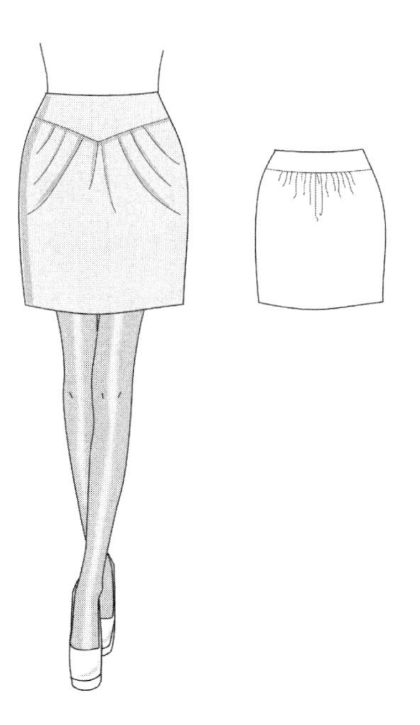

图3-115　育克褶裙款式图

1. 育克褶裙特征

育克褶裙前腰有V型育克分割，分割处有弧形褶裥设计，后腰有弧型育克分割，分割处碎褶设计使臀部蓬松，整体呈H型，侧缝装拉链，如图3-115所示。

2. 规格设计

执行“号型”菜单下的“号型编辑”命令，在弹出的窗口内设置160/66A号型名，部位尺寸设计如图3-116所示。

3. 育克褶裙变化步骤

（1）基础型裙准备，如图3-117所示。

（2）外部造型与内部线设计：用“调整”工具调整裙长，用“智能笔”工具绘制腰部育克分割线、褶子展开线和新的侧缝线等，如图3-118所示。

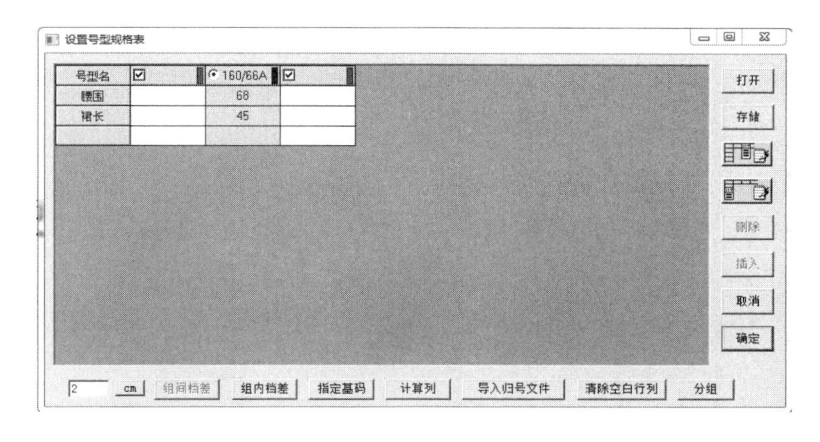

图3-116　设置号型规格表

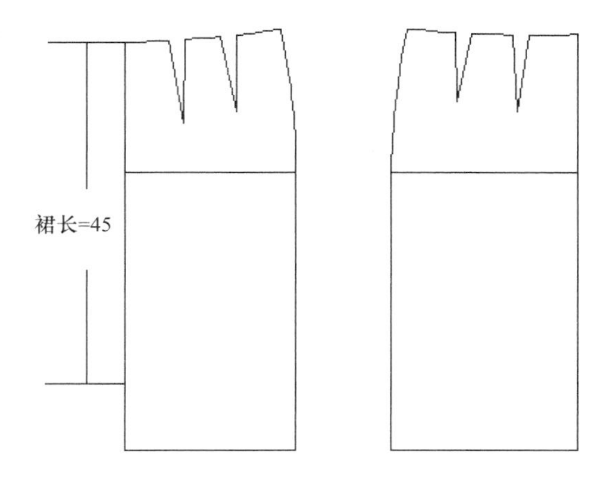

图3-117　基础型裙准备

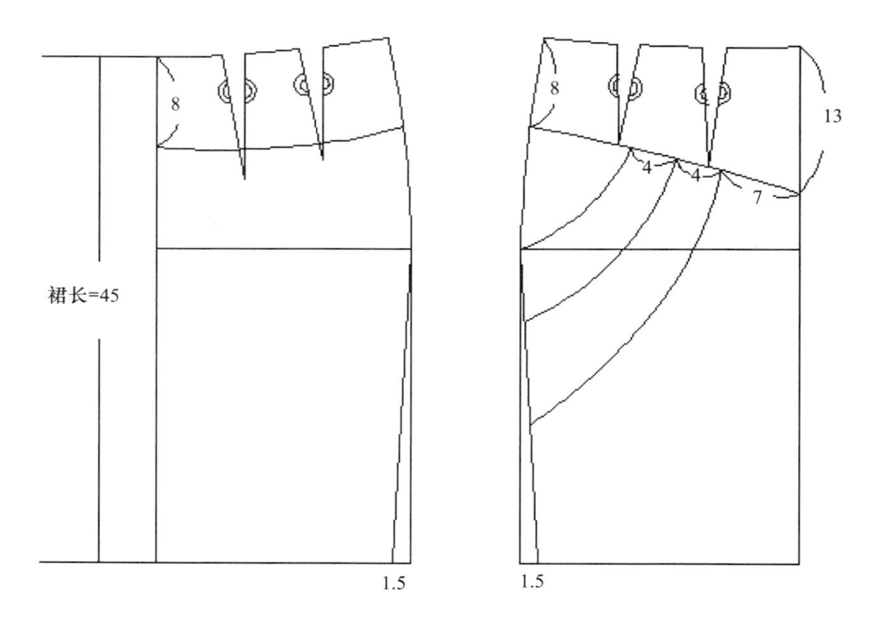

图3-118 外部造型与内部线设计

（3）裙身变化。

①用“剪断线”工具、“旋转”工具和“移动”工具等，分离育克与裙身结构线，且合并育克腰省，如图3-119所示。

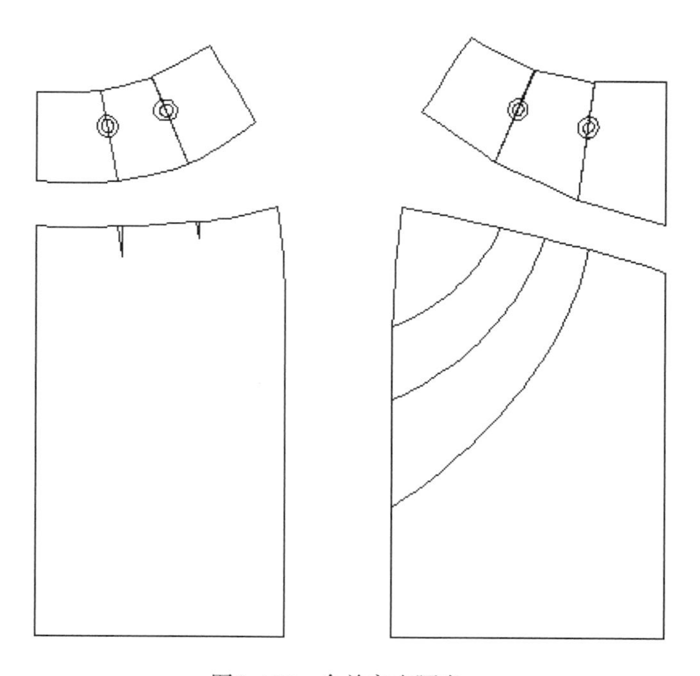

图3-119 合并育克腰省

②用“智能笔”工具画顺腰部育克，并用“分割、展开、去除余量”工具进行后裙身褶裥的展开，如图3-120所示。

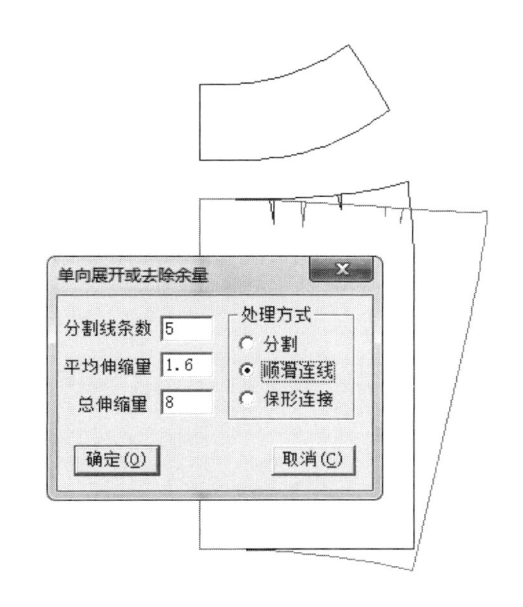

图3-120 后裙身褶展开

③用“褶展开”工具进行前裙身刀褶的展开，如图3-121所示。

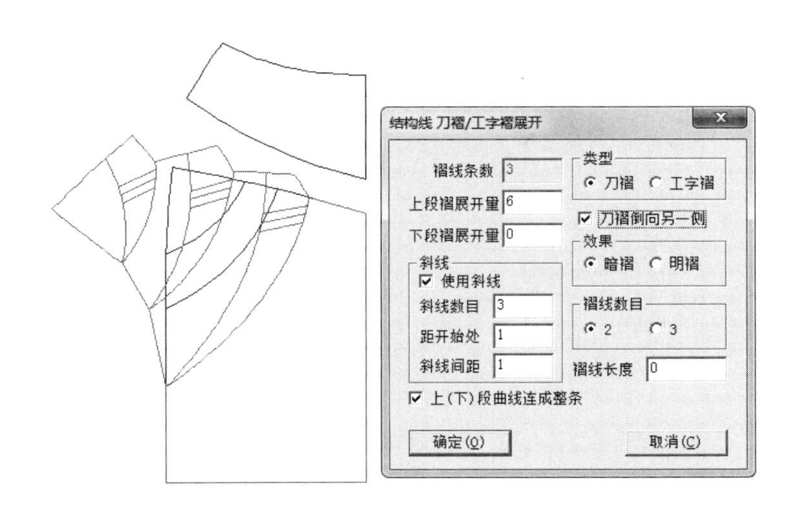

图3-121 前裙身刀褶展开

（4）完成全部裁片，加放缝份，并作对位记号及文字说明。

用“剪刀”工具逐一拾取纸样，并在“纸样”菜单下，单击“纸样资料”命令，逐一对纸样进行说明，如纸样名称、布料类型与纸样份数等，并通过加“剪口”工具等，作对位记号，设置完毕后，用“纸样对称”工具完成前裙片、前育克、后裙片及后育克等裁片。育克褶裙纸样如图3-122所示。

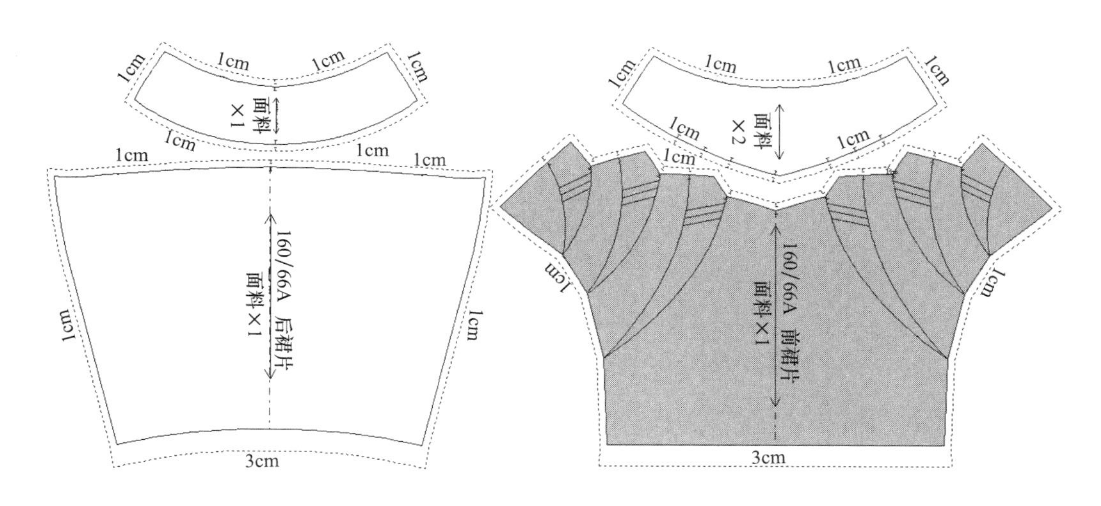

图3-122　育克褶裙纸样

（六）两节波摆裙

1. 两节波摆裙特征

两节波摆裙的腰臀部合体，裙身下摆处有横向分割，下摆为较宽波褶设计，齐腰，裙身纵向有曲线分割，后中装拉链，如图3-123所示。

图3-123　两节波摆裙款式图

2. 规格设计

执行“号型”菜单下的“号型编辑”命令，在弹出的窗口内设置160/66A号型名，部位尺寸设计如图3-124所示。

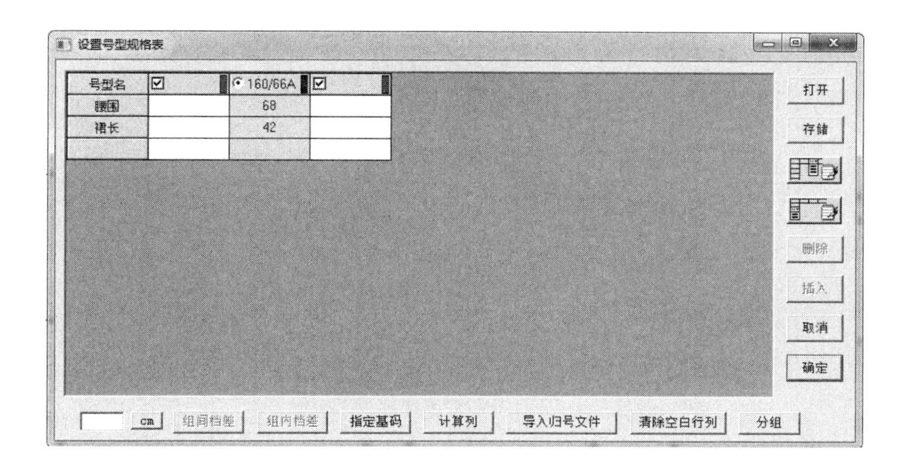

图3-124　设置号型规格表

3. 两节波摆裙变化步骤

（1）基础型裙准备，如图3-125所示。

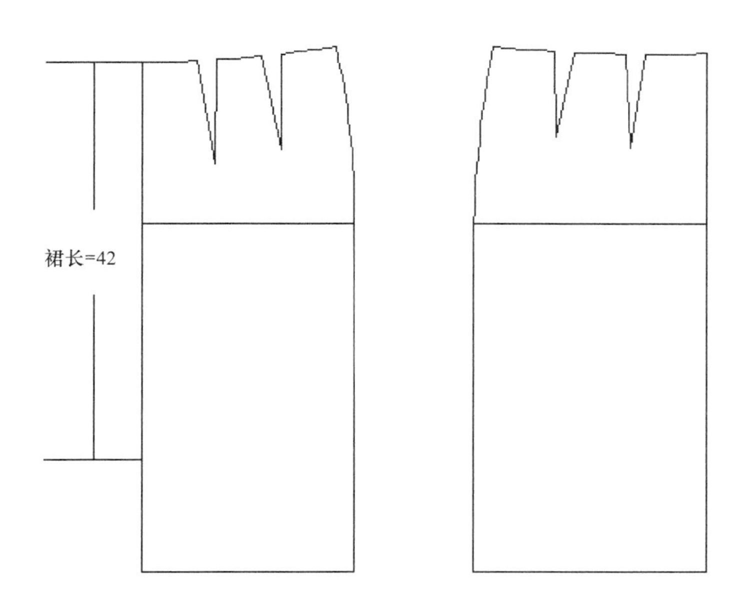

图3-125　基础型裙准备

（2）外部造型与内部线设计：用“调整”工具调整裙长，用“智能笔”工具绘制腰部育克分割线、褶子展开线与新的侧缝线等，如图3-126所示。

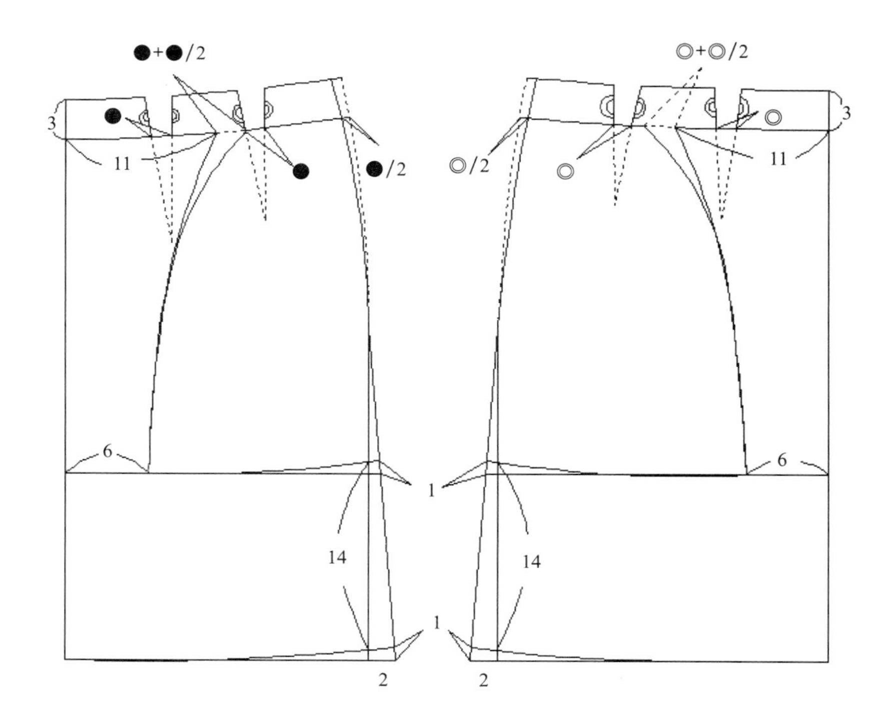

图3-126　外部造型与内部线设计

（3）裙身变化。

①用“剪断线”工具、“旋转”工具与“移动”工具等，分离腰、下摆与裙身结构线，且合并腰省，如图3-127所示。

图3-127　分离裙片合并腰省

②用“合并调整”工具，调整腰口线使其圆顺，如图3-128所示。

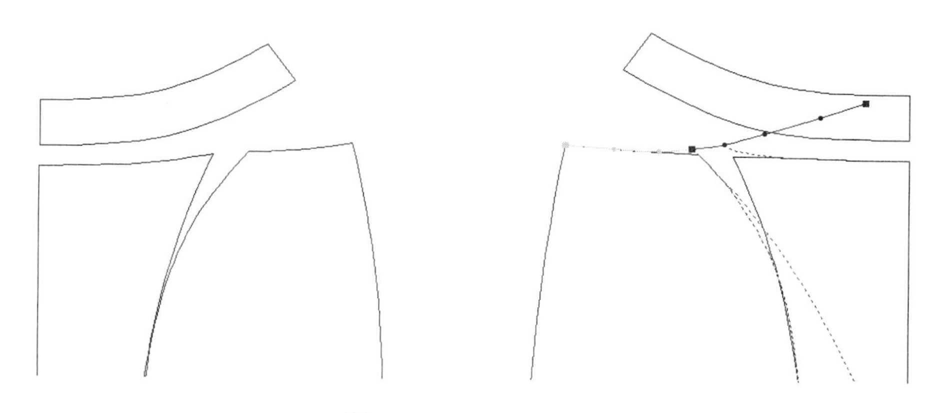

图3-128 调整腰口线圆顺

③利用“分割、展开、去除余量”工具展开裙片下摆，如图3-129所示。

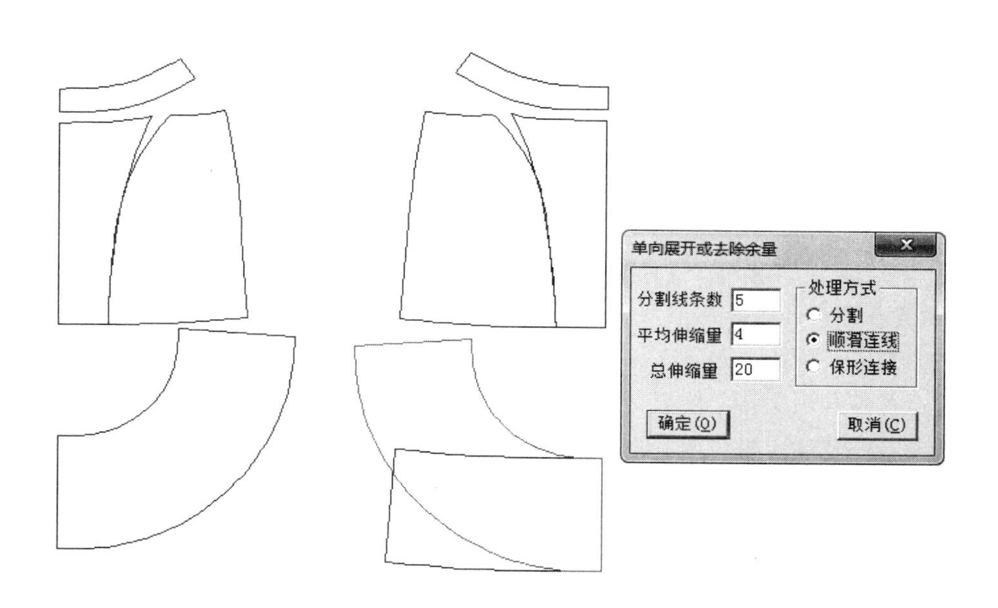

图3-129 展开裙片下摆

（4）完成全部裁片，加放缝份，并作对位记号及文字说明。

用“剪刀”工具逐一拾取纸样，并在“纸样”菜单下，单击“纸样资料”命令，逐一对纸样进行说明，如纸样名称、布料类型与纸样份数等，并通过加“剪口”工具等，作对位记号，设置完毕后，用“纸样对称”工具完成裙腰、前裙片与前后裙下摆等裁片，如图3-130所示。

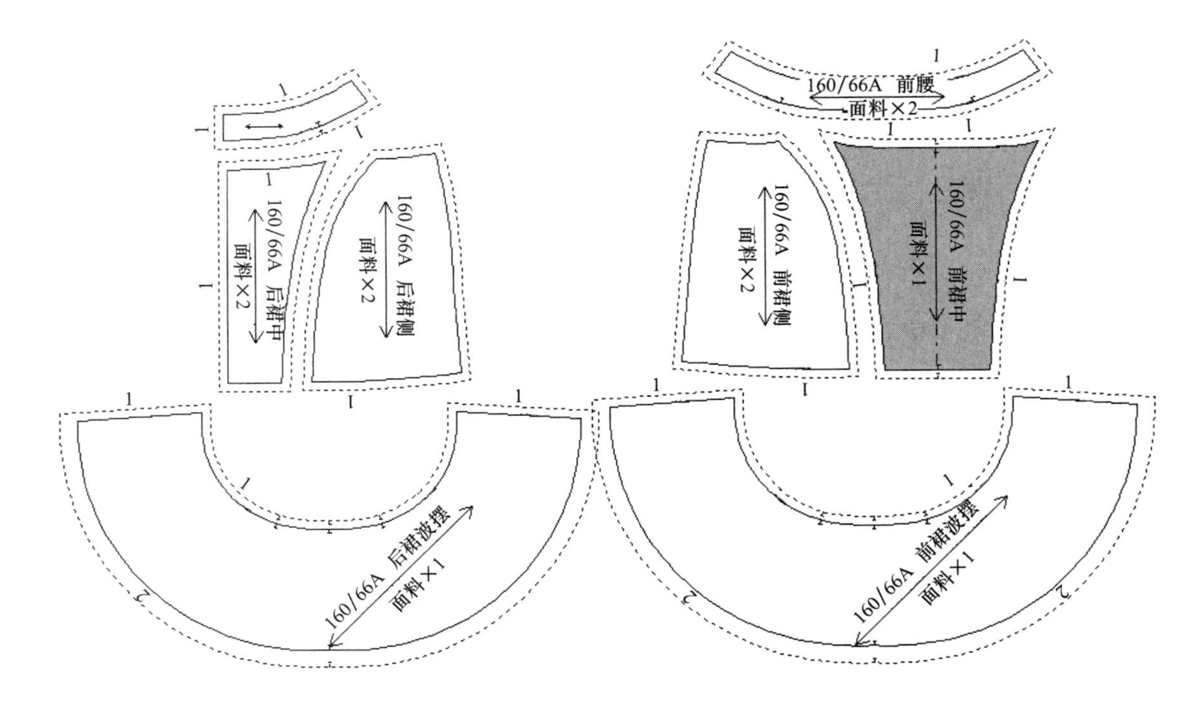

图3-130 两节波摆裙纸样

（七）领省连衣裙

1. 领省连衣裙款式特征

领省连衣裙的特征：圆领，无袖，前后腰节处左右各有两腰省，前上片领口处有三个省，后开拉链。裙体半紧身，整体呈H型，如图3-131所示。

图3-131 领省连衣裙款式图

2. 规格设计

单击菜单下“号型”菜单下的“号型编辑”命令，在弹出的窗口内以160/84A号型为例，尺寸设计如图3-132所示。

3. 连衣裙的变化步骤

（1）原型的准备：打开第七代原型样板，前片腰省部分转移到领口，领省分别展开3cm与1.5cm，保留部分省量做腰省，如图3-133所示。

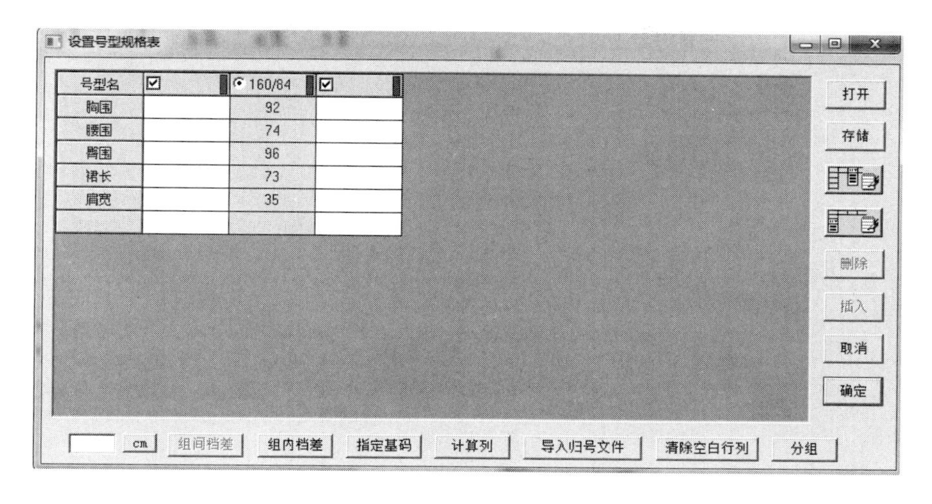

图3-132　设置号型规格表

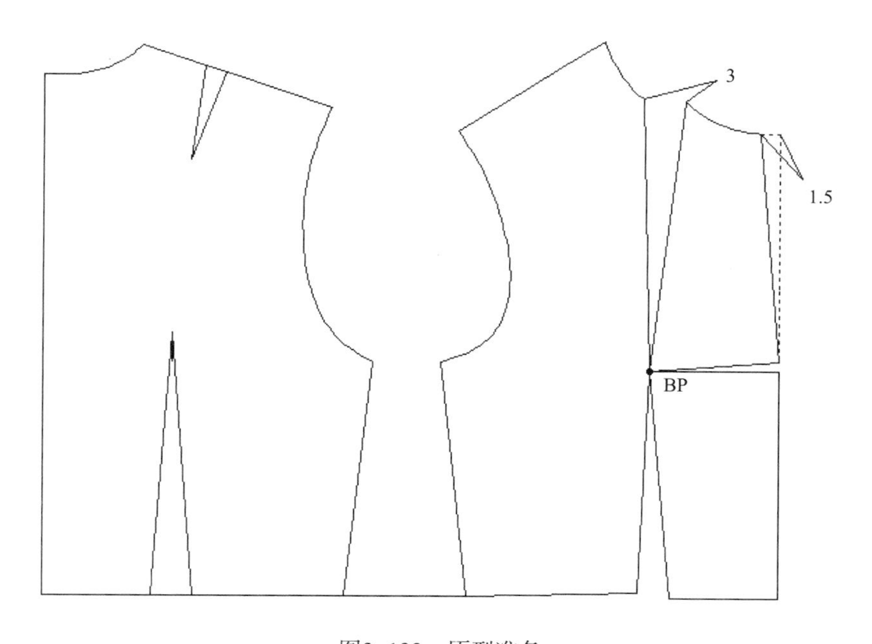

图3-133　原型准备

（2）绘制基础线：用“智能笔”工具绘制基础框架：根据裙长、腰长等数据绘制臀围线、底边线，为了修饰体型修长，腰节在原型样板腰围位置往上提高2cm，前中心线处降低1cm，如图3-134所示。

（3）绘制后中心线，定胸围大点：胸围大点在原型基础上抬高1cm，如图3-135所示。

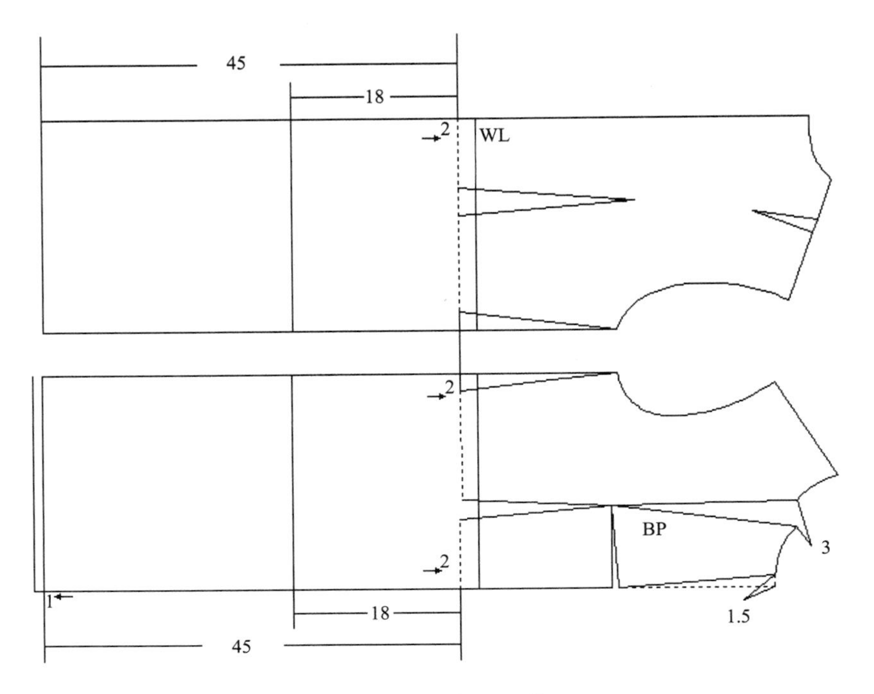

图3-134 绘制基础线

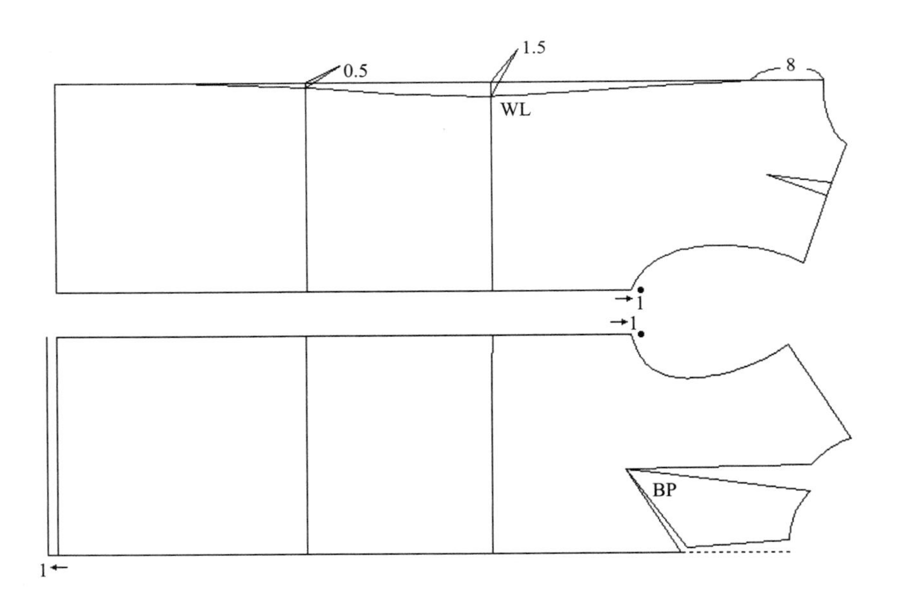

图3-135 绘制后中心线，定胸围大点

（4）连衣裙后片制板。

①绘制后片轮廓线：可用“加点”工具与用“智能笔”工具综合应用绘制，如图3-60所示。

②用“等份规”工具找到腰省中点，再用“智能笔”工具绘制腰省与领贴线，然后用“比较长度”工具测量后片小肩长度、用“◎”特殊符号表示，完成连衣裙后片结构制图，如图3-136所示。

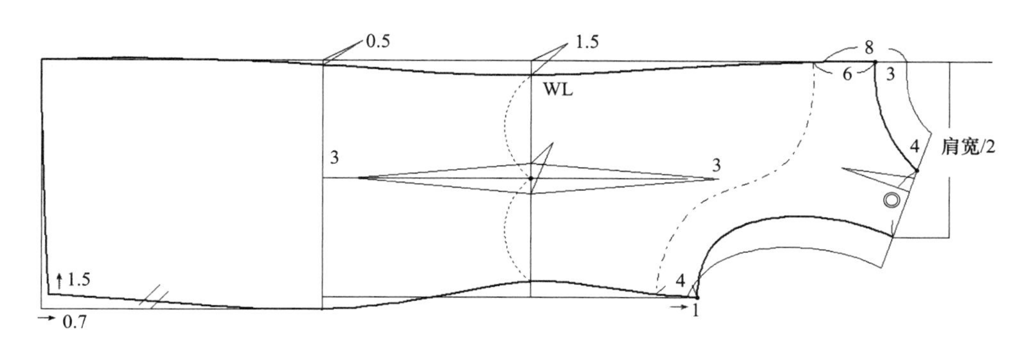

图3-136　连衣裙后片结构图

（5）连衣裙前片制板。

①找到前片轮廓点：可用“加点”工具与用“智能笔”工具综合应用绘制，如图3-137所示。

②用“智能笔”工具绘制连衣裙前片轮廓线绘制、腰省及领贴边线，然后用“对称”工具，对称复制前裙片的另外一半，再用“加省山”工具给领口省加上省山。注意：前后侧缝长相等，前领口省两边相等，如图3-137所示。

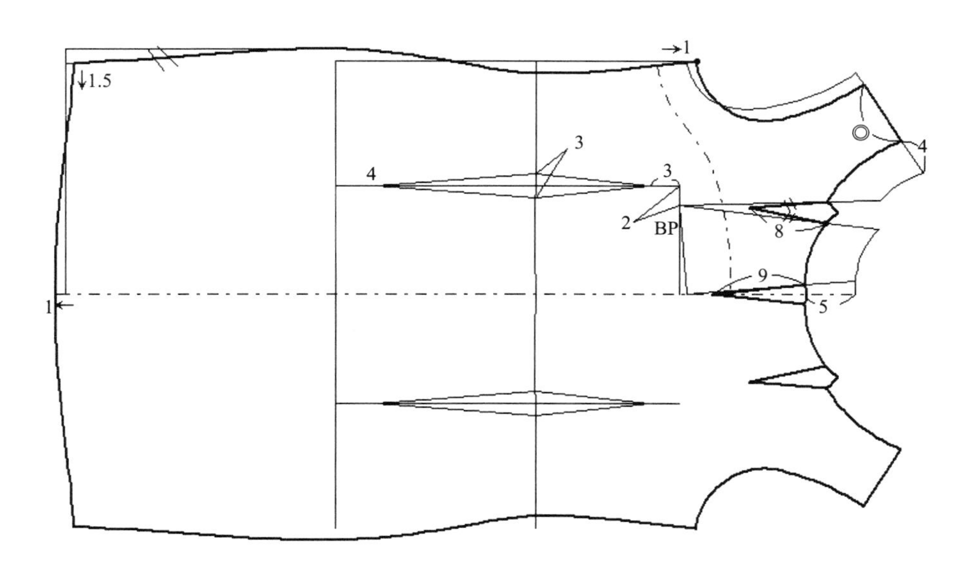

图3-137　连衣裙后前片结构图

（6）前领贴边再编辑：合并领省操作，如图3-138所示。

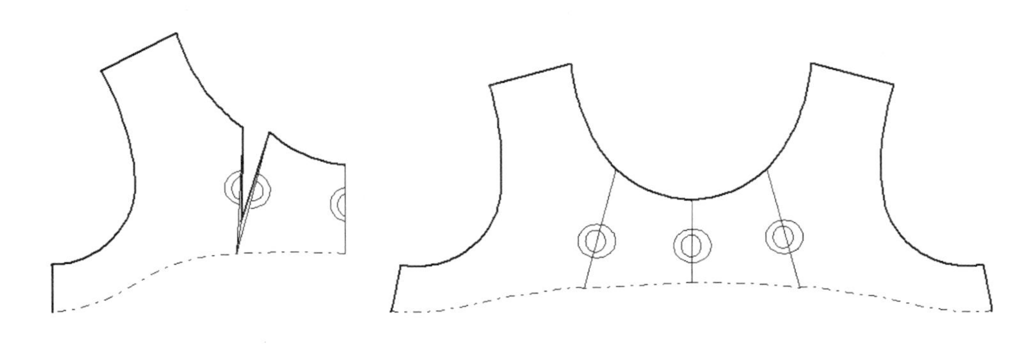

图3-138 前领贴边编辑

4. 完成全部裁片，加放缝份，并作对位记号及文字说明

用“剪刀”工具逐一拾取纸样，并用拾取辅助线工具拾取主要基础线在相应的纸样上，并在“纸样”菜单下，单击“纸样资料”命令，逐一对纸样进行说明，如纸样名称、布料类型与纸样份数等，并通过加“剪口”工具等，作对位记号，完成整个裁片纸样，如图3-139所示。

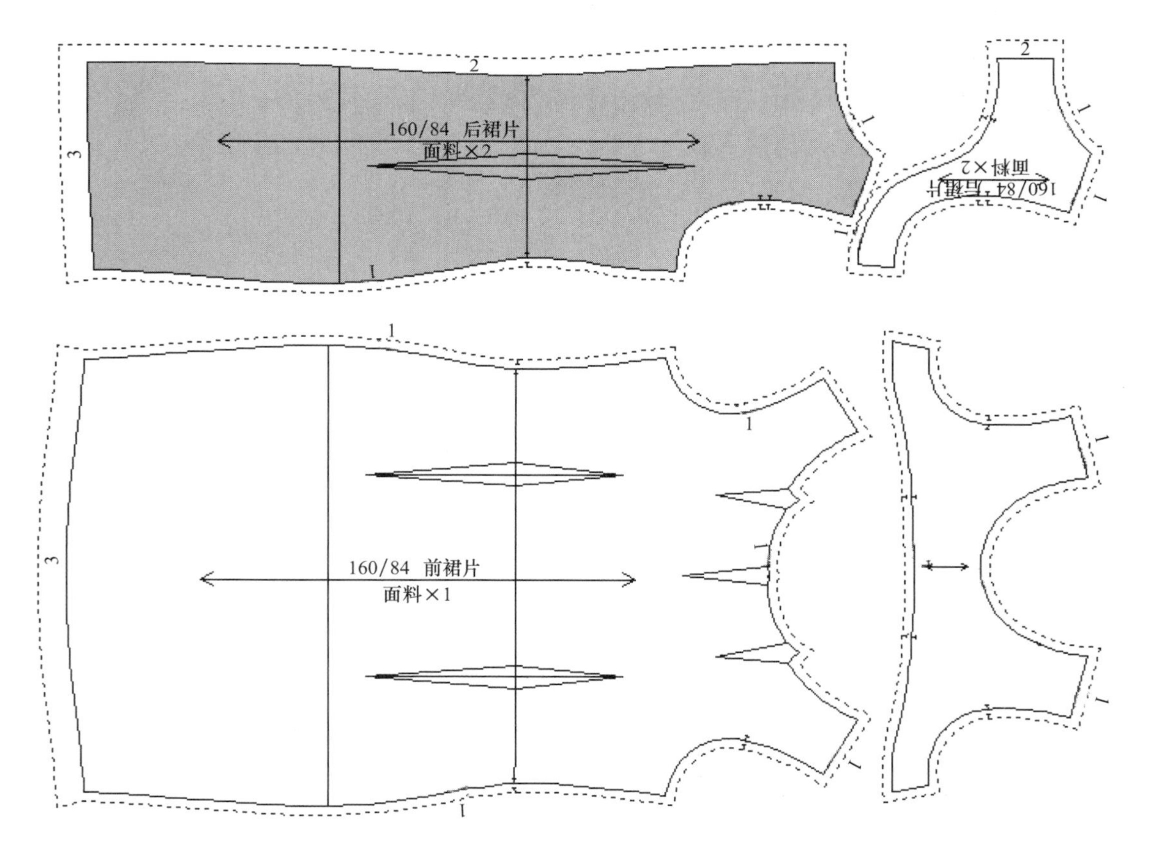

图3-139 领省连衣裙纸样

（八）波褶袖连衣裙

1. 波褶连衣裙款式特征

波褶连衣裙的特征：圆领、袖口接波浪褶、有腋下省，后中开拉链，整体呈A字造型，如图3-140所示。

图3-140 波褶袖连衣裙款式图

2. 规格设计

单击菜单下“号型”菜单下的“号型编辑”命令，在弹出的窗口内以160/84A号型为例，尺寸设计如图3-141所示。

3. 连衣裙的变化步骤

（1）基础型连衣裙的准备：打开基础型连衣裙，用“调整”工具分别把前后裙片胸围同步改大，直到适合本款裙的胸围尺寸，如图3-142所示。

（2）连衣裙后片绘制：胸围大与底边长放大5cm，横领在原型基础上开宽5cm，领贴边宽4cm，其他绘制数据参照如图3-143所示。

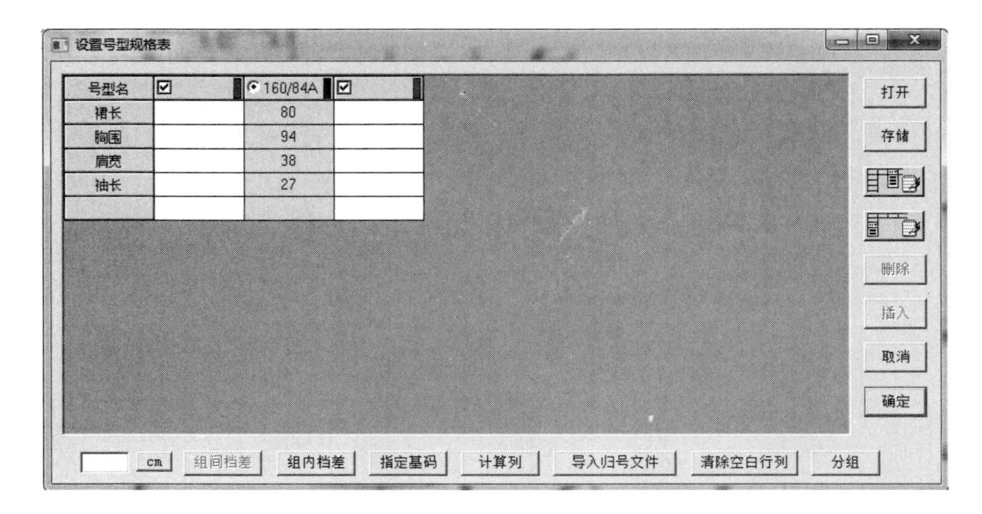

图3-141 设置号型规格表

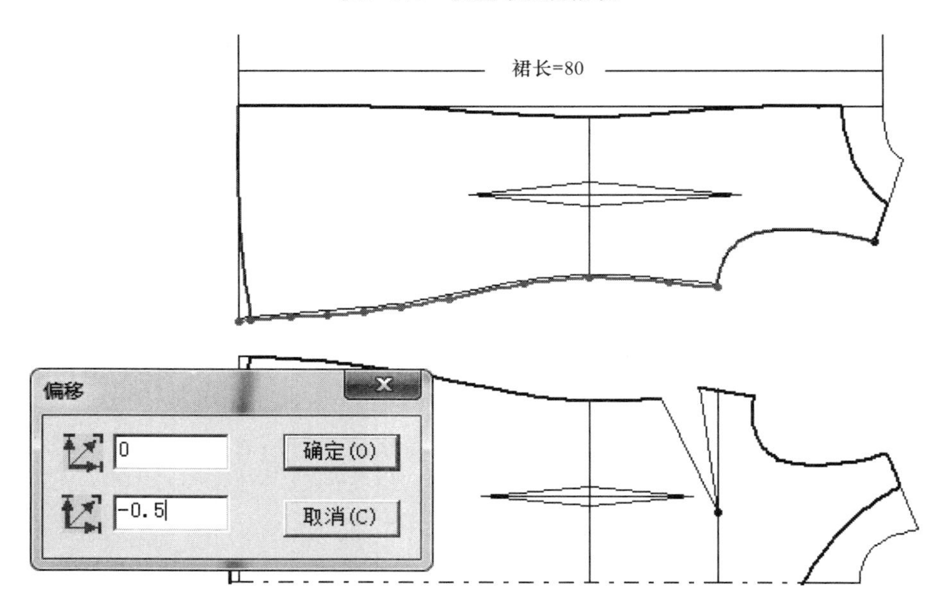

图3-142 基础型连衣裙准备

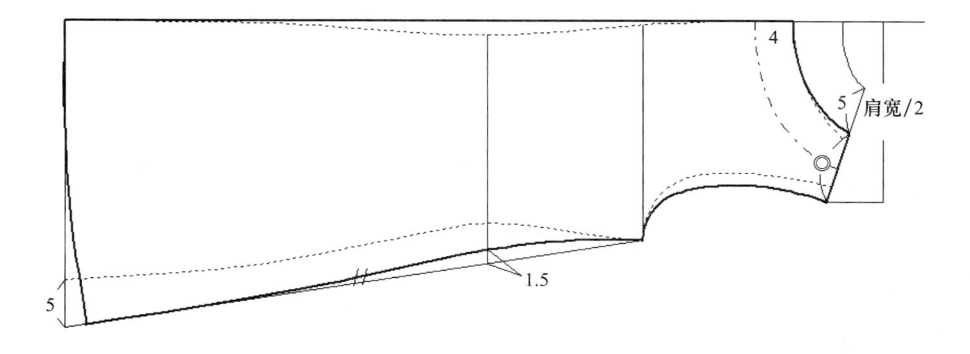

图3-143 连衣裙后片结构图

（3）连衣裙前片绘制：胸围大与下摆放大5cm，横领在原型基础上开宽5cm，腋下省用基础连衣裙的1/2，省尖点离BP点3～4cm，领贴边宽4cm。绘制完毕后用“比较长度”工具核实前后裙片侧缝长，调整到相等，并用“合并调整”工具合并调整腋下省道。注意：新的腰线为弧线，其他绘制数据参照图3-144所示。

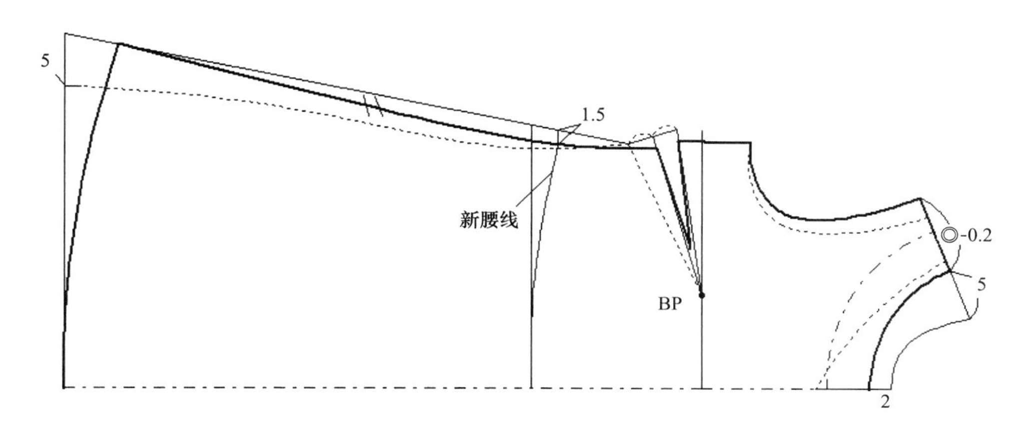

图3-144　连衣裙前片结构图

（4）连衣裙袖绘制：袖口波褶与碎褶用“褶展开”工具进行展开，然后画顺袖口边，如图3-145所示。

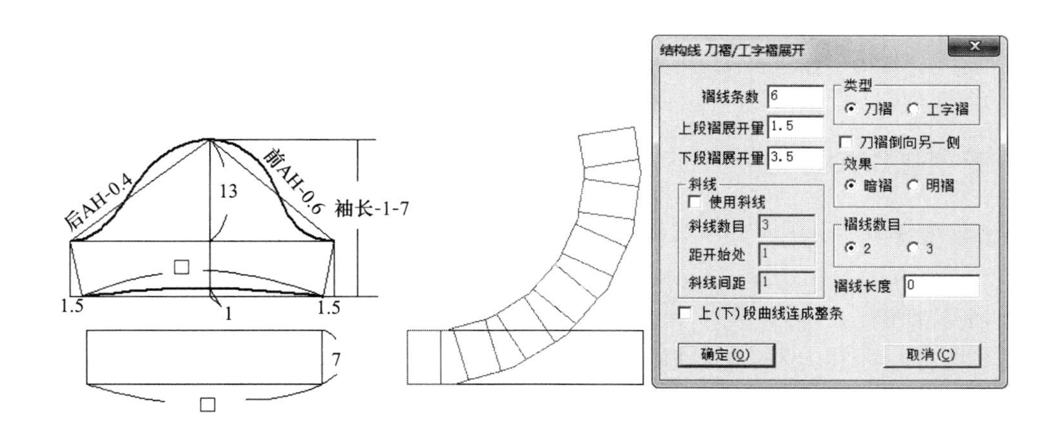

图3-145　连衣裙袖结构图

（5）完成全部裁片，加放缝份，并做对位记号及文字说明等操作。

用“剪刀”工具逐一拾取纸样，并用拾取辅助线工具拾取主要基础线在相应的纸样上，并在“纸样”菜单下，单击“纸样资料”命令，逐一对纸样进行说明，如纸样名称、布料类型与纸样份数等，并通过加“剪口”工具等，作对位记号，完成整个裁片纸样，如图3-146所示。

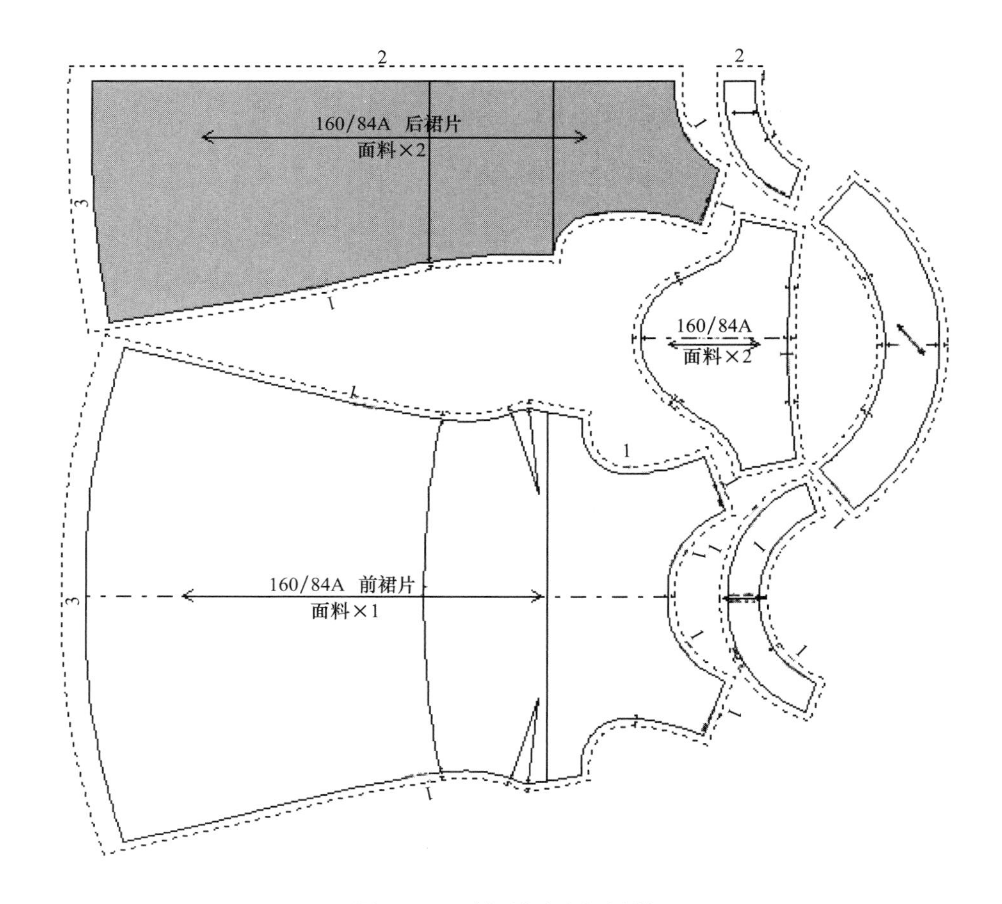

图3-146 波褶袖连衣裙纸样

二、衣身变化CAD应用

（一）领省设计

1. **衣身特征**

腋下腰省与袖窿省合并，省量全部转移至领口处，造型依然合体，如图3-147所示。

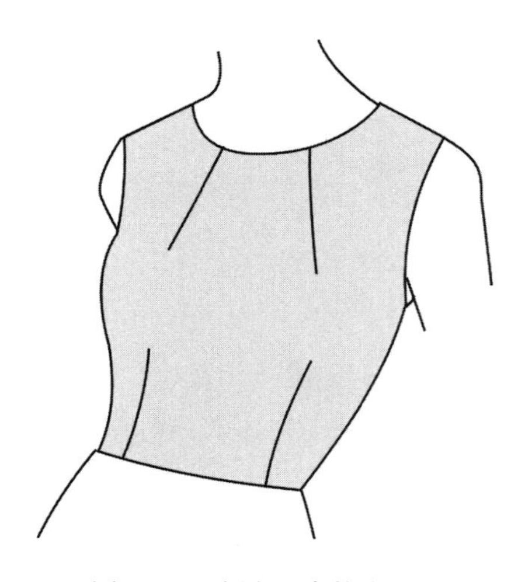

图3-147 领省衣身款式图

2. **领省衣身变化步骤**

（1）原型准备：用“智能笔”工具根据领口省款式图特征画上新省线，如图3-148所示。

（2）合并腰省b省：用“剪断线”工具剪断袖窿省线上O点。用“转省”工具拉框选取整个前片结构线后单击右键，然后单击新省线段AO后按右键，再分别单击合并的省线①与②后，b省即刻合并，如图3–148所示。

（3）新省形成：再次连接A点与BP，删除原两点之间的线段。再用“转省”工具拉框选取整个前片结构线后单击右键，然后单击新省线③后按右键，再依次单击袖窿省道边线④与⑤后，新省即刻张开，如图3–148所示。

（4）调整轮廓线:调整腰口线至圆顺，调整省尖点离BP点3cm左右距离，使胸部造型自然雅致，并用“加省山”工具给省道加省山，如图3–148所示。

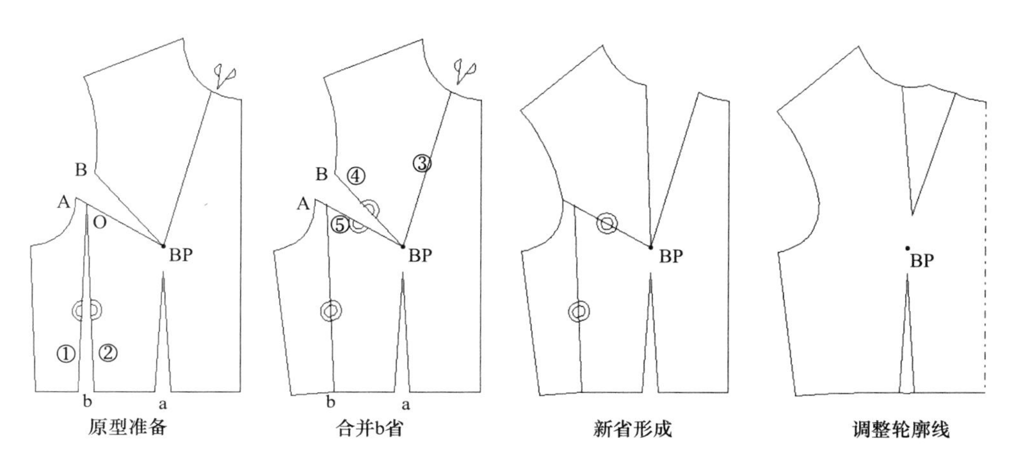

图3–148 领省衣身变化步骤

（二）腋下省的设计

1. 衣身特征

腰省b省与袖窿省都合并，省量全部转移至腋下，造型依然合体，如图3–149所示。

2. 腋下省衣身变化步骤

（1）原型准备：如图3–150所示。

（2）合并腰省b省：用“剪断线”工具剪断袖窿省线上O点。用“转省”工具拉框选取整个前片结构线后单击右键，再单击新省线段AO后按右键，再分别单击合并的省线①与②后，b省即刻合并。合并b省后根据款式图特征画上新省线，如图3–150所示。

（3）新省形成：再次连接A点与BP，删除原两点之间的线段。用“转省”工具拉框选取整个前片结构线后单击右键，然后单击新省线③后按右键，再依次单击袖窿省道边线④与⑤后，新省即刻张开，如图3–150所示。

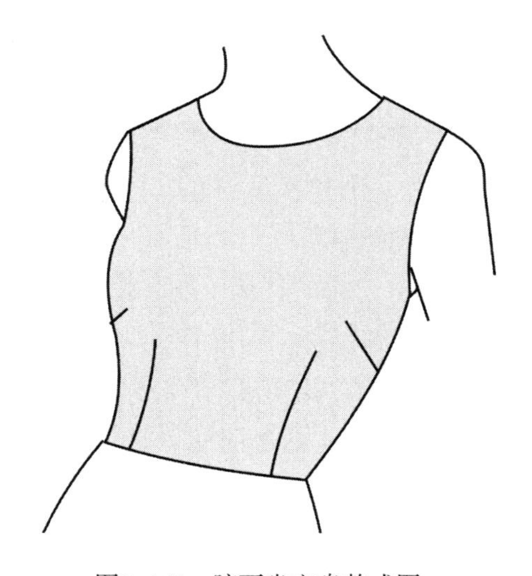

图3–149 腋下省衣身款式图

（4）调整轮廓线:调整腰口线至圆顺，并用“加省山”工具给省道加上省山，如图3-150所示。

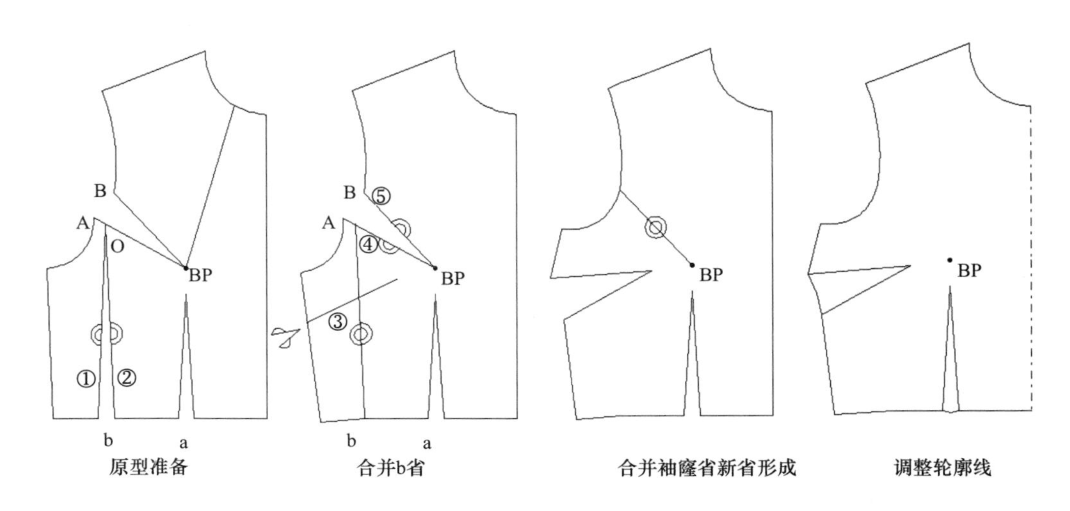

图3-150 腋下省衣身变化步骤

（三）曲线省设计

1. 衣身特征

腰省部分转移至肩部曲线中，造型依然合体，如图3-151所示。

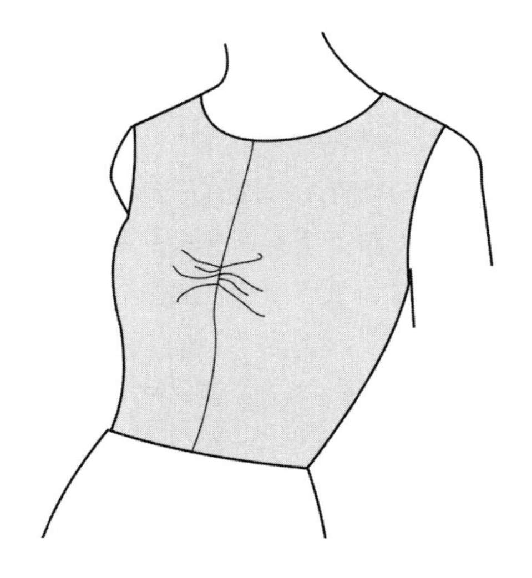

图 3-151 曲线省设计款式图

2. 曲线省衣身变化步骤

（1）原型准备：用“智能笔”工具根据领口省款式图特征画上新省线，如图3-152所示。

（2）合并腰省b省：用“剪断线”工具剪断袖窿省线上O点。用“转省”工具拉框选取整个前片结构线后单击右键，再单击新省线段AO后按右键，再分别单击合并的省线①与②后，b省即刻合并，如图3-152所示。

（3）新省形成：再次连接A点与BP，删除原两点之间的线段。再用“转省”工具拉框选取整个前片结构线后单击右键，然后单击或框选新省线③与④后按右键，再依次单击袖窿省道边线⑤与⑥后，两条曲线新省即刻张开，并通过“合并调整”工具调整肩线使其圆顺，如图3-152所示。

（4）调整轮廓线:调整腰口线至圆顺，并用“加省”工具给省道加上省山，如图3-152所示。

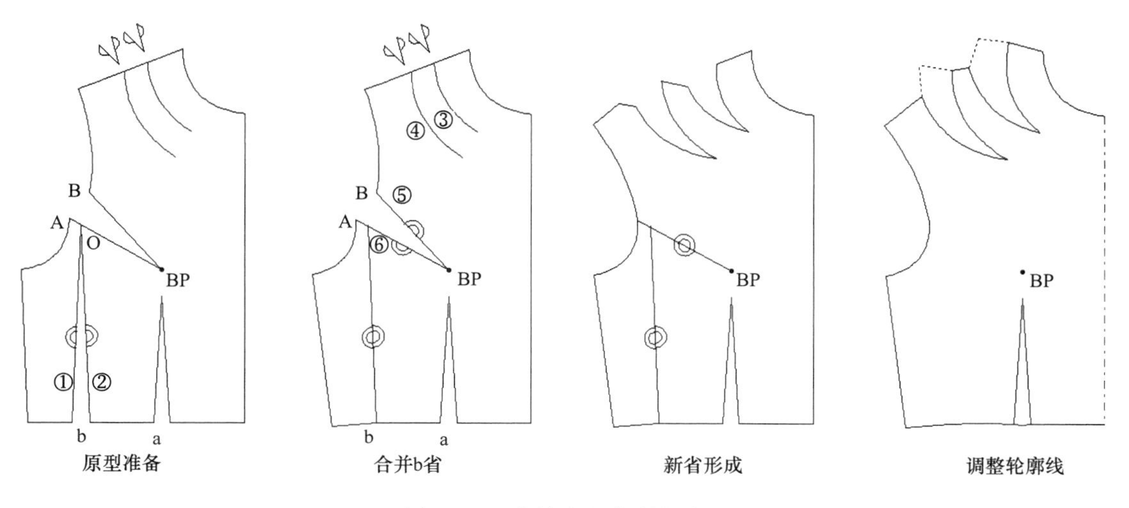

图3-152　曲线省衣身变化步骤

（四）门襟褶设计

1．衣身特征

腰省合并，省量全部转移至前门襟，造型依然合体且富有立体感，如图3-153所示。

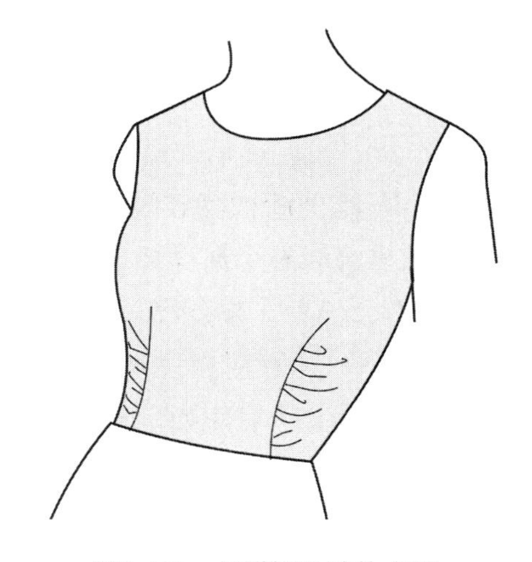

图3-153　门襟褶设计款式图

2．门襟褶衣身变化步骤

（1）原型准备：用“智能笔”工具根据款式图门襟褶特征画上新省线，门襟褶可以设想为多条省道线，前门襟省道的张开量的缩缝为褶，如图3-154所示。

（2）合并腰省b省：用“剪断线”工具剪

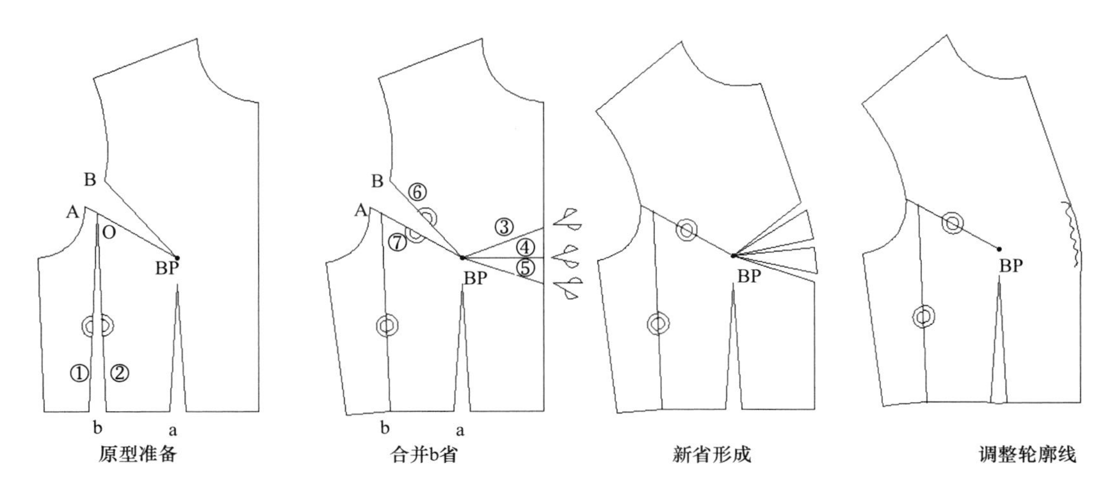

图3-154　门襟褶衣身变化步骤

断袖窿省线上O点。用“转省”工具拉框选取整个前片结构线后单击右键，再单击新省线段AO后按右键，再分别单击合并的省线①与②后，b省即刻合并，如图3–154所示。

（3）新省形成：再次连接A点与BP，删除原两点之间的线段。用“转省”工具拉框选取整个前片结构线后单击右键，然后单击或框选新省线③④与⑤后按右键，再依次单击袖窿省道边线⑥与⑦后，三条曲线新省即刻张开，如图3–154所示。

（4）调整轮廓线：调整腰口线至圆顺，并用“智能笔”工具画顺前门襟线，并画上缩缝符号，如图3–154所示。

（五）胸腹褶设计

1. 衣身特征

衣片在胸腹位置上有碎褶的变化，使得衣服更加美观，富有立体感，如图3–155所示。

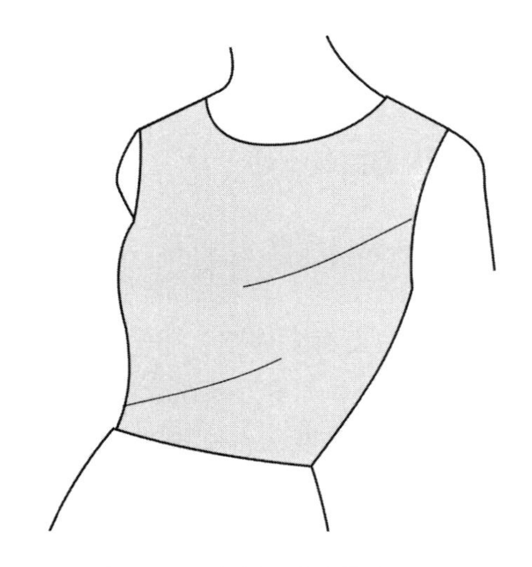

图3–155　胸腹褶设计款式图

2. 胸腹褶衣身变化步骤

（1）原型准备：如图3–156所示。

（2）合并腰省b省与袖窿省：用“剪断线”工具剪断袖窿省线上O点。用“转省”工具拉框选取整个前片结构线后单击右键，再单击新省线段AO后按右键，再分别单击合并的省线①与②后，b省即刻合并。合并袖窿省，a省展开，操作同上（设想a省道的其中一条边为新省线），两个省道合并量全部转移到a省中，如图3–156所示。

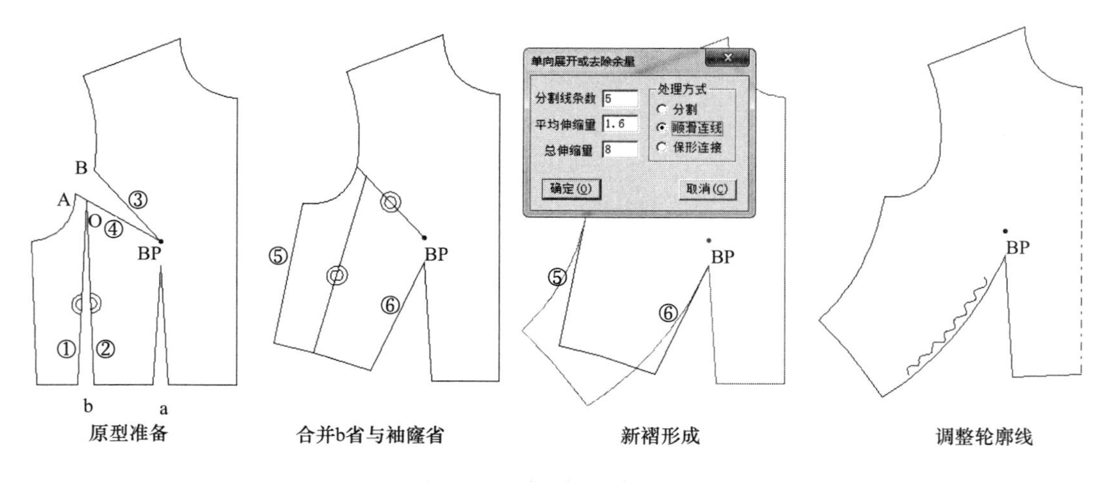

图3–156　胸腹褶衣身变化步骤

（3）新褶形成：用“分割、展开、去除余量”工具拉框选择所有前操作线后按右键，再依次单击不伸缩变形线⑤后按右键，单击伸缩变形线⑥线后击右键，在弹出的窗口输入相应的伸缩参数，选择相应的线条处理方式，确定窗口即可，如图3-156所示。

（4）调整轮廓线:通过“合并调整”工具调整腰线使其圆顺，并画上缩缝符号，如图3-156所示。

（六）不对称横向省设计

1. **衣身特征**

腰省合并，省量全部转移至侧缝和袖窿，造型依然合体，如图3-157所示。

2. **不对称横向省衣身变化步骤**

（1）原型准备：如图3-158所示。

（2）合并腰省a省与b省。用“转省”工具分别合并腰省a省与b省，省量全部转移到袖窿省中，对称复制另一半，如图3-158所示。

（3）合并袖窿省，新省形成：用“智能笔”工具根据款式图不对称横向省特征画上新省线，再用“转省”工具分别合并两袖窿省，两袖窿省量分别转移到两新省线中，如图3-158所示。

（4）调整省尖点与轮廓线:调整腰口线至圆顺，并用“加省山”工具给省道加上省山，如图3-158所示。

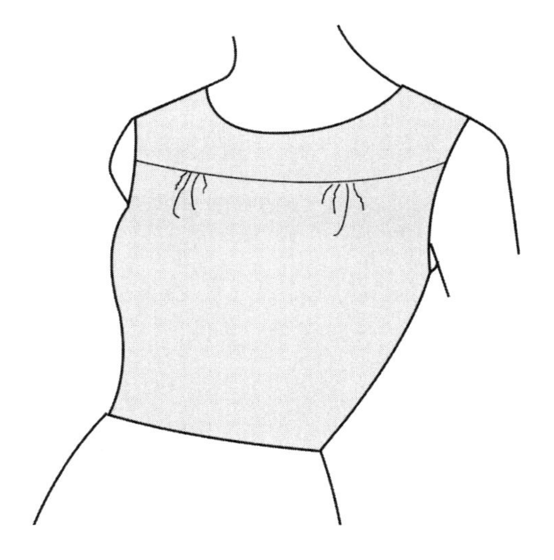

图3-157　不对称横向省衣身款图

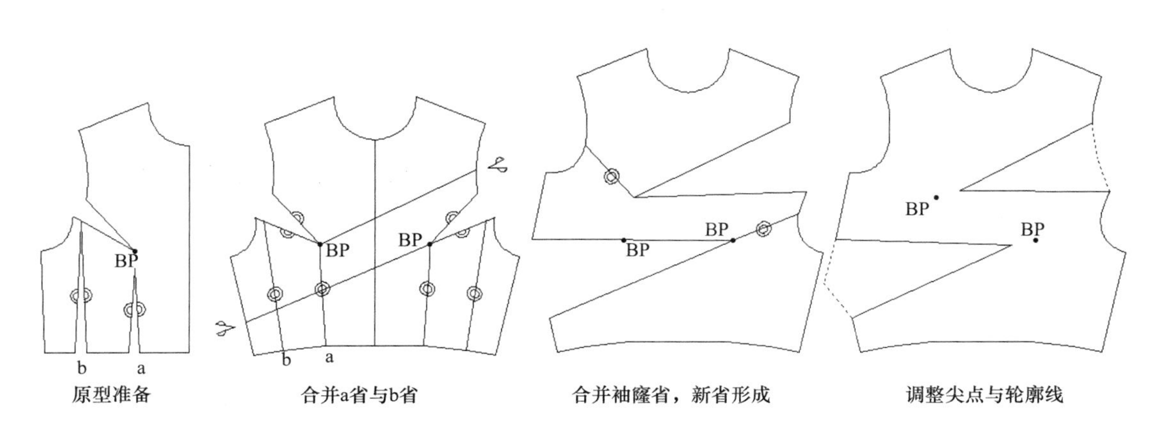

图3-158　不对称横向省衣身变化步骤

（七）育克分割设计

1. **衣身特征**

横向分割，线条流畅，省量全部转移到育克分割线中，造型依然合体，且富有立体感，如图3-159所示。

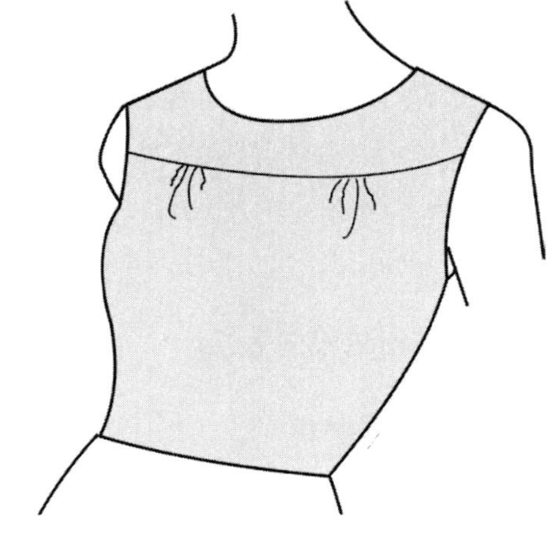

图3-159 育克分割衣身款图

2. **育克分割设计变化步骤**

（1）原型准备：如图3-160所示。

（2）合并腰省b省与袖窿省：合并省量全部转移到a省中，并用“智能笔”工具根据款式图特征画上育克分割线与新省线（褶裥方向线），如图3-160所示。

（3）合并袖窿省，新省形成：用“转省”工具合并a省，a省全部转移到两新省线中，如图3-160所示。

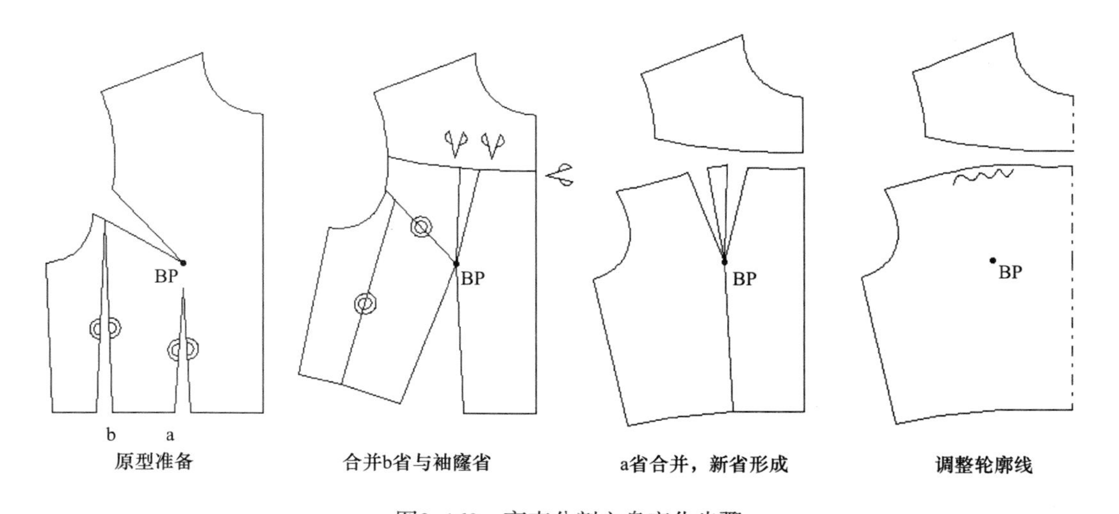

图3-160 育克分割衣身变化步骤

（4）调整轮廓线：用“智能笔”工具画顺腰线与育克分割线，并画上缩缝符号，如图3-160所示。

（八）公主线设计

1. **衣身特征**

腰省b省与袖窿省合并，省量转移至分割线中，线条优美，造型依然合体，如图3-161所示。

2. **公主线设计变化步骤**

（1）原型准备：用“智能笔”工具根据款式图分割线的特征画上新省线，如图3–162所示。

（2）合并腰省b省：合并省量转移到袖窿中，如图3–162所示。

（3）合并袖窿省，新省形成：用“转省”工具合并袖窿省，省量转移到新省线中，如图3–162所示。

（4）调整轮廓线：用“智能笔”工具连省线成分割线，并画顺腰线，省尖点离BP点3cm左右，如图3–162所示。

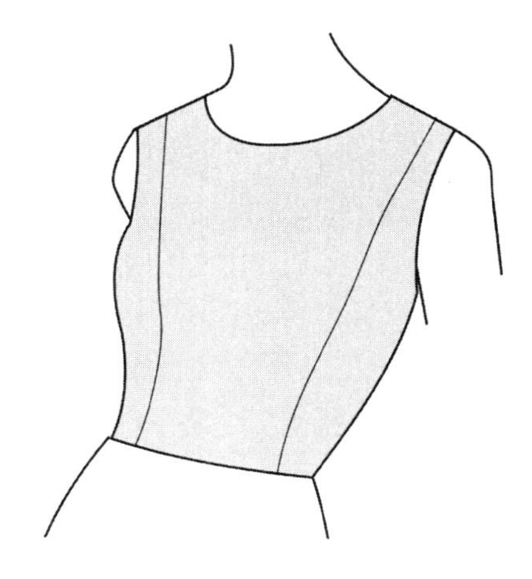

图3–161 公主线设计款式图

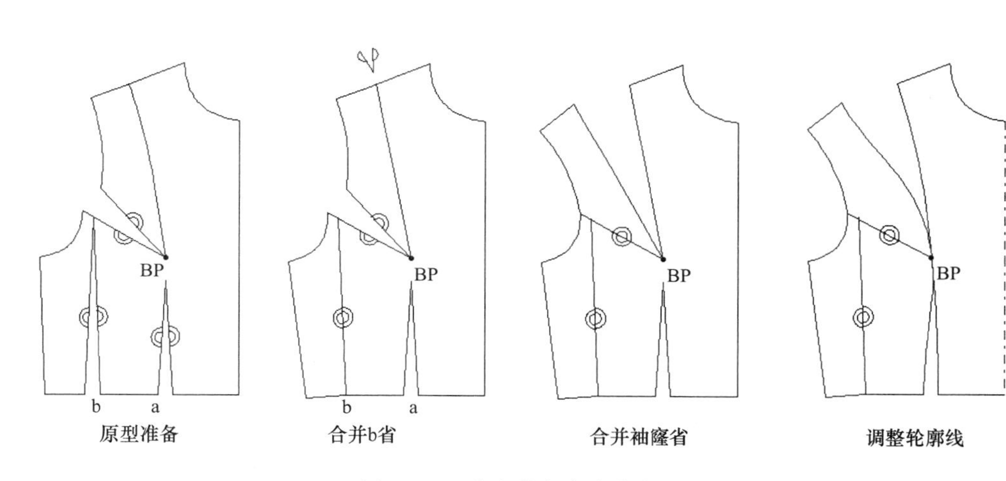

图3–162 公主线衣身变化步骤

（九）刀背缝设计

1. **衣身特征**

腰省b省与袖窿省合并，省量转移至分割线中，线条优美，造型合体，如图3–163所示。

2. **刀背缝设计变化步骤**

（1）原型准备：用“智能笔”工具根据款式图分割线的特征画上新省线，如图3–164所示。

（2）合并腰省b省：合并省量转移到袖窿中，如图3–164所示。

（3）调整轮廓线：用“智能笔”工具连省线

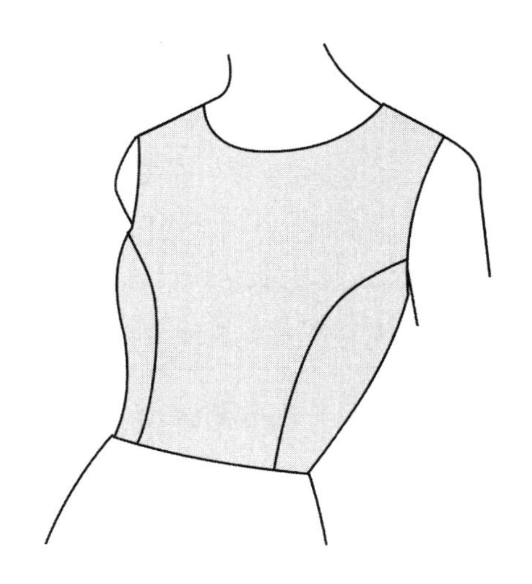

图3–163 刀背缝衣身款式图

成分割线，并画顺腰线，省尖点离BP点3cm左右，如图3-164所示。

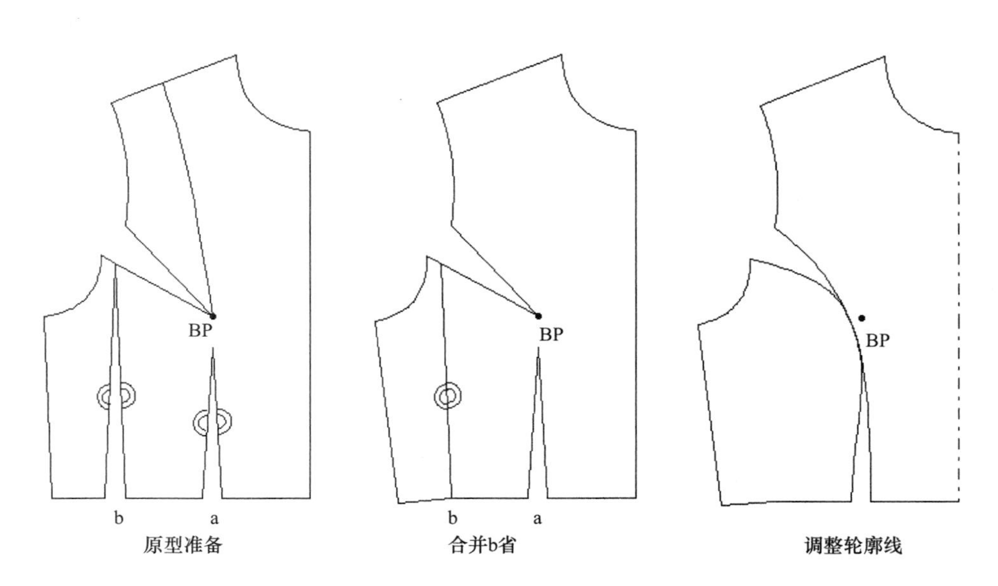

图3-164 公主线衣身变化步骤

（十）波形弧设计

1. 衣身特征

原型中的省量全部合并，省量转移至分割线中，线条优美，造型依然合体，如图3-165所示。

2. 波形弧设计变化步骤

（1）原型准备：用“智能笔”工具根据款式图分割线的特征画上新省线，如图3-166所示。

（2）合并腰省b省与袖窿省：合并省量全部转移到a省中，如图3-166所示。

（3）合并a省，新省形成：合并省量全部转移到腋下省新省中，如图3-166所示。

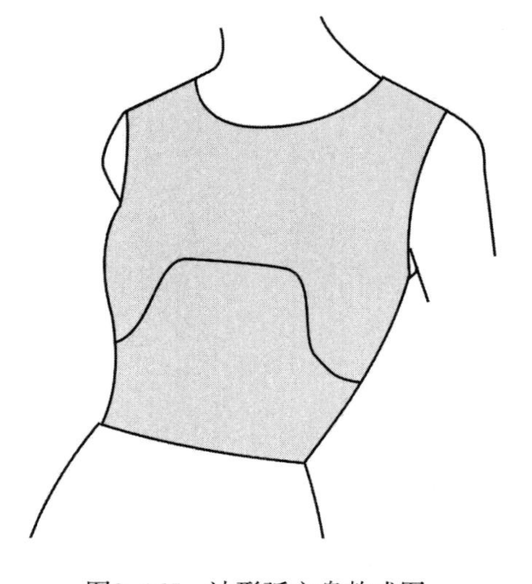

图3-165 波形弧衣身款式图

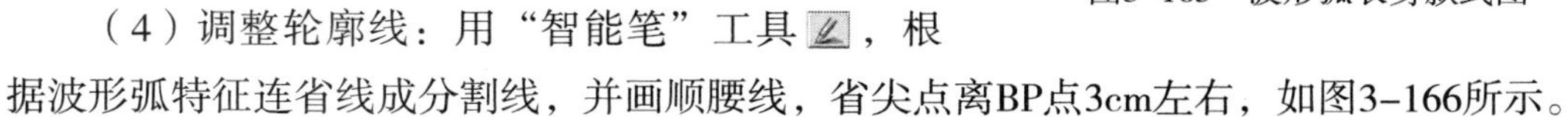

（4）调整轮廓线：用“智能笔”工具，根据波形弧特征连省线成分割线，并画顺腰线，省尖点离BP点3cm左右，如图3-166所示。

（十一）月牙形分割设计

1. 衣身特征

原型中的省量全部合并，省量转移至分割线中，线条优美，造型合体，如图3-167所示。

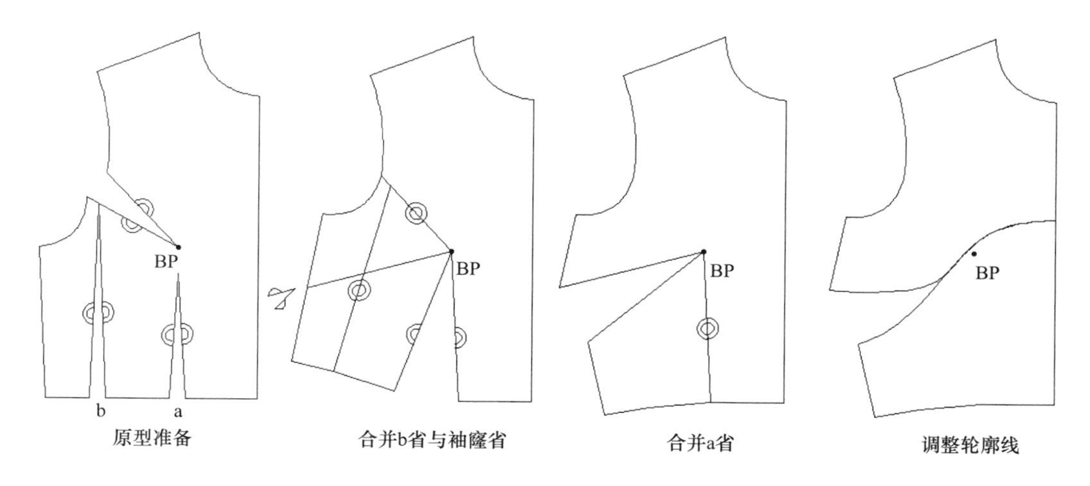

图3-166　波形弧衣身变化步骤

2. 月牙形分割设计变化步骤

（1）原型准备：对称复制原型另外一半，用"智能笔"工具根据款式图分割线的特征画上新省线，如图3-168所示。

（2）合并腰省a省与b省：合并省量全部转移到袖窿省中，如图3-168所示。

（3）合并袖窿省，新省形成：用"旋转"工具合并省量分别转移到腋下月牙形两条新省中，如图3-168所示。

（4）刀褶展开，调整轮廓线：用"智能笔"工具，根据款式图刀褶形状特征绘制褶展开线，并画顺腰线与另外分线轮廓线，省尖点离BP点3cm左右，如图3-168所示。

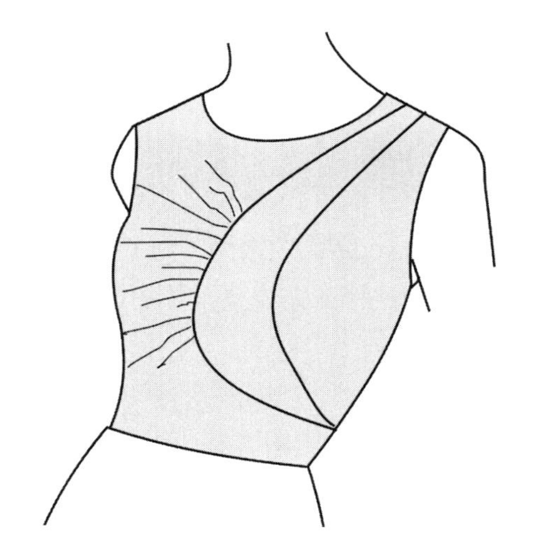

图3-167　月牙形分割衣身款式图

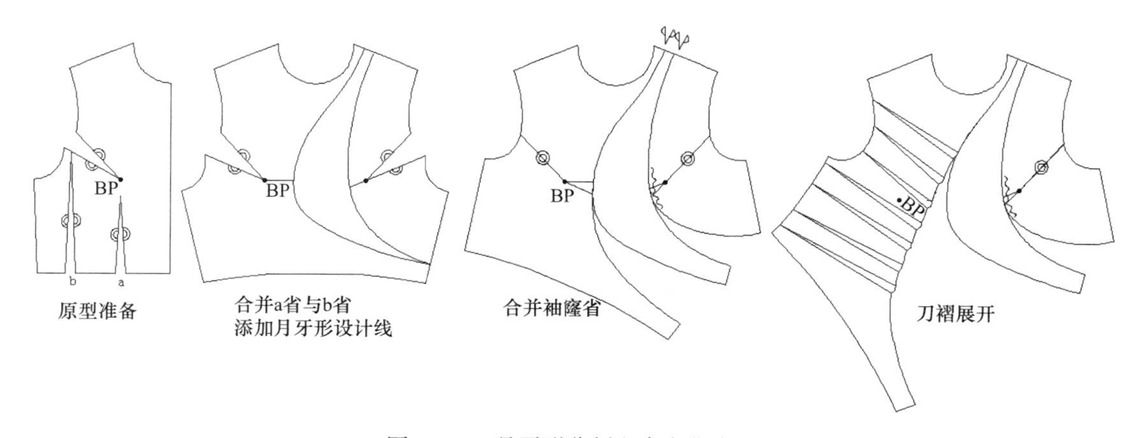

图3-168　月牙形分割衣身变化步骤

三、衣领变化CAD应用

（一）海军衫领设计

1. **海军衫领特征**

海军衫领属于扁领的一种领型，领座很低，领面较宽，披覆于衣身上，如图3-169所示。

2. **海军衫领变化步骤**

（1）衣身准备：前后领宽各开宽0.5cm，用“智能笔”工具根据款式图领形特征绘制领口线，如图3-170所示。

（2）翻转后衣片：用“对接”工具依次单击靠近肩颈点后肩线与前肩线，再依次单击后领圈线、后袖窿线与后中线，使前后片翻转，与前衣片按肩缝对接状态，再用“旋转”工具，使前后身肩线旋转至与前肩线重叠3cm，如图3-170所示。

（3）完成领造型：用“智能笔”工具根据海军衫领款式特征完成整个领的造型，如图3-170所示。

图3-169　海军衫领款式图

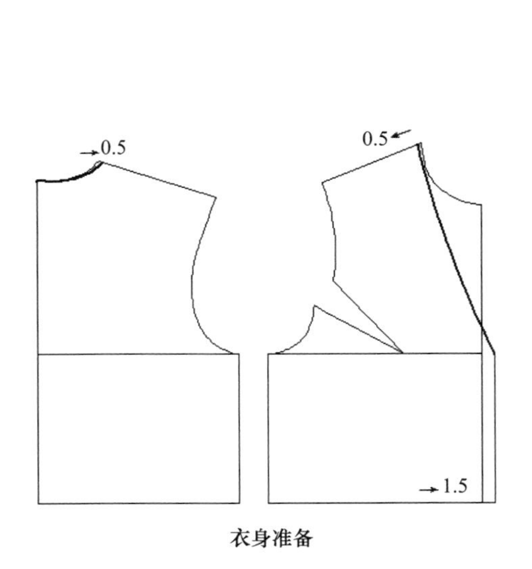

衣身准备

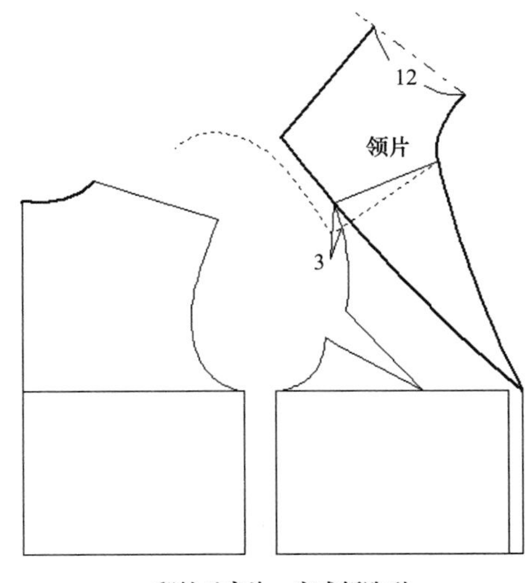

翻转后衣片，完成领造型

图3-170　海军衫领变化步骤

（二）波浪领设计

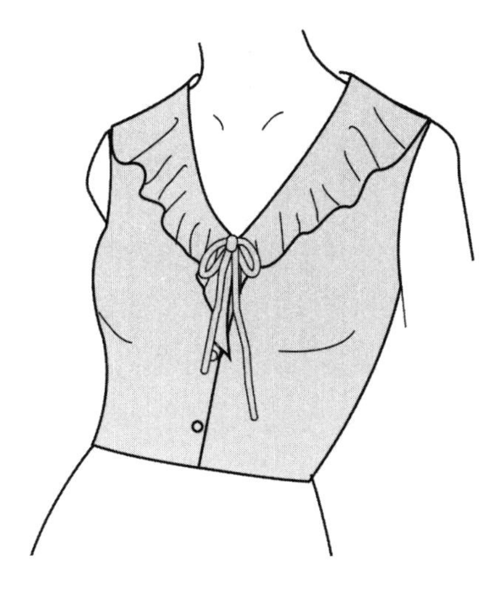

图3–171　波浪领款式图

1. 波浪领特征

波浪领无领座，领外缘宽松，呈波浪状，在春夏的衬衫和连衣裙中最常见，如图3–171所示。

2. 波浪领变化步骤

（1）衣身准备，绘制波浪领基本廓型：前后领宽各开宽1cm，用“智能笔”工具根据款式图领形特征绘制波浪领基本廓形，如图3–172所示。

（2）翻转后衣领：用“对接”工具依次单击靠近肩颈点后肩线与前肩线，再依次单击后领口线、后领外轮廓线与后中线，使后衣领翻转，与前衣片肩缝成对接状态，如图3–172所示。

（3）完成领造型：用“剪断线”工具分别连接前后领的领口线与外轮廓线，再用“分割、褶展开、去除余量”工具，完成整个领造型纸样，如图3–172所示。

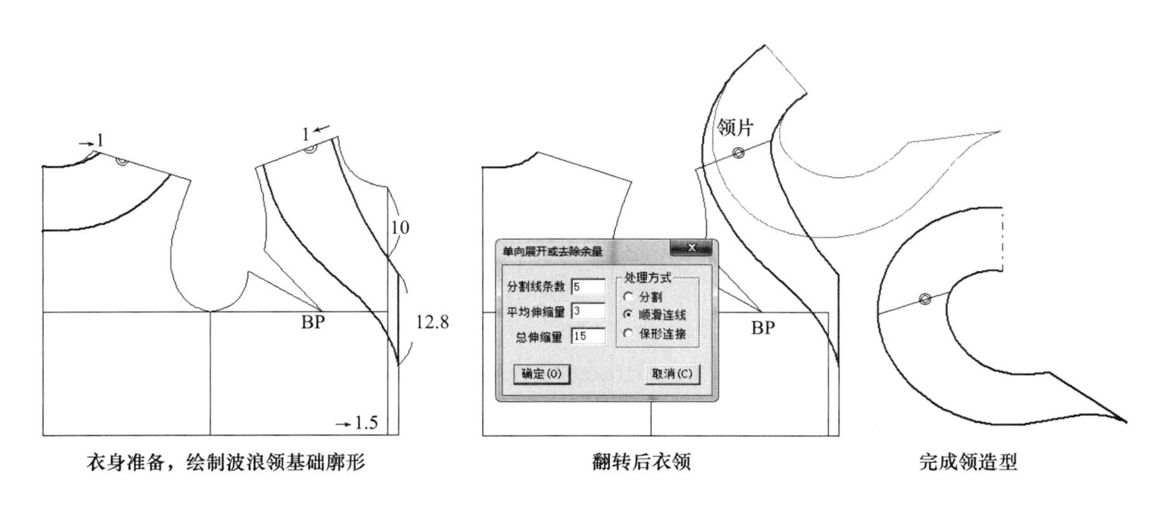

图3–172　波浪领变化步骤

（三）荡领设计

1. 荡领特征

腰省与袖窿省合并，省量全部转移至领口处形成荡褶，造型合体且富有立体感，如图3–173所示。

2. 荡领变化步骤

（1）衣身准备：如图3–174所示。

（2）合并腰省b省：用“转省”工具合并b省，如图3–174所示。

（3）合并a省与袖窿省，新省形成：用“转省”工具分别合并a省与袖窿省，省量分别转移至两新省线，如图3–174所示。

（4）完成领造型：用“智能笔”工具调整腰口线至圆顺，并根据领口线特征，绘制领口荡褶的特征完成领口线的绘制，如图3–174所示。

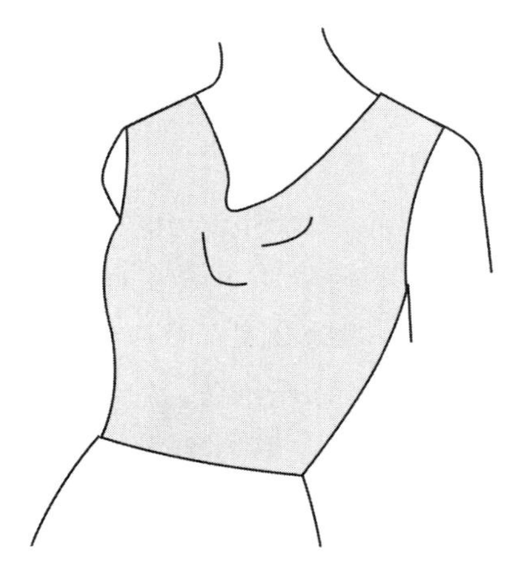

图 3 –173　荡领款式图

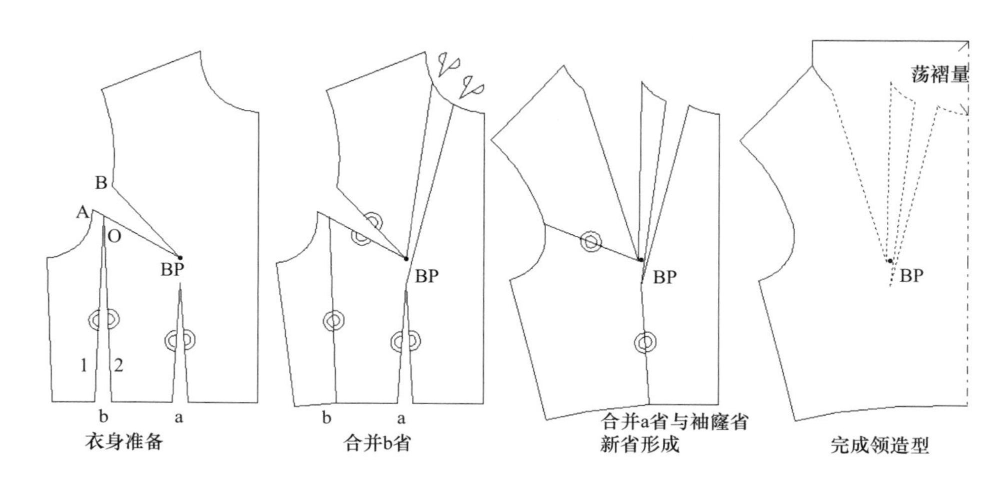

图3–174　荡领变化步骤

（四）U形领

1. U形领特征

前身立领与衣身连体，领口U形设计，造型优美，如图3–175所示。

2. U形领变化步骤

（1）衣身准备：前后领宽各开宽1cm，如图3–176所示。

（2）完成领造型：用“智能笔”工具，根据款式图领形特征，在前衣身上造型，前立领底长度等于后领口长。后领倒伏量5cm、后领高4cm、前U形领宽5cm，完成领造型，如图3–176所示。

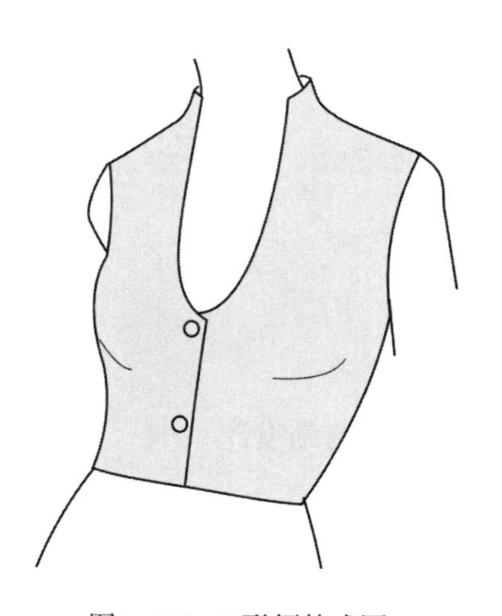

图3–175　U形领款式图

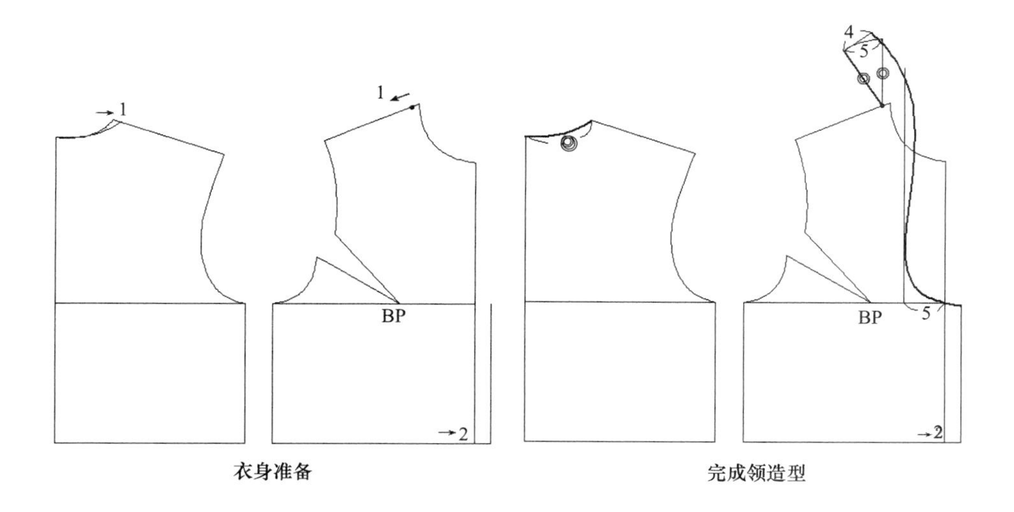

衣身准备　　完成领造型

图3-176 U形领变化步骤

（五）连身立领设计

1. 连身立领特征

立领与衣身连成一体，领口外缘抱颈，前后各有一放射性领省设计，造型优美，如图3-177所示。

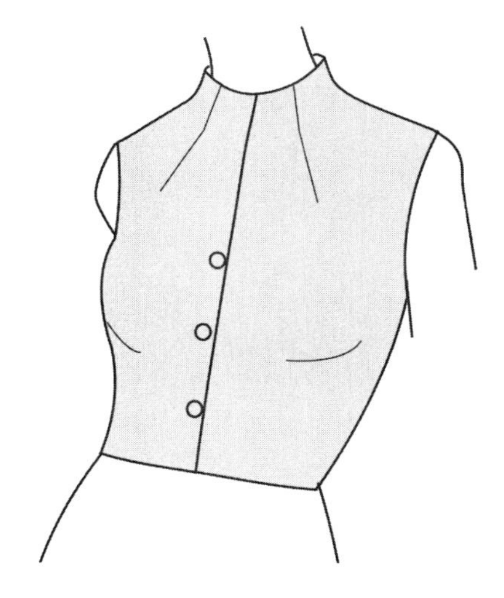

图3-177 连身领款式图

2. 连身立领变化步骤

（1）衣身准备：前后领宽各开宽2.5cm；根据款式图领形特征，绘制领省线；合并1/3后肩省，剩余2/3准备在下一步转移到后领分割线；前袖窿省1/5作松量，剩余4/5省量准备在下一步转移到前领分割线，如图3-178所示。

（2）绘制连身领基础廓型：用“智能笔”工

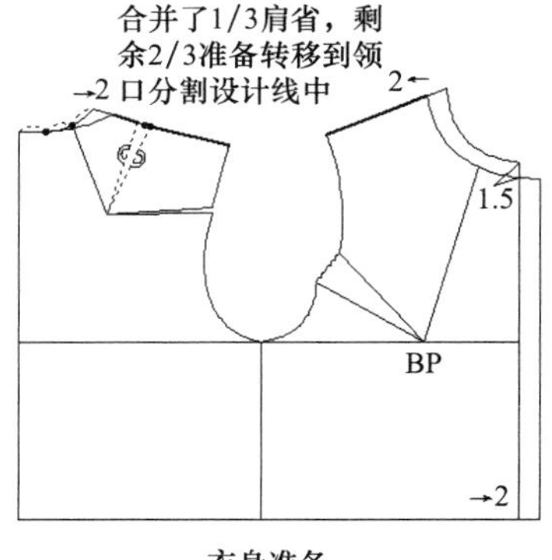

衣身准备

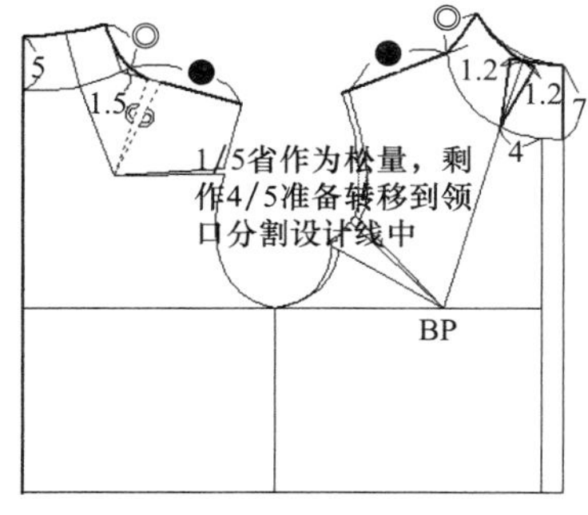

绘制连身领基础廓型

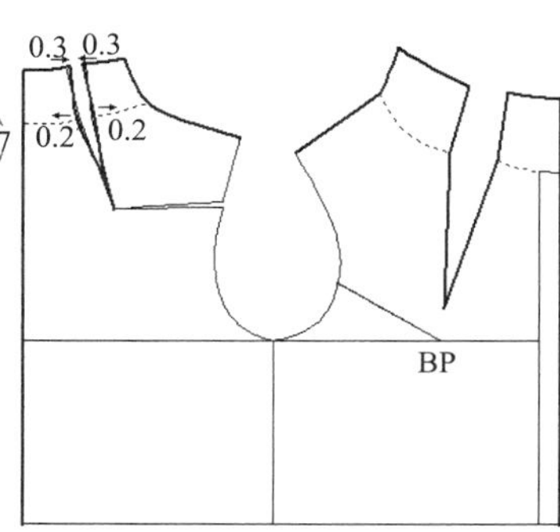

完成领造型

图3-178 连身立领变化步骤

具根据款式图领形特征，绘制后领高、前领高与颈侧等点，如图3-178所示。

（3）完成领造型：用“转省”工具或“旋转”工具合并后肩省与前袖窿省，修顺领线，完成整个领造型纸样，如图3-178所示。

（六）披肩帽子领

1．披肩帽子领特征

帽子与衣身连成一体，且披于肩上，造型似披肩领，造型优美，如图3-179所示。

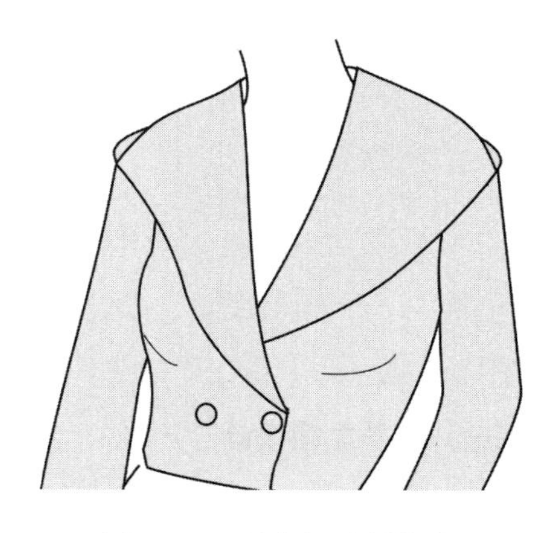

图3-179　披肩帽子领款式

2．披肩帽子领变化步骤

（1）衣身准备：前后领宽各开宽1.5cm；根据款式图领形特征，绘制衣身领口线，如图3-180所示。

（2）绘制帽子领廓型，完成领造型：根据款式图领形特征，用“智能笔”工具绘制搭门宽、帽子领高、帽子领宽与帽子领下口线，注意帽子领下口要与前后领圈长相吻合，完成领造型，如图3-180所示。

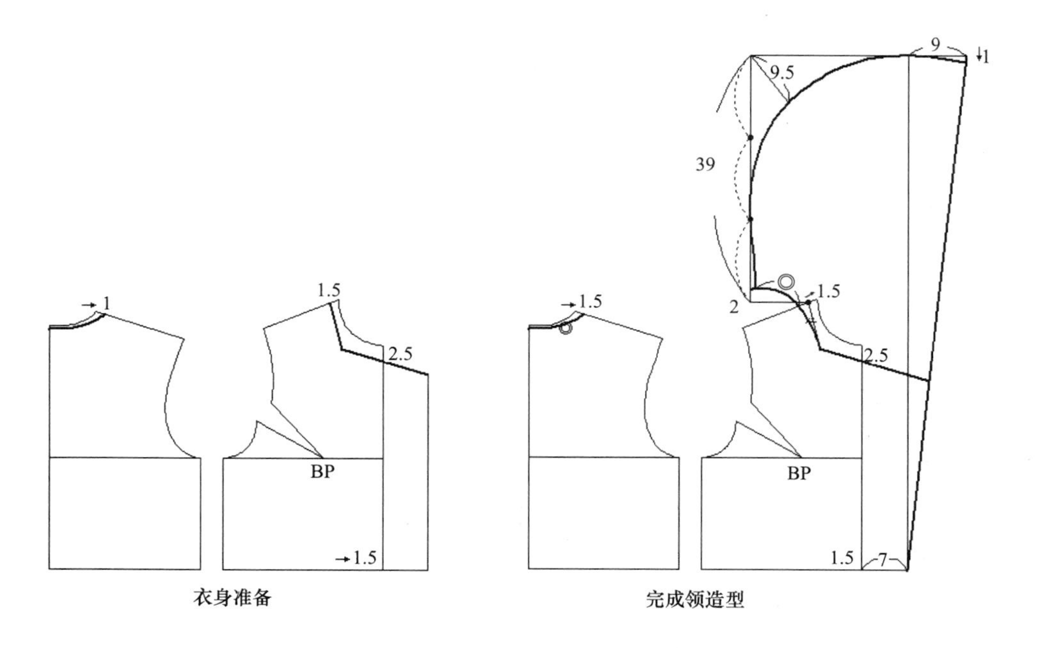

图3-180　披肩帽子领变化步骤

四、衣袖变化CAD应用

（一）喇叭袖设计

1. **袖型特征**

喇叭袖是在原型袖的基础上将袖口展开，袖口张开像喇叭，富有动感，如图3-181所示。

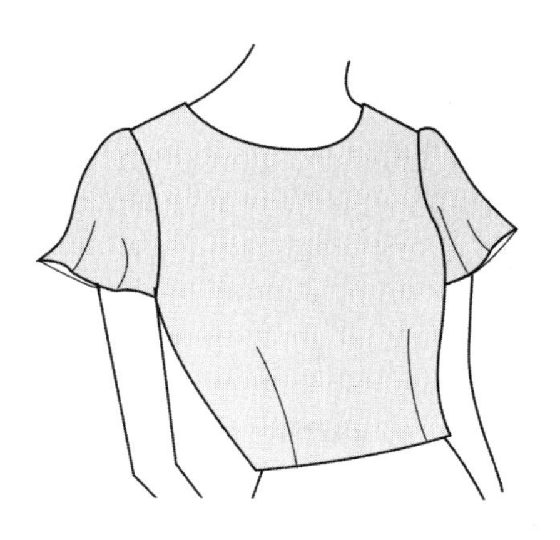

图3-181　喇叭袖款式图

2. **喇叭袖变化步骤**

（1）基础袖准备：打开原型袖，按喇叭袖款式特征，设计袖长，如图3-182所示。

（2）展开袖口：用“分割、褶展开、去除余量”工具分别展开袖子后半部分与前半部分，如图3-182所示。

（3）完成袖造型：用“智能笔”工具加上缩褶符号，如图3-182所示。

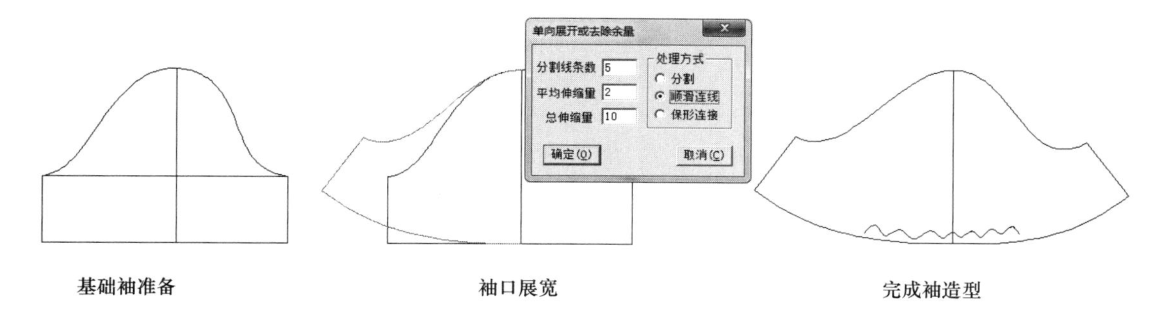

图3-182　喇叭袖变化步骤

（二）灯笼袖设计

1. **袖型特征**

灯笼袖是在基础袖的基础上，作袖山弧线与袖口展开，袖山与袖口蓬松而富有立体感，如图3-183所示。

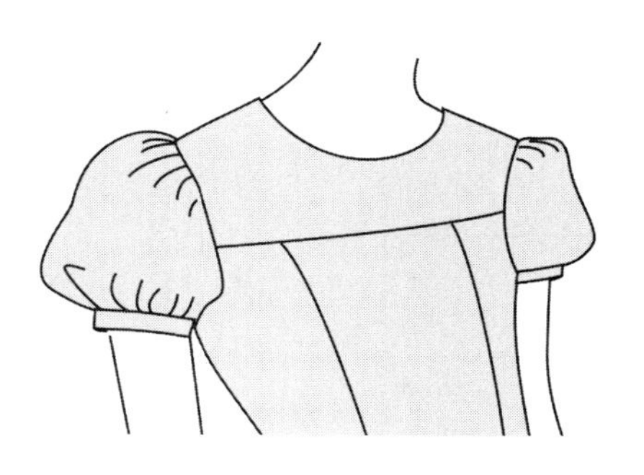

图3-183　灯笼袖款式图

2. **灯笼袖变化步骤**

（1）基础袖准备：打开原型袖，按灯笼袖款式特征设计袖长，并根据灯笼袖特征用“移动”工具把袖子按袖中线平行展开，如图3-184所示。

（2）展开袖口：用“旋转”工具分别展开袖山曲线与袖口线，如图3-184所示。

（3）完成袖造型：用“智能笔”工具绘制袖口边，并圆顺连接袖山线与袖口线，且加上缩褶符号，如图3–184所示。

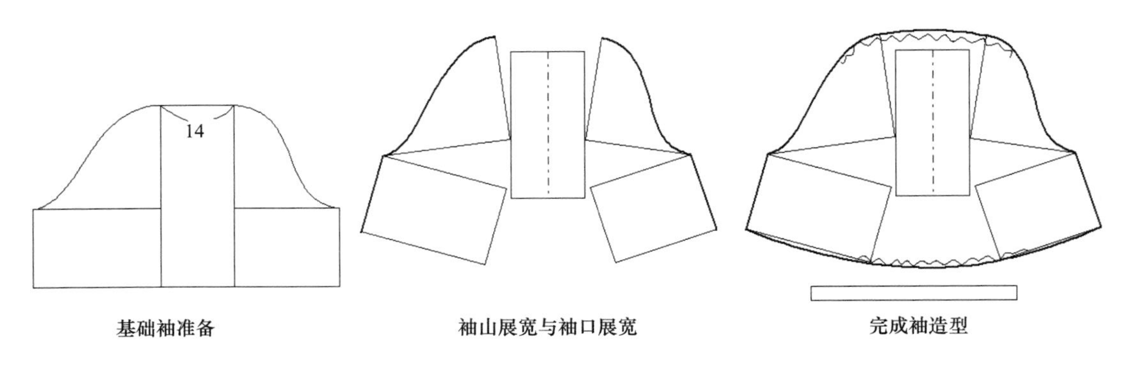

图3–184 灯笼袖变化步骤

（三）变化灯笼袖设计

1. **袖型特征**

变化灯笼袖是在基础袖的基础上，在袖口处有曲线分割。作袖山弧线与袖口曲线分割展开，整体为一片袖，线条造型优美，袖山与袖口蓬松而富有立体感，如图3–185所示。

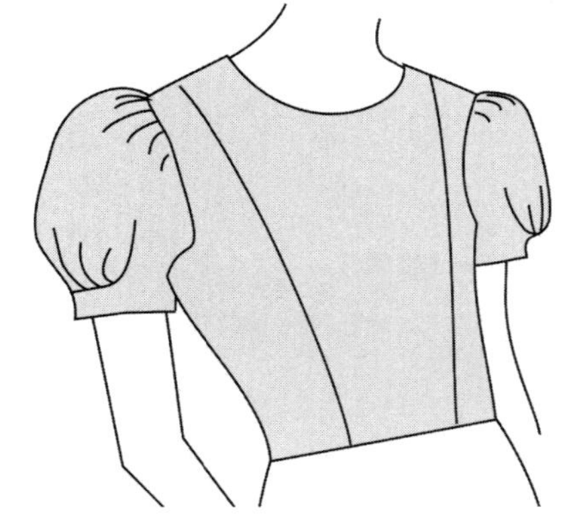

图3–185 变化灯笼袖款式图

2. **灯笼袖变化步骤**

（1）基础袖准备：打开原型袖，按灯笼袖款式特征设计袖长与曲线分割线，如图3–186所示。

（2）展开袖口：根据变化灯笼袖特征用“移动”工具把袖子按袖中线平行展开，然后进一步用“旋转”工具分别展开后袖口曲线分割面积与前袖口线曲线分割面积，如图3–186所示。

（3）完成袖造型：用“智能笔”工具圆顺连接袖山弧线与袖口分割曲线，离袖山曲线留有一定距离，

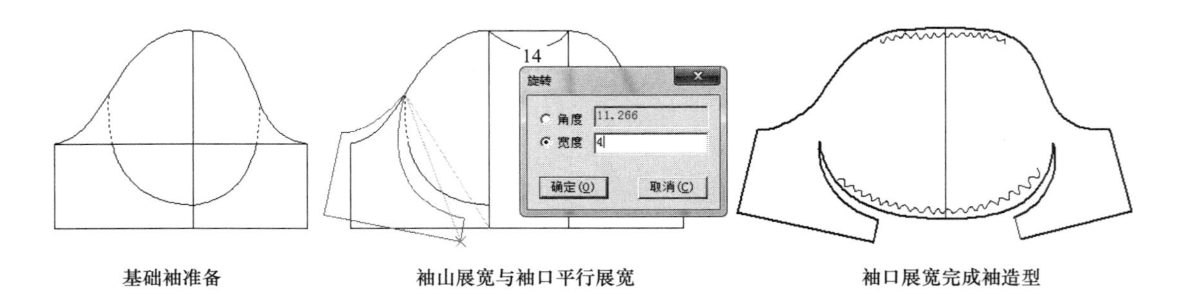

图3–186 灯笼袖变化步骤

且加上缩褶符号，如图3-186所示。

（四）耸肩袖设计

1. 耸肩袖特征

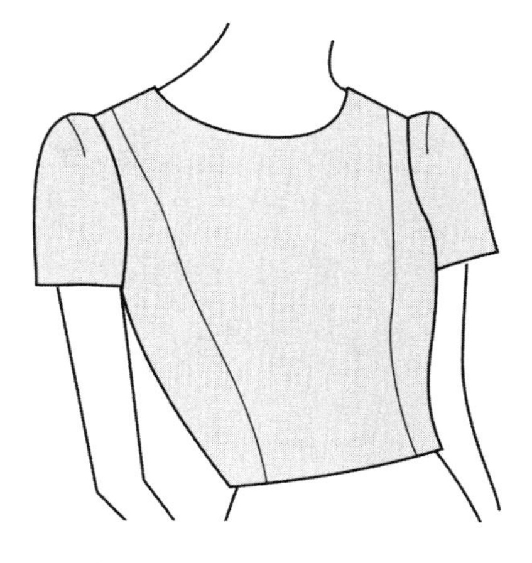

图3-187　耸肩袖款式图

袖山处有与袖山弧线平行的弧形分割，经过板型处理，可以使肩部造型耸起，缝合效果富有立体感，如图3-187所示。

2. 耸肩袖变化步骤

（1）打开原型袖，按耸肩袖款式特征，设计袖长，并且画上弧形分割线，如图3-188所示。

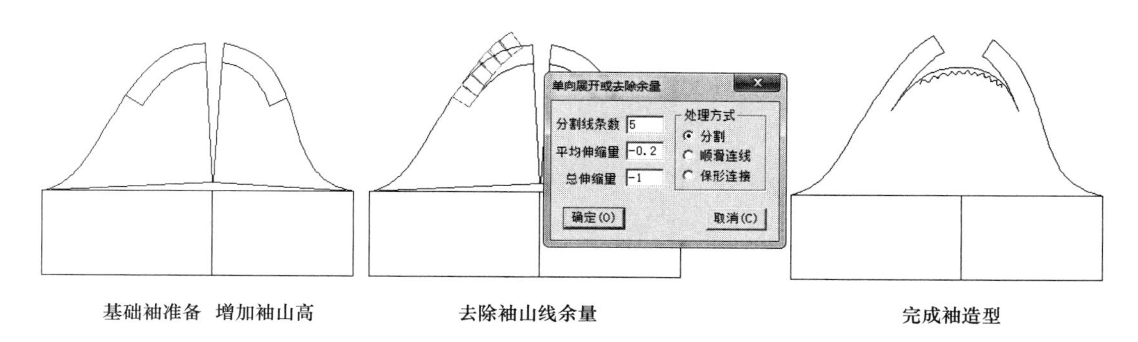

图3-188　耸肩袖变化步骤

（2）去除袖山弧线余量。

①剪断分割面积线，便于下一步工具操作，且在原位置复制袖山弧形分割线，如图3-188所示。

②用“旋转”工具展开袖山，增加袖山高与分割线处的袖山弧线，塑造耸肩袖型，如图3-188所示。

③用“分割、褶展开、去除余量”工具分别对袖山前后的分割线去除余量处理，塑造耸肩袖型，如图3-188所示。

（3）完成袖造型：用“智能笔”工具加上缩褶符号，如图3-188所示。

（五）一片合体袖设计

1. 一片合体袖特征

图3-189　一片合体袖款式图

一片合体袖只有一个裁片，一般袖肘线位置有肘省，袖子合体，如图3-189所示。

2. 一片合体袖变化步骤

（1）基础袖的准备：打开原型袖，用“智能笔”工具改小袖口宽度，并使袖中线往前偏移2cm，如图3–190所示。

（2）作出袖缝线：用“智能笔”工具作出弧线，且后袖缝延长1.5cm，并比较前后袖缝的长度（长度差在后袖缝上准备作省道），然后绘制省道位置，如图3–190所示。

（3）完成袖造型：用“插入省褶”工具作肘省，如图3–190所示。

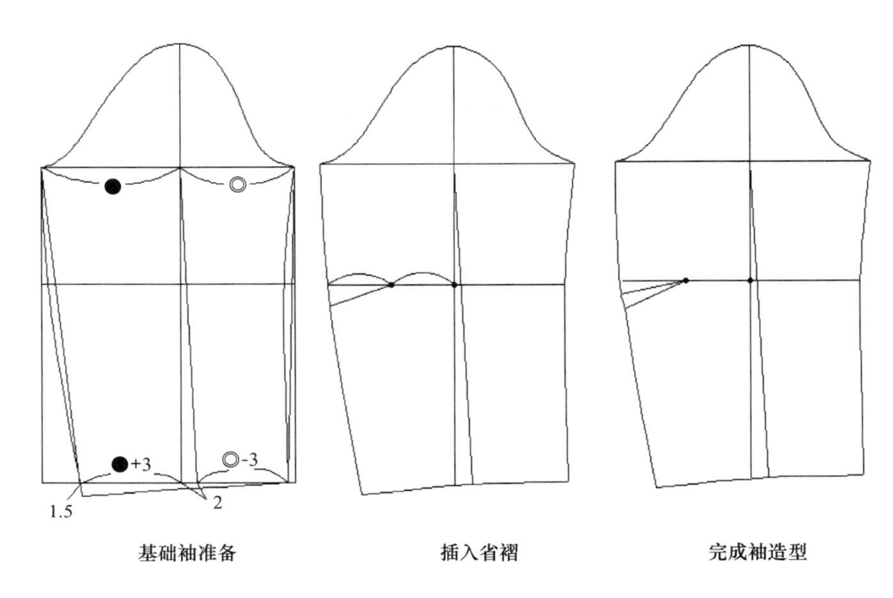

图3–190　一片合体袖变化步骤

（六）羊腿袖设计

1. 羊腿袖特征

羊腿袖一般配合窄肩设计，袖肘线以下合体，袖山部分蓬松且往高处泡起，如图3–191所示。

图3–191　羊腿袖款式图

2. 羊腿袖变化步骤

（1）基础袖的准备：打开原型袖，用“智能笔”工具改小袖口宽度，并使袖中线往前偏移2cm后，再作出袖缝线，如图3–192所示。

（2）展高袖肘与袖山：依次展开提高袖肘线以上的面积与袖山，前袖与后袖的展开高度相同，如图3–192所示。

（3）完成袖造型：用“智能笔”工具圆顺连

接袖山弧线，并加上缩褶符号，如图3-192所示。

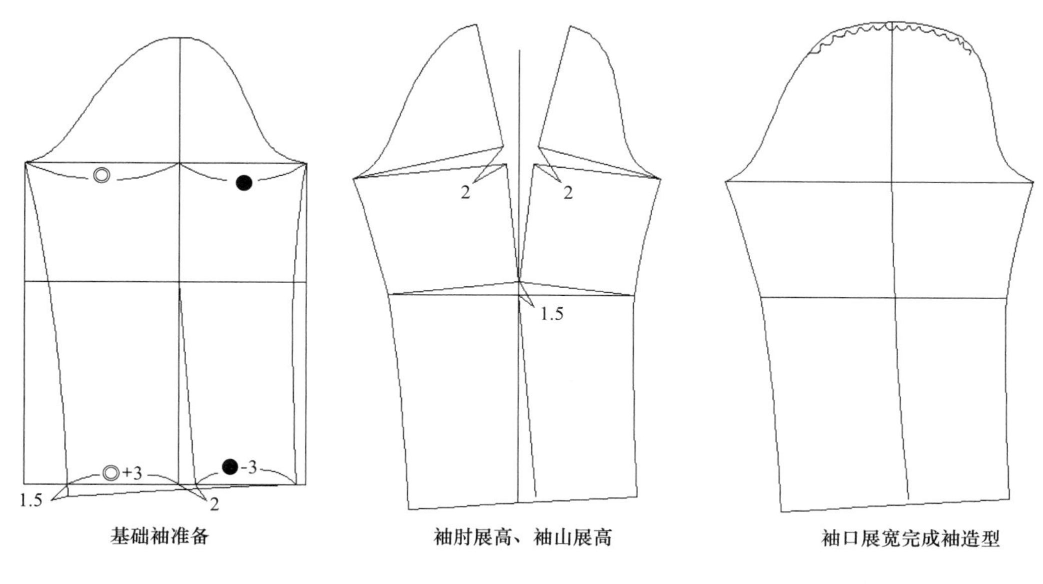

图3-192　羊腿袖变化步骤

（七）两片袖设计

1. 两片袖特征

两片袖片的整体为合体造型，多见于西装中，如图3-193所示。

图3-193　两片袖款式图

2. 两片袖变化步骤

（1）基础袖准备：打开原型袖，用“智能笔”工具，改小袖口宽度，并使袖中线往前偏移2cm后，再作出大袖袖缝线，如图3-194所示。

（2）分割大袖，拼合小袖：用“移动”工具和“旋转”工具拼合大袖分割，余下的为小袖面积，如图3-194所示。

（3）完成袖造型：用“智能笔”工具圆顺连接小袖袖缝线，完成袖造型纸样，如图3-194所示。

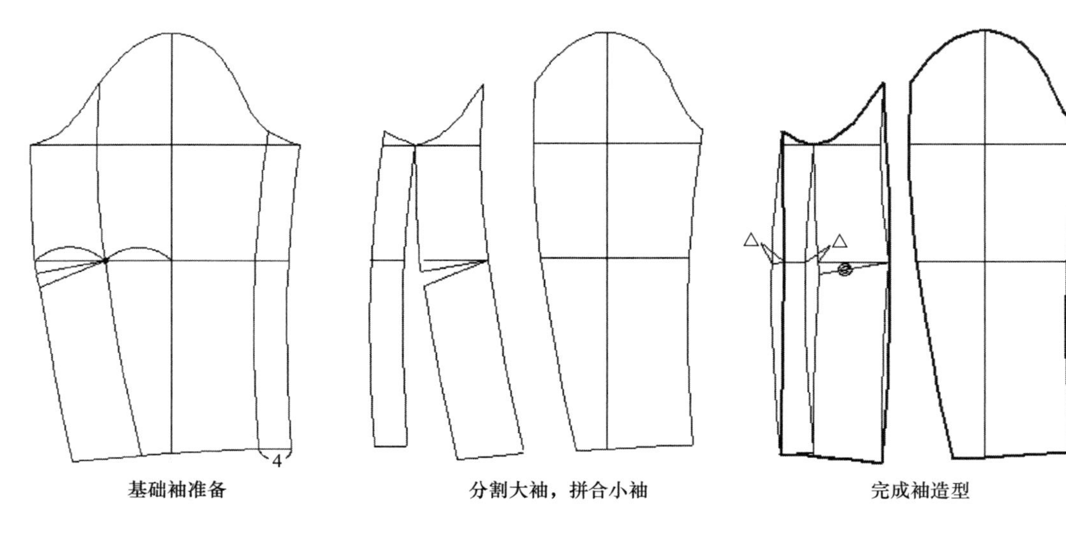

图3-194 两片袖变化步骤

五、裤子变化CAD应用

（一）锥形裤

1. 锥形裤特征

锥形裤在腰臀处宽松，脚口收紧，整体呈锥形的形状，如图3-195所示。

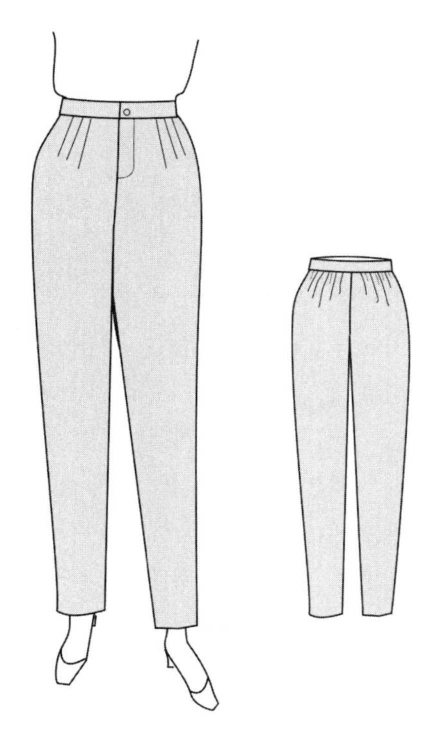

图3-195 锥形裤款式图

2. 锥形裤变化步骤

（1）基础型裤准备：打开基础型裤，执行“文档”菜单下的“另存为”命令，将文件保存为“锥形裤”，如图3-196所示。

（2）定脚口宽：删除前后片腰围线上腰省，单击“等份规”工具在脚口处定出脚口宽度，并用“智能笔”工具将脚口与膝围处相连接，如图3-197所示。

（3）裤前片变化。

①单击“旋转”工具将前裤片沿挺缝线展开，如图3-198所示。

②单击“智能笔”工具将裤腰处连接，并用“等份规”工具在前裤腰处作出等份，再单击“智能笔”工具与其他工具按成品腰围计算出的褶裥量画出褶裥，如图3-199所示。

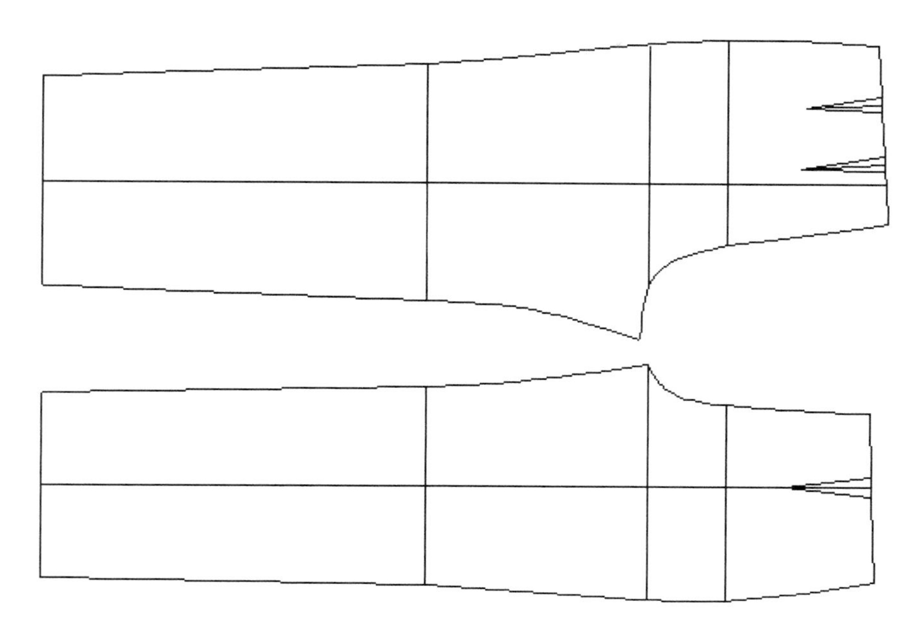

图3-196　基础型裤准备

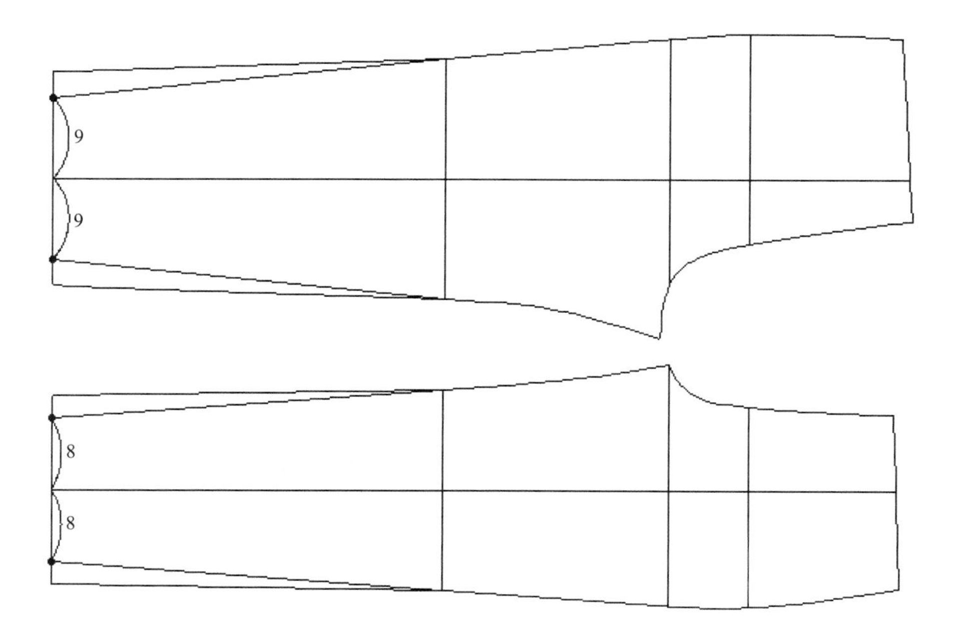

图3-197　定脚口宽

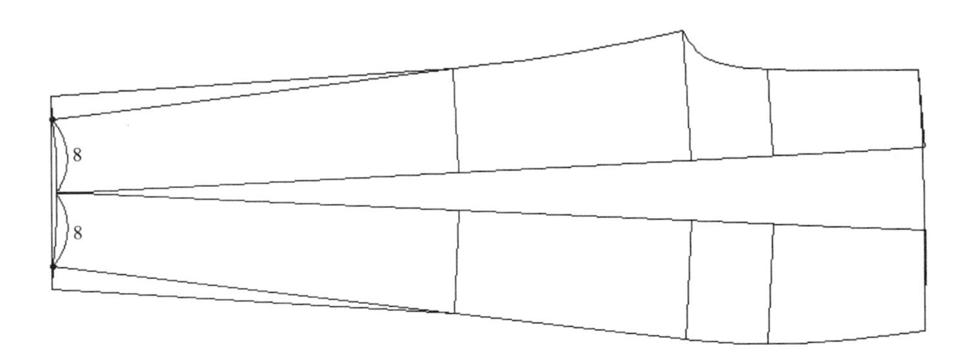

图3-198 前裤片沿挺缝线展开

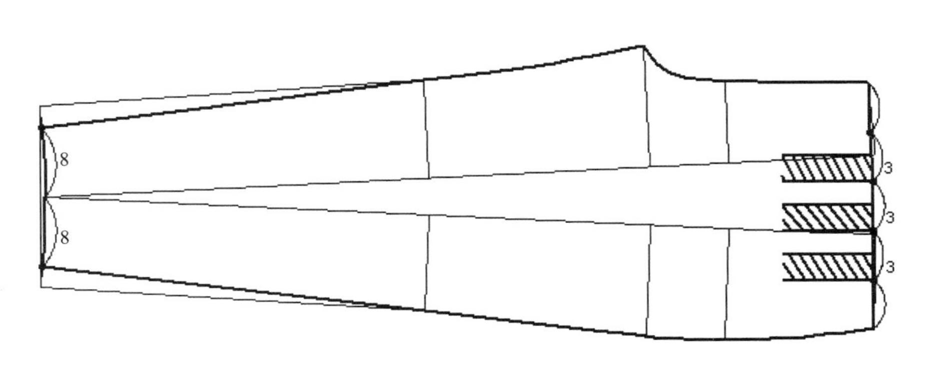

图3-199 绘制褶裥

③单击“剪刀”工具拾取前裤片，前裤片完成，如图3-200所示。

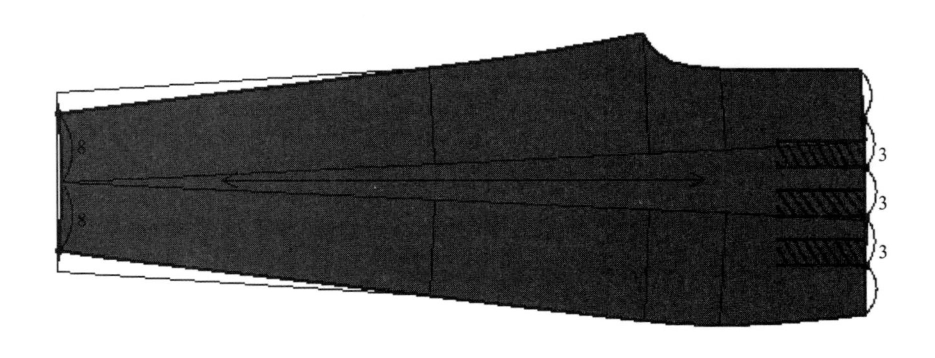

图3-200 拾取前裤片纸样

（4）裤后片变化。

①单击“旋转”工具将后裤片沿挺缝线展开，如图3-201所示。

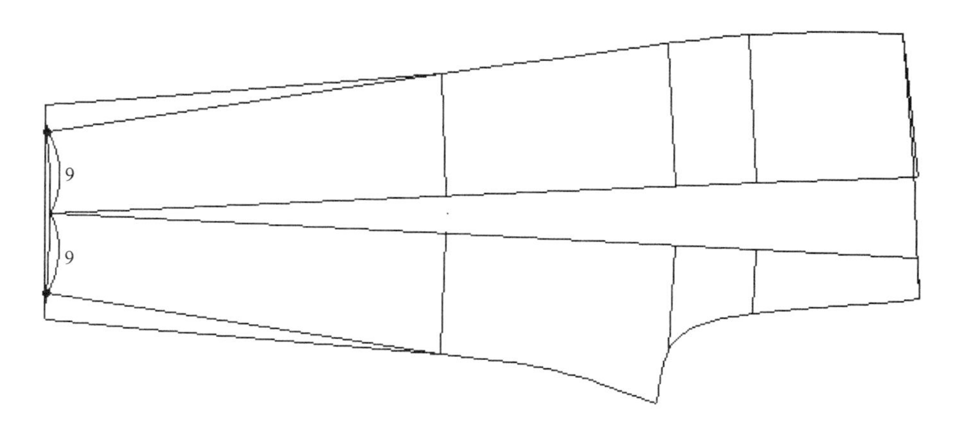

图3-201　后裤片沿挺缝线展开

②单击“智能笔”工具将裤腰处连接，并用“等份规”工具在后裤腰处作出等份，再单击“智能笔”工具与其他工具画出褶裥，如图3-202所示。

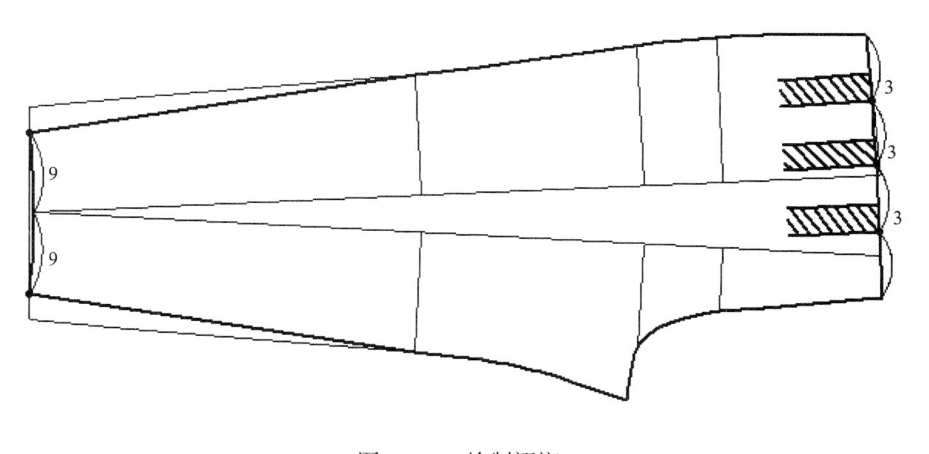

图3-202　绘制褶裥

③单击“剪刀”工具拾取后裤片纸样，后裤片完成，如图3-203所示。

（5）绘制腰、门襟与里襟，完成全部裁片，加缝份，并作对位记号及文字说明。

在纸样菜单下，点击纸样资料命令，逐一对纸样进行说明，如纸样名称、布料类型与纸样份数等，并通过加“剪口”工具等，作对位记号，设置完毕后，整个裁片如图3-204所示。

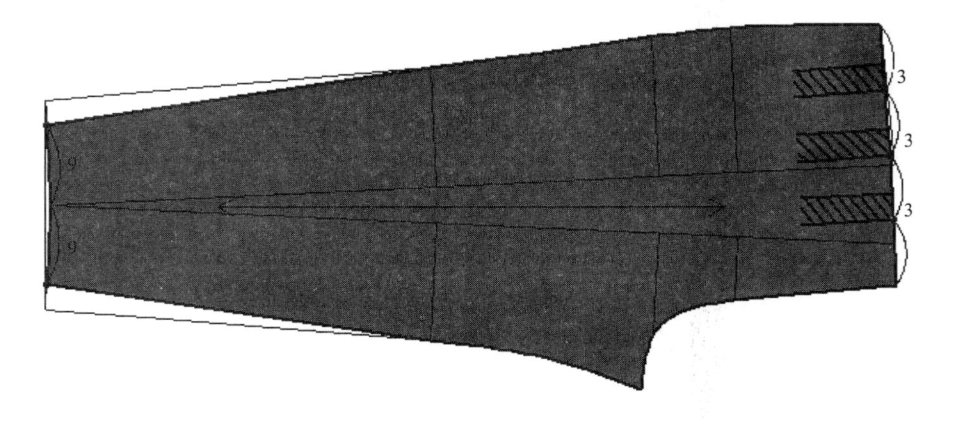

图3-203 拾取后裤片纸样

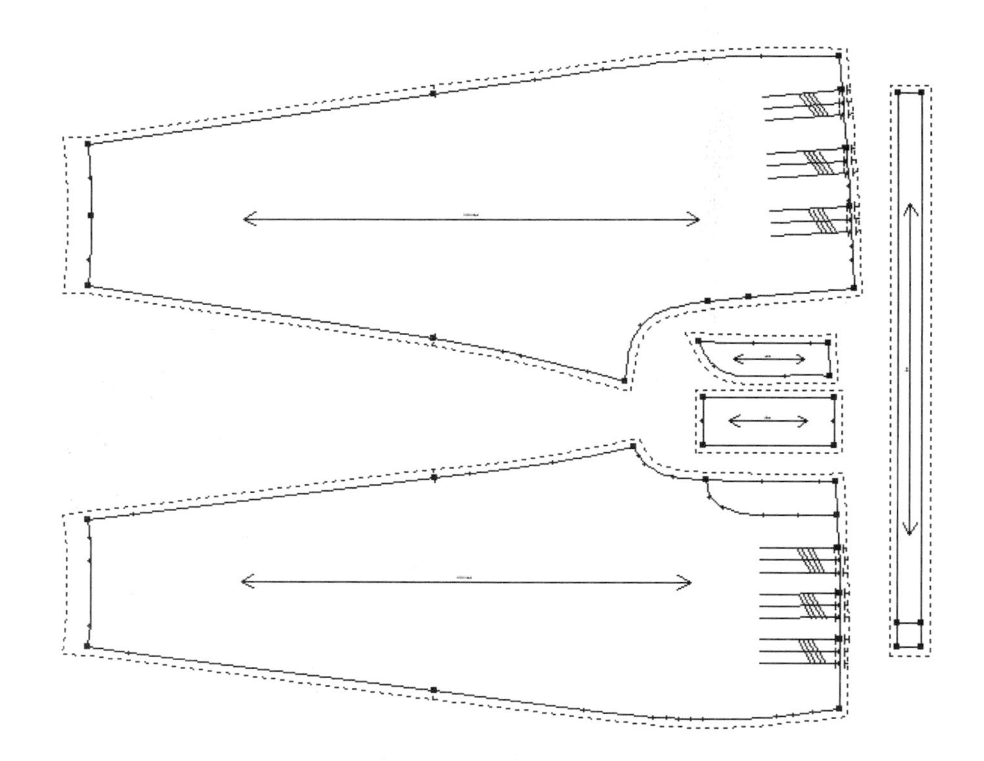

图3-204 锥形裤纸样

（二）喇叭裤

1. 喇叭裤特征

喇叭裤裤身比较修身，裤腿部呈喇叭状，低腰设计，如图3-205所示。

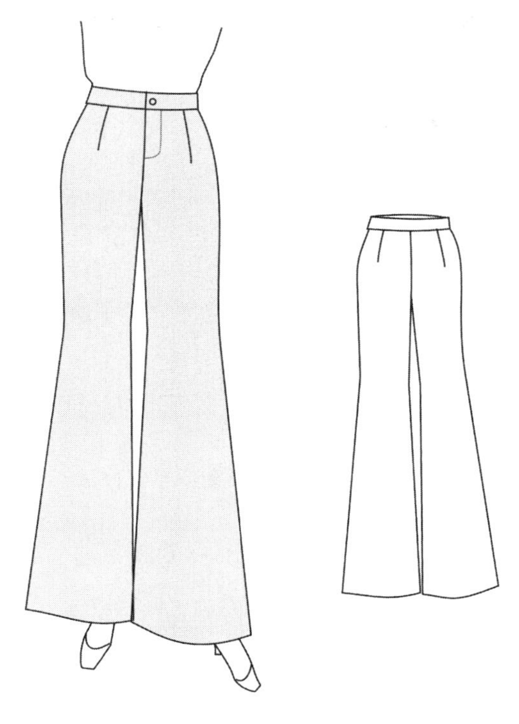

图3-205 喇叭裤款式图

2. 喇叭裤变化步骤

（1）基础型裤准备：打开基础型裤，执行菜单“文档”菜单下的“另存为”命令，将文件保存为“喇叭裤”，如图3-206所示。

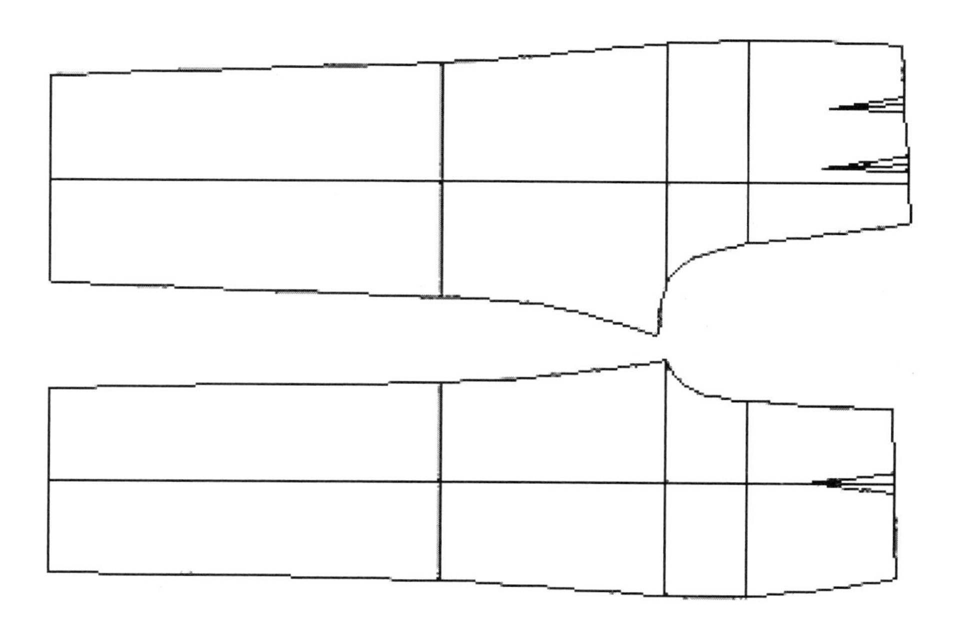

图3-206 基础型裤准备

（2）裤前片变化。

①单击“智能笔”工具将前裤片挺缝线往外延长6cm，再分别向上向下画15cm定裤脚口大，并绘制喇叭裤的腰位线与膝位线，如图3-207所示。

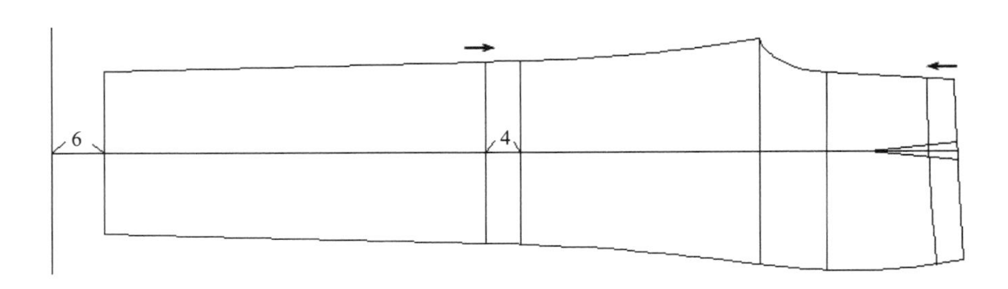

图3-207 定脚口大、腰位线与膝位线

②单击“智能笔”工具将裤脚口与膝围点处相连接，并圆顺地连接脚口，如图3-208所示。

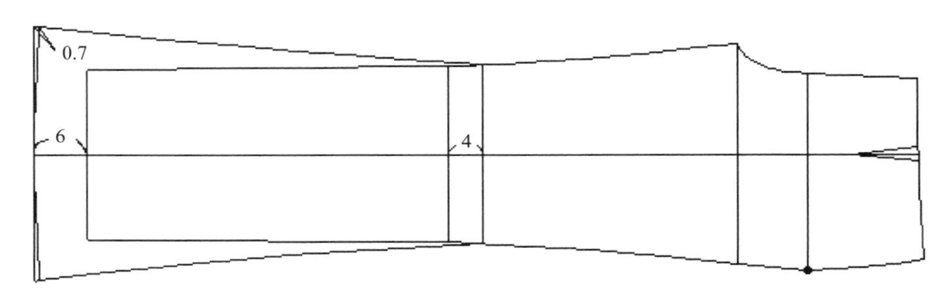

图3-208 连接脚口

③单击“剪刀”工具拾取前裤片，以此完成纸样，如图3-209所示。

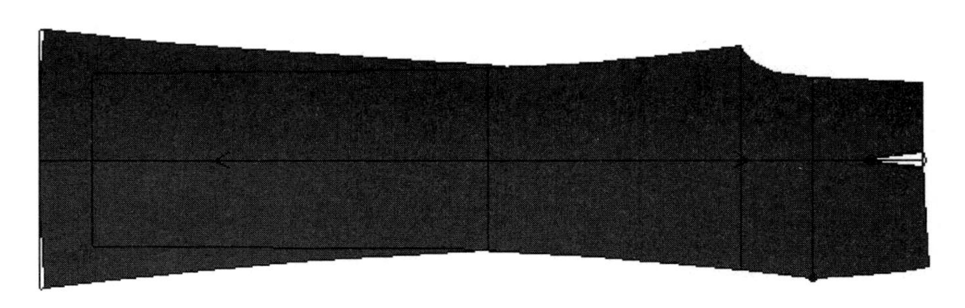

图3-209 拾取前裤片纸样

（3）裤后片变化。

①单击“智能笔”工具，将前裤片挺缝线往外延长6cm，再分别向上或向下画17cm定裤脚口大，如图3-210所示。

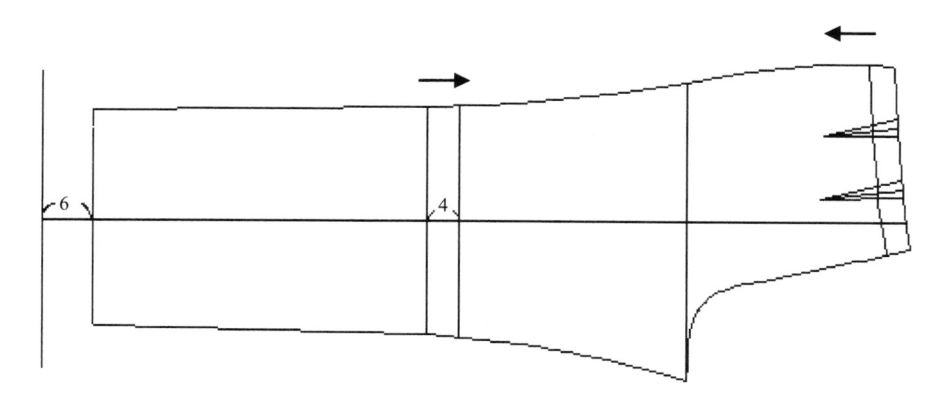

图3-210 定脚口大、腰位线与膝位线

②单击“智能笔”工具将裤脚口与膝围点处相连接，并圆顺地连接脚口，如图3-211所示。

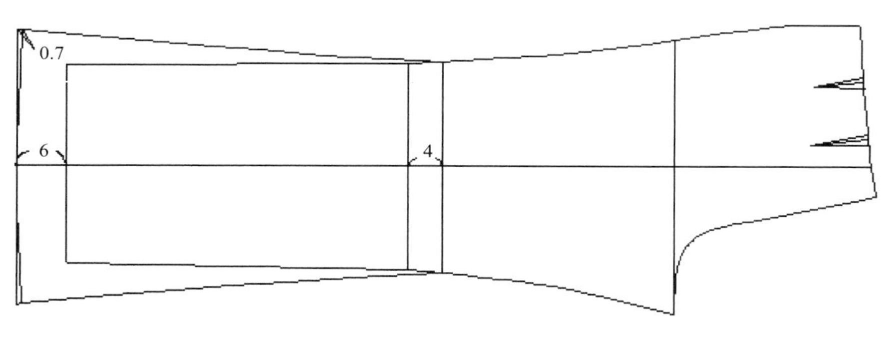

图3-211 连接脚口

③保留一个省，侧缝与后中相对应往里收进一个量，如图3-212所示。

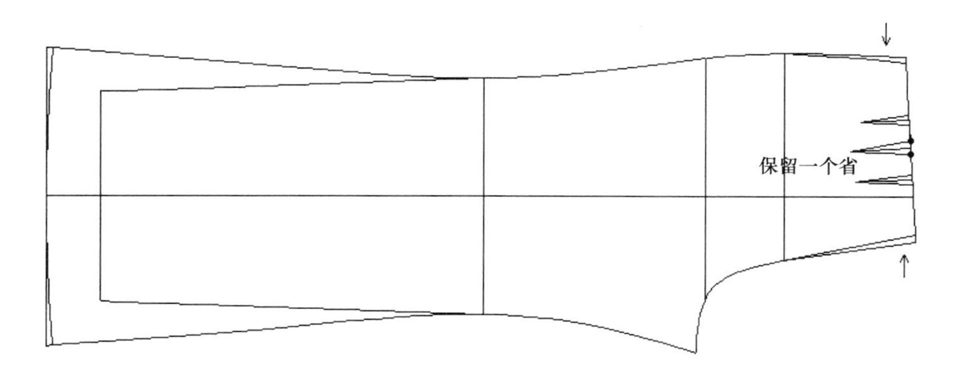

图3-212 省道变化

④单击“剪刀”工具拾取前裤片，以此完成纸样，如图3-213所示。

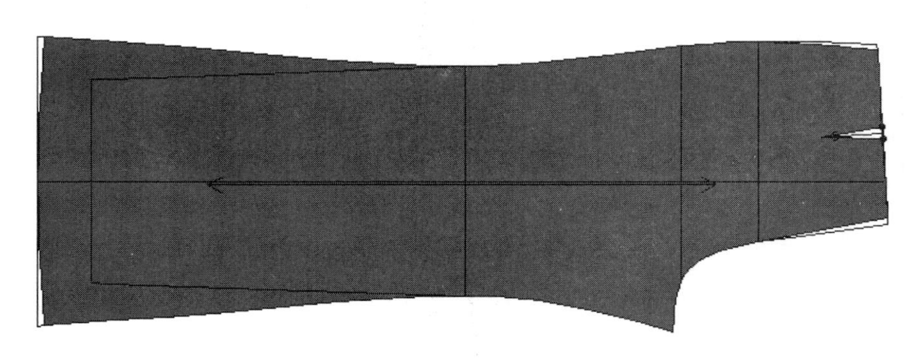

图3-213　拾取后裤片纸样

（4）裤腰设计:用“比较长度”工具测量除了省道宽的前后腰围的总长度，用“智能笔”工具绘制腰围，如图3-214所示。

（5）门襟与里襟绘制:在基础板的基础上调整就可以，调整长度同腰围线的改低尺寸，如图3-214所示。

（6）完成全部裁片对位记号及文字说明。

在纸样菜单下，点击纸样资料命令，逐一对纸样进行说明，如纸样名称、布料类型与纸样份数等，并通过加“剪口”工具等，作对位记号，设置完毕后，整个裁片如图3-214所示。

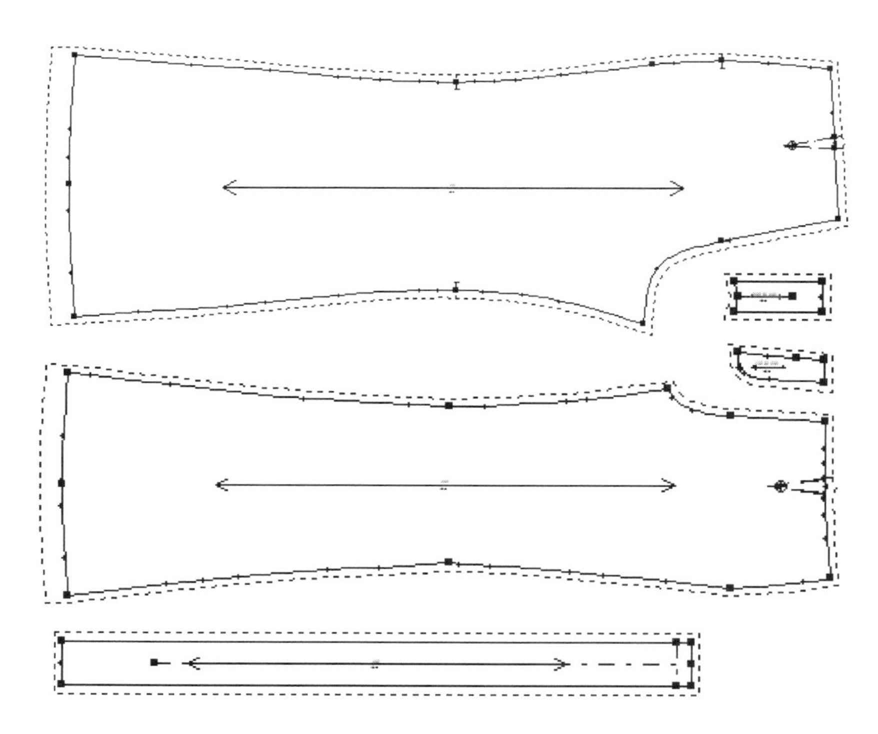

图3-214　喇叭裤纸样

（三）裙裤

1. 裙裤特征

裙裤外观似裙子，其结构与裤子相同的下装设计，如图3-215所示。

图3-215 裙裤款式图

2. 裙裤变化步骤

（1）基础型裙准备：打开基础裙，执行菜单“文档”菜单下的“另存为”命令，将文件保存为“裙裤”，如图3-216所示。

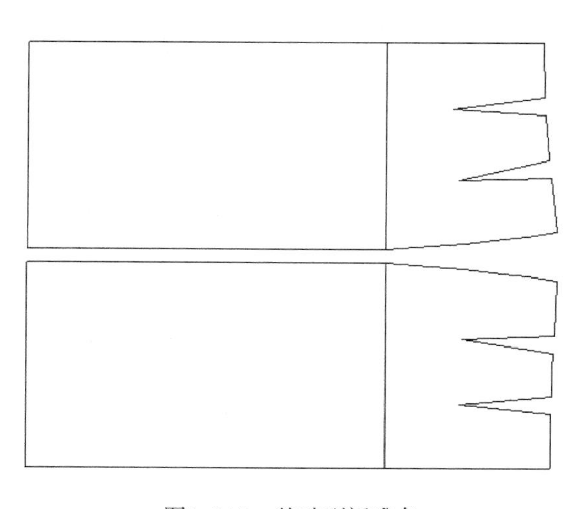

图3-216 基础型裙准备

（2）裙裤前片变化。

①用“转省”工具将前裙片的一个腰省转移至下摆，再单击“智能笔”工具在前中线向下27cm处单击往裙片外画出10cm的裆宽线，脚口连接呈直角后，效果如图3-217所示。

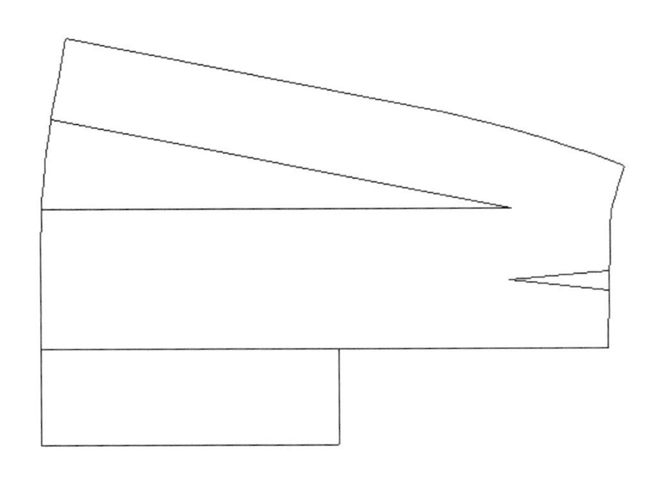

图3-217　转移腰省，并画小裆宽线

②用“智能笔”工具定出4cm长凹势，再将前片小裆连接圆顺，如图3-218所示。

③单击“等份规”工具在腰线上找到平分两等份的点，并单击“智能笔”工具在这个点上重新画出腰省线，如图3-218所示。

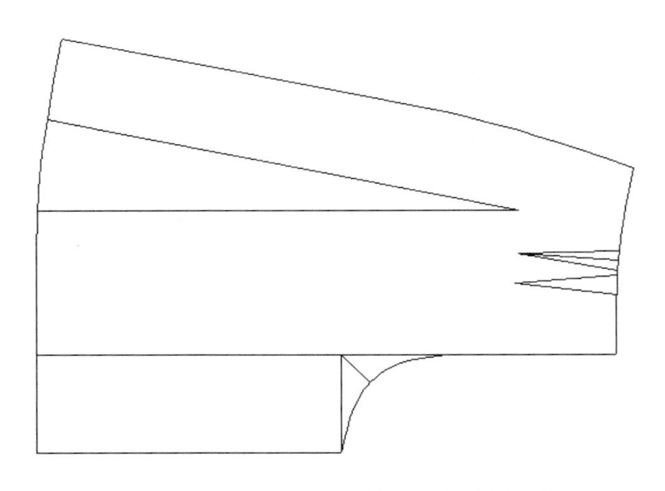

图3-218　圆顺地连接小裆，重新绘制腰省

④单击“剪刀”工具拾取裙裤前片纸样，前裤片完成，如图3-219所示。

（3）裙裤后片变化。

①用“转省”工具将前裙片的一个腰省转移至下摆，再单击“智能笔”工具在后中线向下27cm处单击往裙片外画出14cm大裆宽，脚口连接呈直角后，效果如图3-220所示。

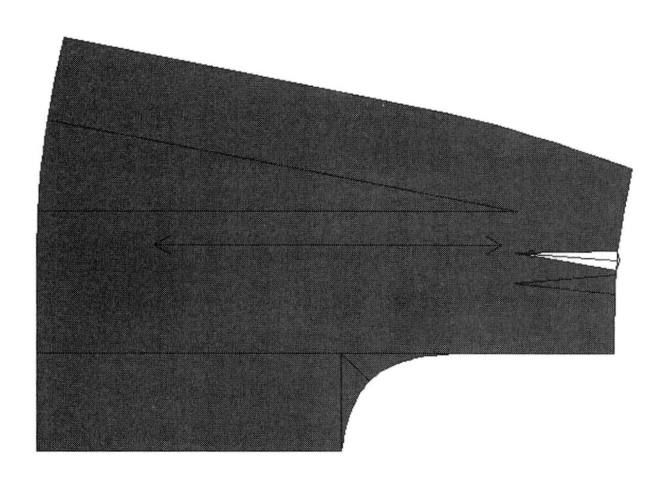

图3-219 拾取裙裤前片纸样

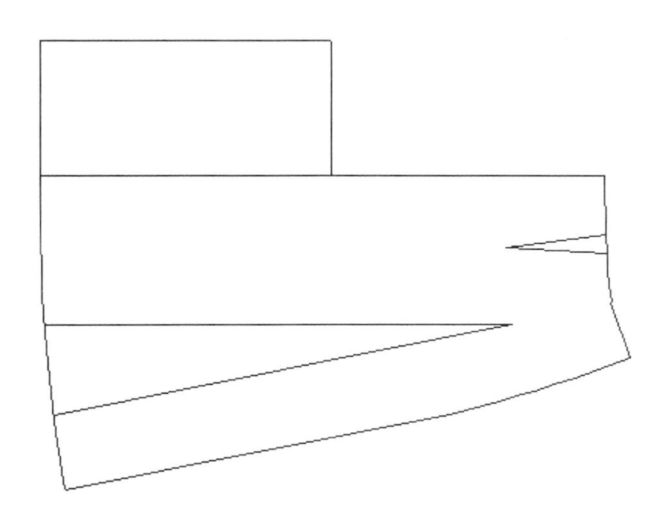

图3-220 转移腰省，并画大裆宽线

②单击“智能笔”工具定出5cm长凹势，再将后片大裆连接顺滑，如图3-221所示。

③单击“等份规”工具在腰线上找到平分两等份的点，并单击“智能笔”工具在这个点上重新画出腰省线，如图3-221所示。

④单击“剪刀”工具拾取前裤片，以此完成纸样，如图3-222所示。

（4）完成全部裁片对位记号及文字说明。

在纸样菜单下，点击纸样资料命令，逐一对纸样进行说明，如纸样名称、布料类型与纸样份数等，并通过加“剪口”工具等，作对位记号，设置完毕后，整个裁片如图3-223所示。

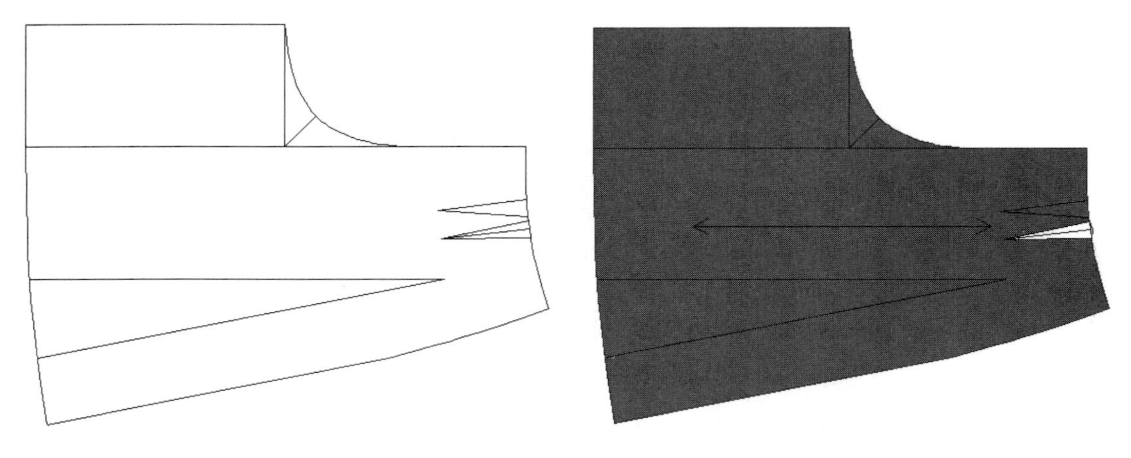

图3-221 顺滑地连接大裆，重新绘制腰省　　　　图3-222 拾取裙裤后片纸样

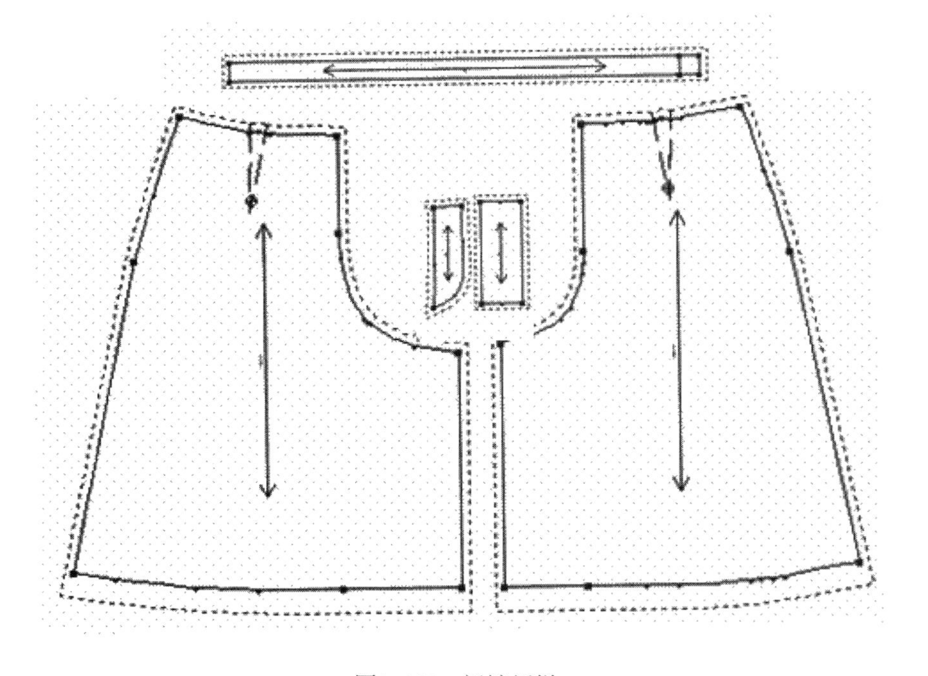

图3-223 裙裤纸样

第三节 服装CAD工艺单制板应用

工艺单是生产过程中进行技术交流与管理的文件。工艺单制板是指根据工艺单中提供的款式图、尺码表以及其他技术要求制板，制板过程中还可以完善工艺单。服装生产样板的制作流程一般包括制板、核板、样衣制作、调板、确定样板、纸样放缩与排料。在生产

样板制作过程中要进行样板的缩率设计，且一定要与生产环节相呼应。由于服装在生产过程中有热缩、水缩和工艺缩率，因此在制板过程中要把缩率计算进去。缩率有的是直接计算到样板中，有的在排料时加进去，粗裁后用粘衬机预缩后精裁。热缩有缝制前预缩与生产过程中的热缩；水缩有生产前预缩和生产后水洗缩率；工艺缩率是指在加工过程中，曲线会做长，如前裆弧线、后裆弧线以及袖窿夹圈等，而直线会做短，如裤长、腿围、脚口、中裆、衣长、胸围、摆围以及袖长等。因此，在制板过程中，要根据此特性，在板型中加放、缩小一定的量。最终通过样衣，修改样板，确定样板尺寸，进入下一环节的放码、排料等工序。

一、休闲裤工艺单制板

休闲裤工艺单制板，可在基础型裤上修改，也可重新根据裤的结构原理指导绘制，制板后样衣尺寸必须要与工艺单中的尺码表相吻合，与客户提供的样衣风格、工艺特征相一致。

（一）款式特征

中裤为低腰、臀部合体的休闲裤，腰部侧缝拼缝，前片无省道，后片左右各设一个省道，前门襟装拉链，如图3-224所示。

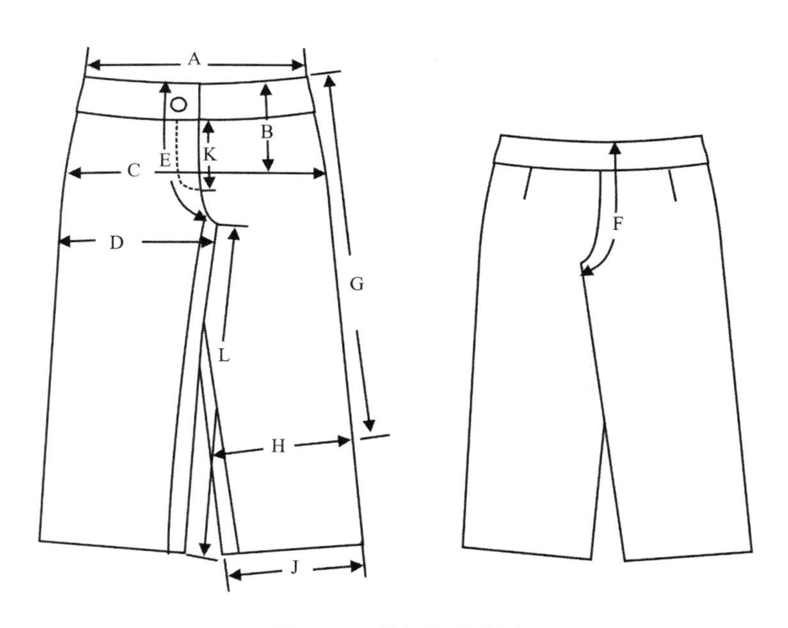

图3-224 休闲裤款式图

（二）女裤尺码单

女裤尺码单见表3–1。

表3–1 女裤尺码单 单位：cm

部位＼尺寸	序号	XS	S	M	L	XL
腰围	A	37	39	41	43	45
腰口到臀围线长度	B	12	12	12.5	12.5	13
臀围/腰口下12cm	C	44	46	48	50	52
腿围/裆下2cm	D	26	27	28	29	30
前裆弧线/含腰头	E	19.5	20	20.5	21.5	22.5
后裆弧线/含腰头	F	29.5	30	30.5	31.5	32.5
膝围高/含腰（G）	G	50	50	52	52	54
膝围/腰下50cm	H	21	22	23	24	25
脚口	J	21	22	23.6	24	25
门襟长	K	7	7	7.35	7.5	8
内缝长	L	48	48	50	50	52
腰高	M	4	4	4	4	4

（三）休闲裤工艺单制板步骤

1. 设计制板尺寸

面料有弹性需要在生产前进行预缩，制板过程中要考虑工艺缩率，以工艺单中M号设计制板尺寸，加放工艺缩率后进行制板，制板尺寸见表3–2。

表3–2 裤制板尺寸表 单位：cm

部位＼尺寸	序号	M	设计工艺缩率后	前片制板尺寸	后片制板尺寸
腰围	A	41	40.6	40.6/2–1=19.3	40.6/2+1=21.3
腰口到臀围线长度	B	12.5	12.5	12.5	12.5
臀围/腰口下12cm	C	48	48.3	48.3/2–1=23.3	48.3/2+1=25.3
腿围/裆下2cm	D	28	28.3		
前裆弧线/含腰头	E	20.5	20	20	
后裆弧线/含腰头	F	30.5	29.5		29.5
膝围高/含腰	G	52	52.5	52.5	
膝围/腰下（G）	H	23	23.2	（23.2–2）/2=21.2	21.2+4=25.2
脚口	J	23.6	23.8	（23.8–2）/2=21.8	21.8+4=25.8

续表

部位 \ 尺寸	序号	M	设计工艺缩率后	前片制板尺寸	后片制板尺寸
门襟长	K	7.35	7.4	7.4	
内缝长	L	50	50.8	50.8	
腰高	M	4			

2. 基础型裤准备

打开基础型裤，保留基础线，删除省道后，如图3-225所示。

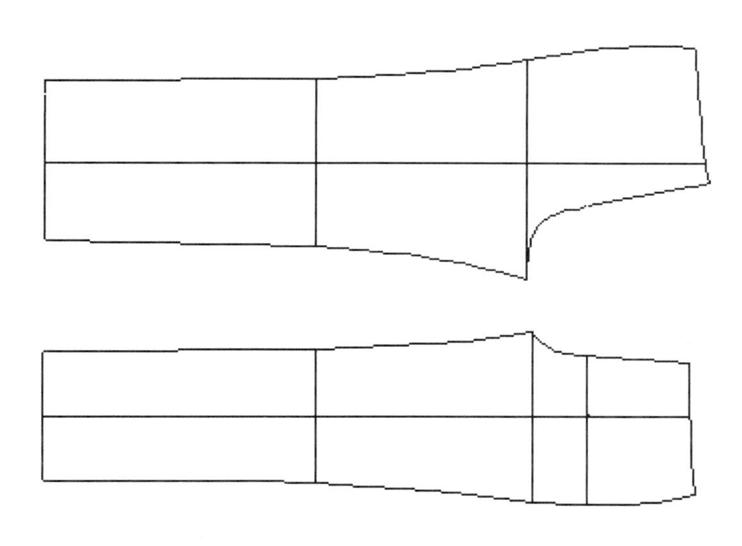

图3-225 基础型裤准备

3. 把基础型裤前片修改为本款式前片

（1）绘制前裆弧线，测量基础型裤前裆弧线长，前裆弧线上取前裆弧线制板尺寸20cm的点，即找到前腰中心点，并用“智能笔”工具绘制过该点作基础型裤腰的平行线，得到本款式制板腰线的位置；再作制板腰线的平行线臀围线，线距为工艺单中B尺寸12.5cm，则绘制了工艺单中臀围线C位置，删除基型裤臀围线，如图3-226所示。

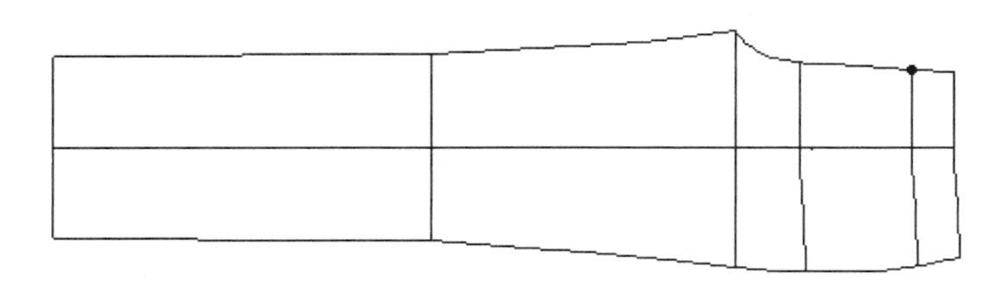

图3-226 绘制前裆弧线、腰围线与臀围线

（2）删除制板腰线右边部分，用“比较长度”工具测量臀围线长度，与制板尺寸相比较，且以前中线为参照，用“调整”工具往两边均衡改宽或改窄，根据造型需要，小裆宽可考虑不调整，把前片臀围长度修改为工艺单中的制板尺寸，如图3-227所示。

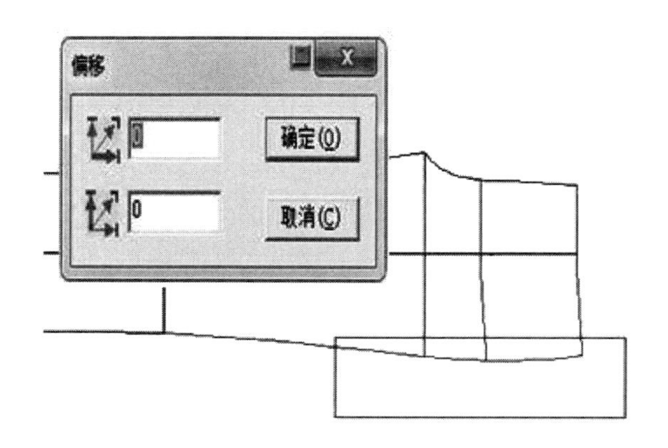

图3-227 绘制臀围宽

（3）用同样的方法，分别测量膝围与脚口围，膝围高与内缝长，再通过“调整”工具把以上尺寸改为制板尺寸，如图3-228所示。

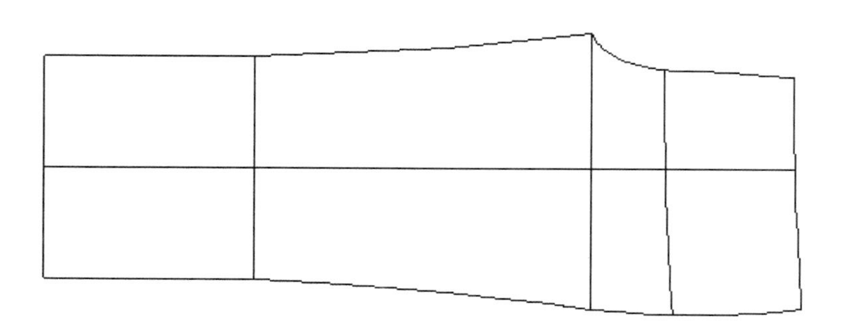

图3-228 绘制膝围、脚口围、膝围高与内缝宽

（4）用“比较长度”工具测量腰围尺寸，与制板尺寸相比较，多余的量为省道，省尖点相对臀围位置设计好，省大2cm，省长略6cm，再用“智能笔”工具绘制腰的平行线，腰头高4cm，得到腰缝拼接线的位置，省道交腰缝拼接线控制在0.5cm左右，必要时调整腰省尖点，如图3-229所示。

（5）与腰缝拼接线相交的所有结构线用“剪断线”工具剪断，并用“移动”工具复制粘贴腰缝部分到新位置，如图3-230所示。

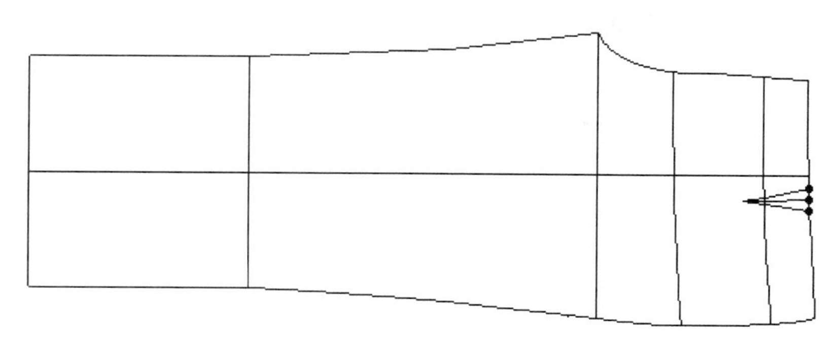

图3-229　绘制腰围与省

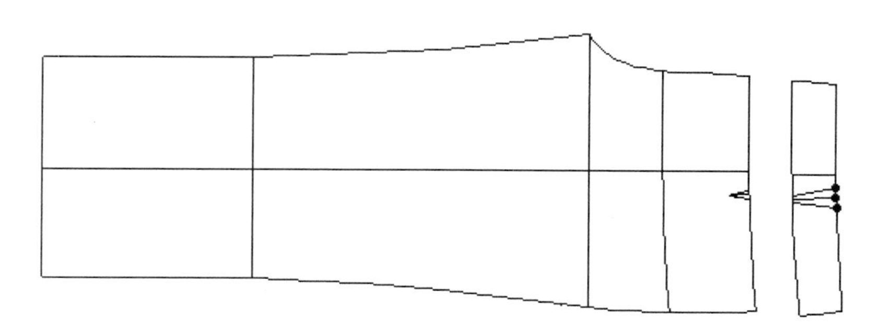

图3-230　分离腰头

（6）左边省道部分量通过工艺归缩来处理，右边腰部分，删除省道后用“移动”工具和“旋转”工具拼合省道并画顺，如图3-231所示。

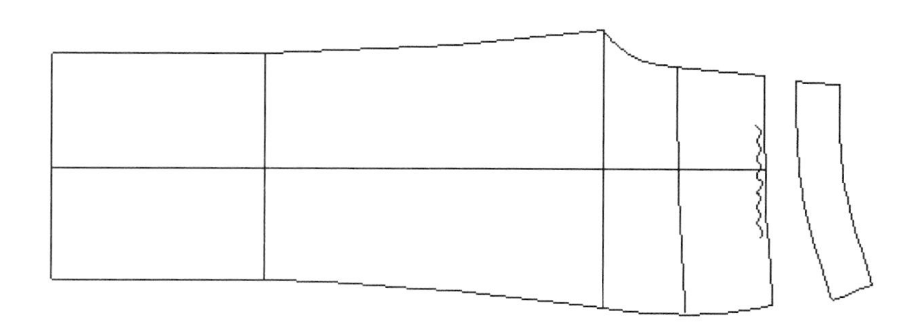

图3-231　合并腰省并画顺腰

4. 把基础型裤后片修改为本款式后片

（1）确定后裆弧线与侧腰点位置：在基型裤上找到后裆弧线制板尺寸29.5cm的点，在侧缝线上找到侧腰点，侧腰点到横裆线长度等于前片横裆线上侧缝长度（含腰头），并圆顺地连接腰线，该腰线为本款式制板腰线，如图3-232所示。

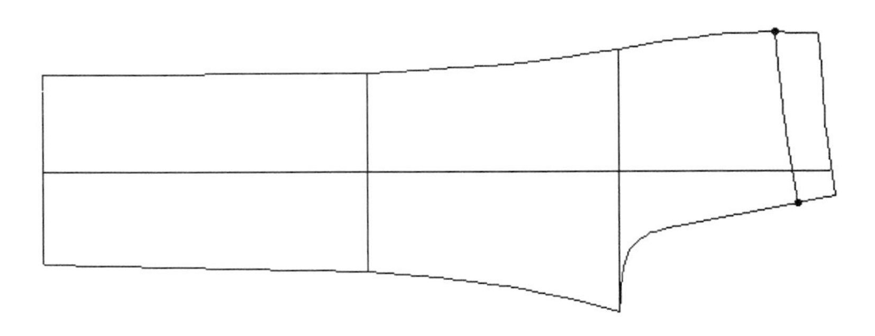

图3-232　确绘制后裆弧线与侧腰点

（2）删除制板腰线右边部分，并作制板腰线平行线，线距为12cm，得到后片臀围线。测量该尺寸后，与后片臀围制板尺寸比较，相对后中心线，与前片方法一样，宽了改窄，窄了改宽。根据造型要求，大裆宽可考虑不调整，但欧美体型要考虑后裆斜线倾线量略大，该点偏进0.5cm，如图3-233所示。

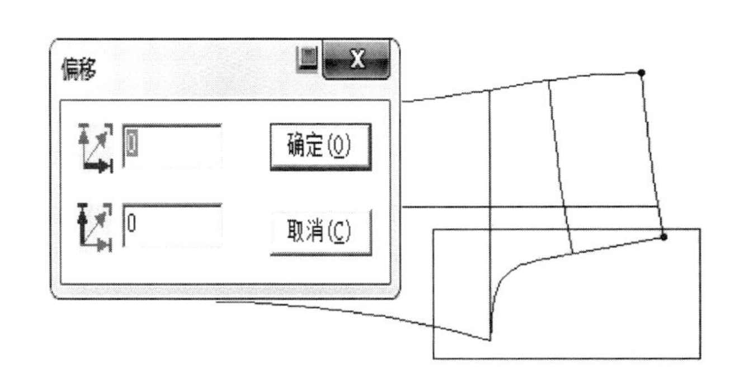

图3-233　绘制臀围线与臀围宽

（3）与前片方法一样，调整好后片膝围线与脚口线位置，并修改膝围大和脚口大与制板尺寸一致，如图3-234所示。

（4）分别作前后片的横裆下2cm平行线，并测量此部位的尺寸与制板尺寸相比较，如果尺寸大了，调整前后裆宽与侧缝，不要调整臀围大，测缝直顺符合人体特征为准。大裆大调整的比例略大，是前裆宽的2倍左右，前后裆宽调整的同时，前后裆弧线的尺寸相对制板尺寸也改变了，因此要再进行修改。前片需把整个腰缝线往右平行修改不足的量即可；后片在不影向后裆斜线倾斜度的情况下，也同前片一样平行往右修改后裆弧线不足的量。同时，保证前后片横裆线到侧腰点的缝长相等，修改后效果如图3-235所示。

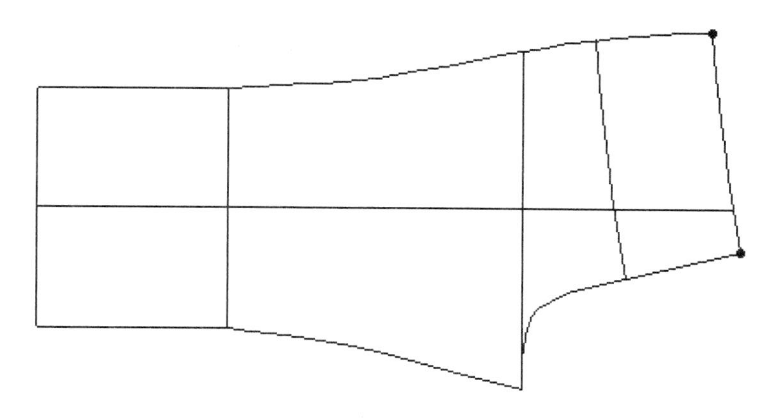

图3-234　绘制膝围与脚口围

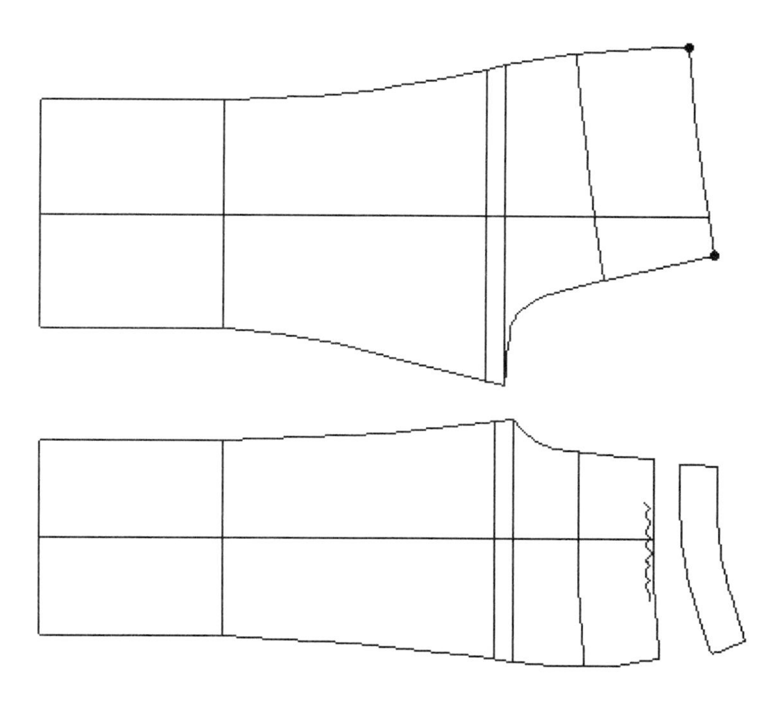

图3-235　横裆与大小裆调整

（5）用“比较长度”工具测量腰围尺寸，与制板尺寸相比较，多余的量为省道，省尖点相对臀围位置设计好，省大2cm，省长略6cm，再用“智能笔”工具绘制腰的平行线，腰头高4cm，得到腰缝拼接线的位置，如图3-236所示。

（6）与腰缝拼接线相交的所有线用“剪断线”工具剪断，并用“移动”工具复制腰缝部分到新位置后，效果如图3-237所示。

（7）右边腰部分，删除省道后用“移动”工具和“旋转”工具拼合省道画顺，如图3-238所示。

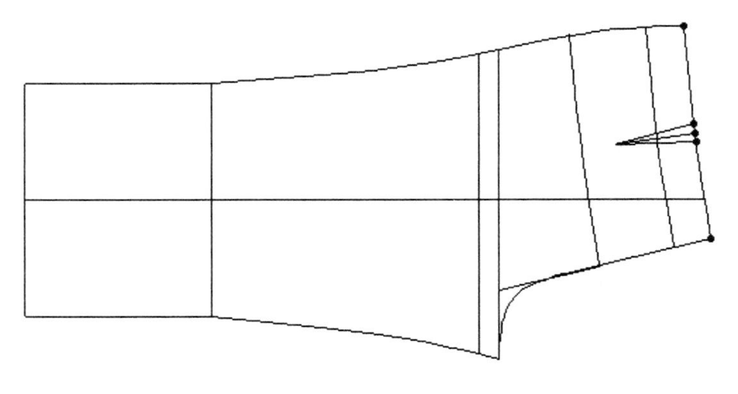

图3-236 绘制腰围线

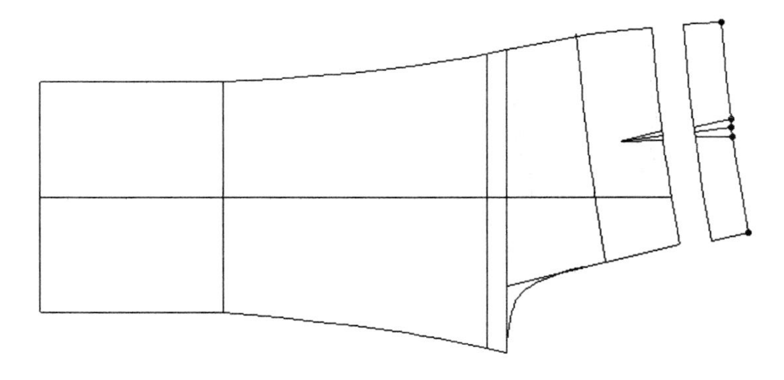

图3-237 分离腰头

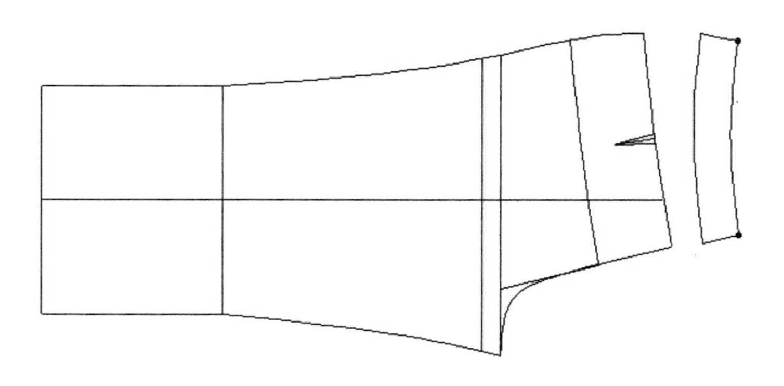

图3-238 合并腰省并画顺腰头

5. **完成腰头、门襟与里襟的绘制**

（1）核实并调整腰围，合并腰侧，根据工艺单要求，裤腰分左腰、右腰与后腰，右腰搭门宽2cm，如图3-239所示。

（2）绘制门襟、里襟：在前裆弧线上，根据工艺单提供的尺寸设计门襟，并设计制作里襟，如图3-240所示。

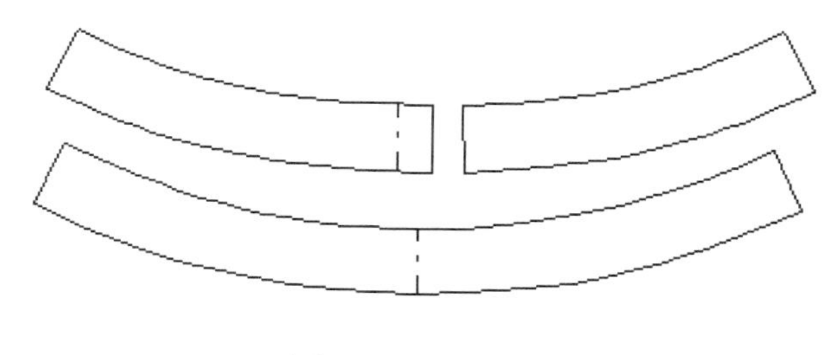

图3-239　腰头绘制

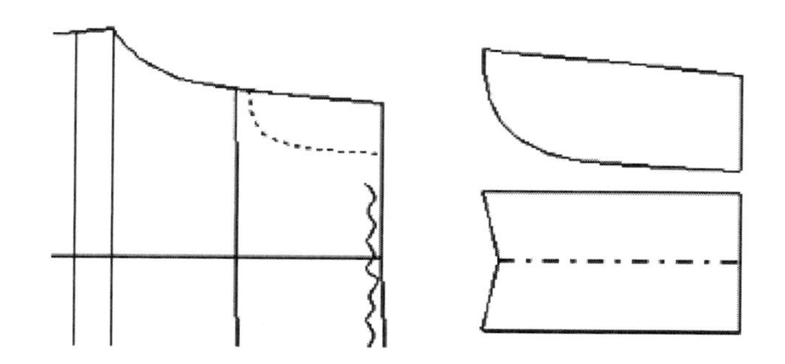

图3-240　绘制门襟、里襟

6．完成全部裁片，加缝份，并作对位记号及文字说明

在“纸样”菜单下，单击“纸样资料”命令，逐一对纸样进行说明，如纸样名称、布料类型与纸样份数等，并通过加“剪口”工具等，作对位记号等。在完成缝边过程中，一要设计好缝角类型，保证缝合长度合理；二要前后片下裆缝缝角与内缝垂直，侧缝腰点缝角与侧缝呈直角，且缝角长度相等设置完毕后，完成整个裁片，如图3-241所示。

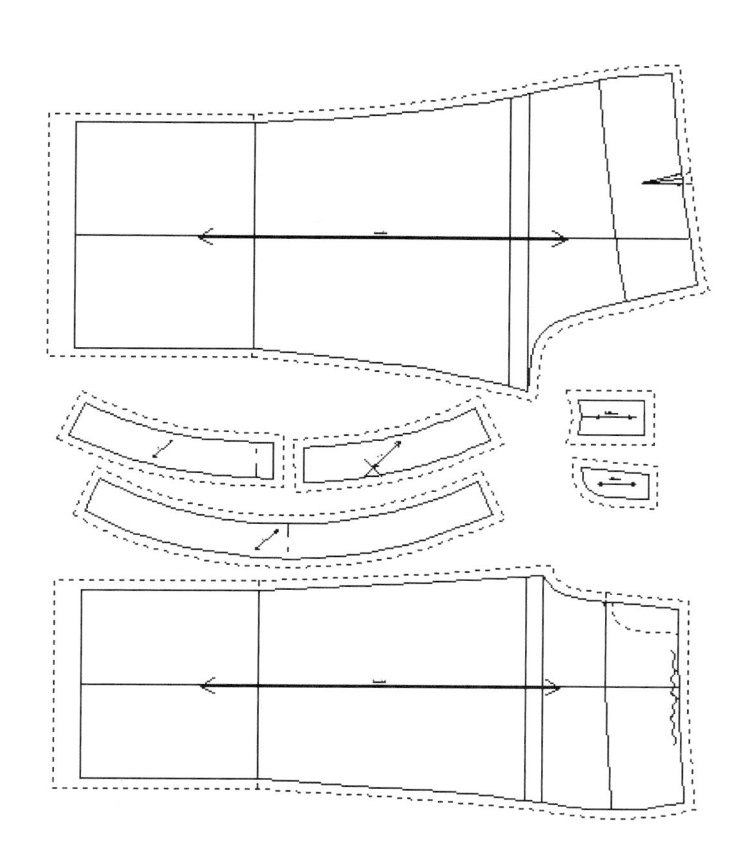

图3-241　休闲裤纸样

二、刀背缝衬衫工艺单制板

刀背缝衬衫工艺单制板可在基础型衬衫上修改，也可重新根据上衣的结构原理指导绘制，制板后样衣尺寸必须要与工艺单中的尺码表相吻合，与客户提供的样衣风格，工艺特征相一致。

（一）款式特征

刀背缝衬衫造型合体，前后刀背缝设计，衬衫领，明门襟，缉明线，如图3-242所示。

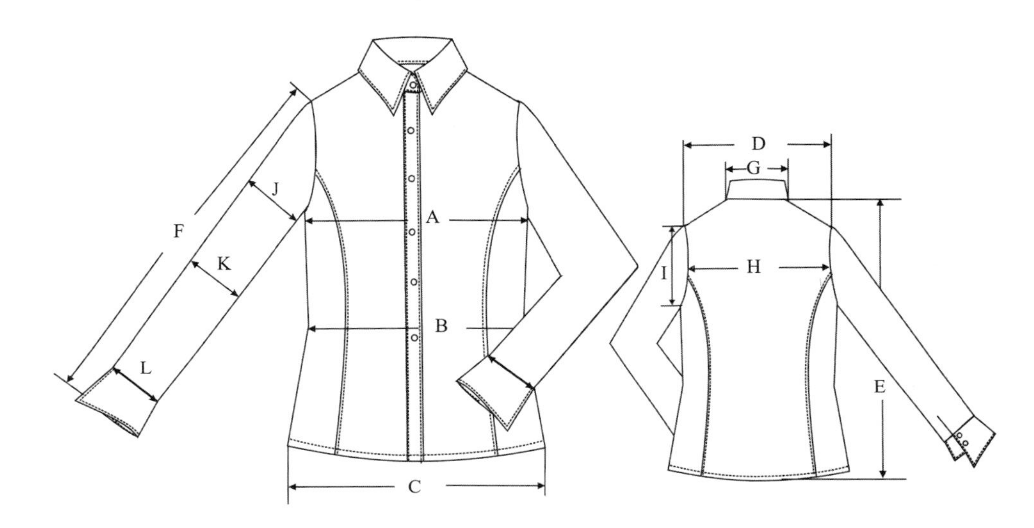

图3-242 刀背缝衬衫款式图

（二）衬衫尺码单

衬衫尺码单见表3-3。

表3-3 衬衫尺码单 单位：cm

部位＼尺寸	序号	XS	S	M	L	XL
胸围1/2（腋下2cm）	A	44	46	48	50	52
量腰位置后领中心点下		38. 5	38. 5	39. 5	39. 5	40. 5
腰围1/2	B	37	39	41	43	45
摆围1/2	C	47	49	51	53	55
肩宽	D	37	38	39	40	41
后衣长	E	56	56	58	58	60

续表

尺寸 部位	序号	XS	S	M	L	XL
袖长	F	60	60	62	64	64
后领弯	G	19.5	20	19	21.5	22.5
背宽（后领弯下11cm背宽）	H	17	18	19	20	21
后袖窿深	I	19	19.5	20	20.5	21
上臂围1/2（腋下2cm）	J	16	16.5	17	17.5	18
衬围1/2	K	15	15.5	16	16.5	17
袖口1/2	L	12	12.5	13	13.5	14
袖克夫高		11	11	11	11	11
领高		4	4	4	4	4

（三）衬衫工艺单制板步骤

1. 设计制板尺寸

生产前进行预缩，制板过程中要考虑工艺缩率，以工艺单中M号设计制板尺寸，加放工艺缩率后进行制板，制板尺寸见表3-4。

表3-4 衬衫制板尺寸表 单位：cm

尺寸 部位	序号	M	设计工艺缩率后	后片制板尺寸	前片制板尺寸
胸围1/2（腋下2cm）	A	47	47.5	47/2-0.5（不含省道量）	47/2+1
量腰位置（后领中心点下）		39.5	39.7	39.7	
腰围1/2	B	41	41	41/2-0.5（不含省道量）=20	41/2+0.5（不含省道量）=21
摆围1/2	C	52	52.8	52/2+0.4=26.4	52/2+0.4=26.4
肩宽	D	41	40	20	
后衣长	E	58	58.6	58.6	
袖长	F	62	62.7		
后领弯	G	17	17	8.5	
领围		39			
背宽（后领弯下11cm背宽）	H	36	36．4	18.2	
后袖窿深	I	20	20.1	20.1	

续表

部位 \ 尺寸	序号	M	设计工艺缩率后	后片制板尺寸	前片制板尺寸
上臂围1/2（腋下2cm）	J	17	17.2		
衬围1/2	K	16	16.2		
袖口1/2	L	13	13.2		

2. **衬衫后片制板**

（1）用“智能笔”工具根据后片制板尺寸绘制后衣长，再用该工具绘制后领宽7.5cm、高2.2cm的领口方框，且绘制后领弯线，测量该曲线的总长度，与后领弯线制板尺寸比较，不足的尺寸通过“调整”工具改变领宽来调整到位，如图3-243所示。

图3-243　绘制后衣长与后领弯线

（2）用“智能笔”工具绘制后肩线，使用时对准肩颈点，按Enter键，在弹出的窗口内输入肩斜比值15：4.5（即水平值输入-4.5，纵向值输入-15，得到肩斜方向），确定窗口后，再单击肩颈点，如图3-244所示。

（3）根据肩宽尺寸，用“智能笔”工具找到肩端点，并根据后袖窿深制板尺寸得到胸围线，且根据制板尺寸绘制后胸围大23.5cm，根据背宽位置，用“智能笔”工具画出背宽18.2cm，如图3-244所示。

（4）用“智能笔”工具画出背宽线与袖窿凹势2.7cm，连接袖窿弧线，并连接侧缝线，下摆侧起翘1cm，并根据款式特征画顺，如图3-245所示。

（5）根据工艺单中的款式图，设计后片刀背缝分割线（如果有样衣，那就一定要依据样衣尺寸绘制该条线），腰省量3cm，通过胸围省量0.7cm，根据款式特征将分割线画顺，完成后衣片结构制图，如图3-245所示。

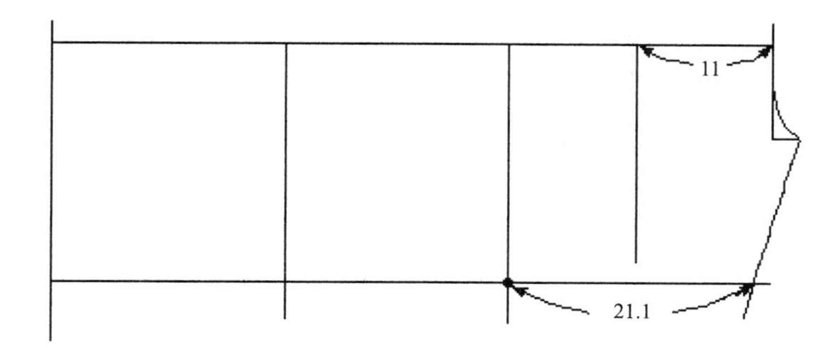

图3-244 绘制肩宽、胸宽与胸围线

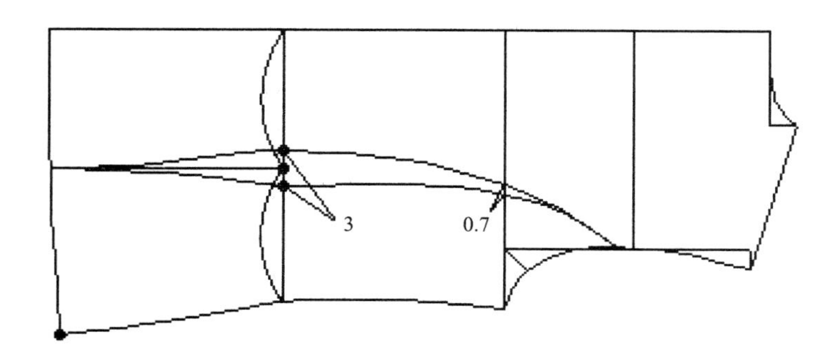

图3-245 完成后衣片结构制图

3. **衬衫前片制板**

（1）用“移动”工具在纵方向上复制后片的基础线，如图3-246所示。

（2）用“调整”工具使颈点往右延长1cm，如图3-246所示。

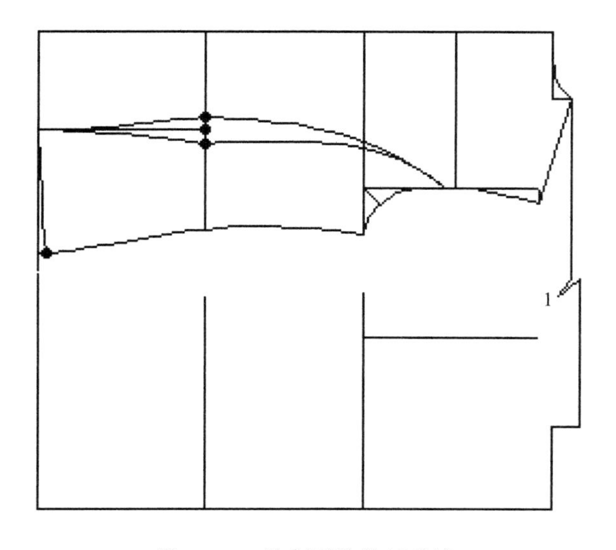

图3-246 绘制后片的基础线

（3）用“智能笔”工具绘制连接领口直角，同时删除领口基础线，并用“点”工具确定前领宽与领深，前领宽等于后领宽减0.3cm，领深确定为8cm，如图3-247所示。

（4）用“调整”工具改宽前中心线，宽度为搭门宽1.5cm，并用该工具改窄背宽线1.2cm为前胸宽，同时用“智能笔”工具绘制前领口弧线与前中心线，搭门宽1.5cm，如图3-247所示。

（5）用“智能笔”工具绘制前肩线，斜度为15∶5.5，并设计前小肩宽等于后小肩宽-0.3cm，同时，根据制板尺寸调整好前胸围，前腰围+2.5cm（省大）与摆围尺寸，并作相对胸围线的平行线，线距3cm，此距离为胸省大量，如图3-247所示。

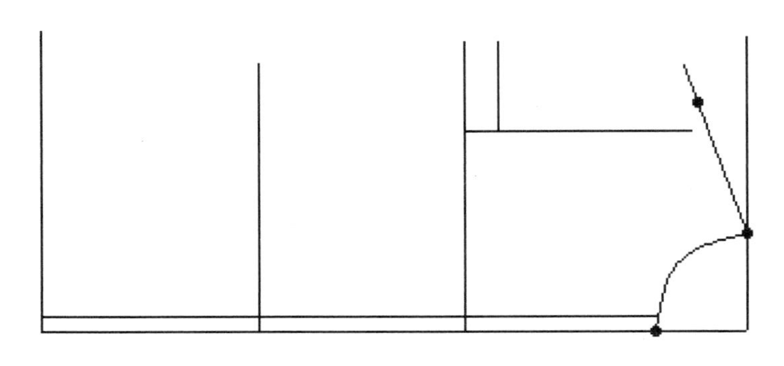

图3-247 绘制领口线、肩线与胸宽线

（6）连接袖窿弧线，凹势2.3cm，同时圆顺地连接侧缝线与底边线，侧起翘1cm，前中心往左偏移1cm，且参照BP点设计好刀背缝分割线与腋下省，完成前衣片轮廓线，如图3-248所示。

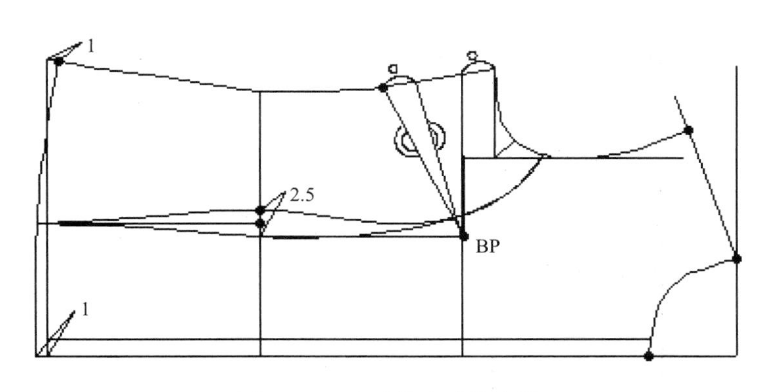

图3-248 完成前衣片轮廓线

（7）用“剪断线”工具剪断与刀背缝相交的省道线，以BP点为圆心，用“旋转”工具合并前侧片的腋下省，并修顺侧缝，前中省道部分在缝制时归缩，同时绘制好门襟宽为3cm的线。完成前衣片结构制图，如图3-249所示。

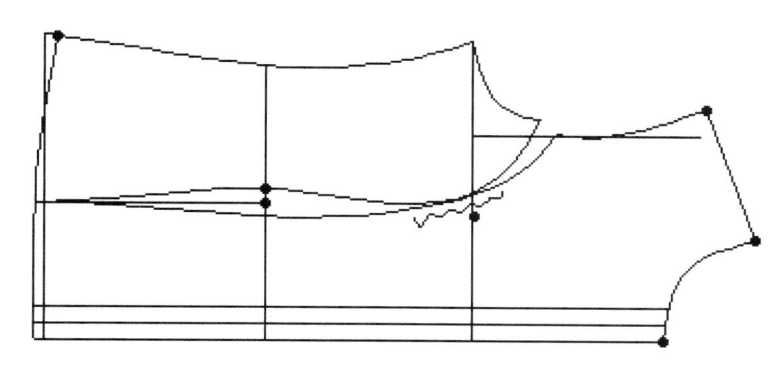

图3-249　合并腋下省，完成前衣片结构制图

（8）用“剪断线”工具剪断与门襟宽相交的线，根据工艺特征，用“移动”工具把门襟宽分离开，如图3-250所示。

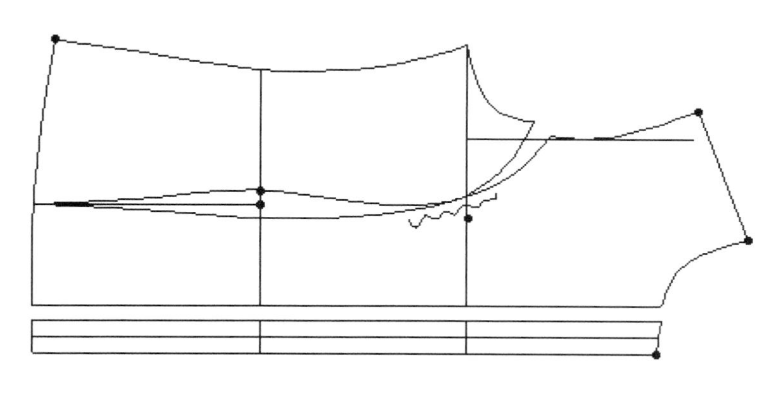

图3-250　分离门襟

4. **袖片制板**

（1）根据上臂围制板尺寸+0.2cm，用“智能笔”工具绘制袖宽线，且依据测量前后袖窿弧线长度用CR圆工具画袖山斜线，如图3-251所示。

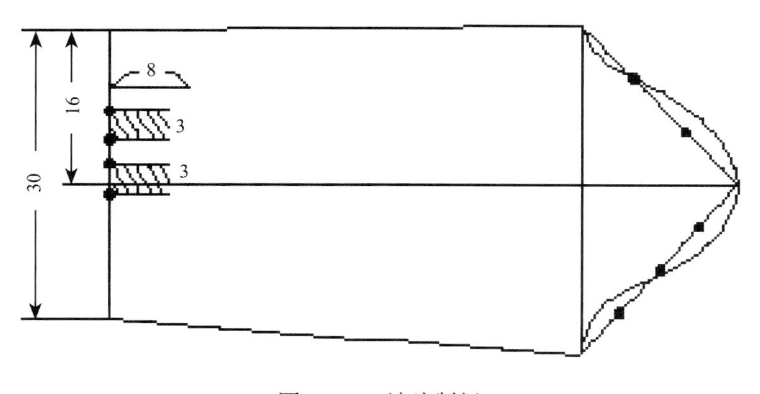

图3-251　袖片制板

（2）用“智能笔”工具绘制袖长线、袖山弧线、袖口大、袖开衩与褶裥位置，并用“填充线条”工具表达褶裥方向，同时作平行于袖宽线2cm距离的平行线，该条线为工艺单中上臂围尺寸线，如图3-251所示。

（3）用“比较长度”工具了解袖山吃势与上臂围尺寸，吃势量通过“调整”工具来调整，并根据制板尺寸调整上臂围宽度，如图3-252所示。

（4）绘制袖克夫，如图3-253所示。

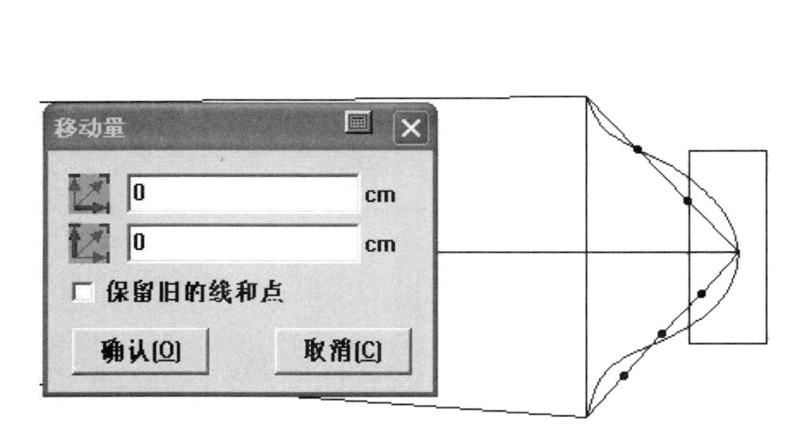

图3-252 袖山弧线吃执调整

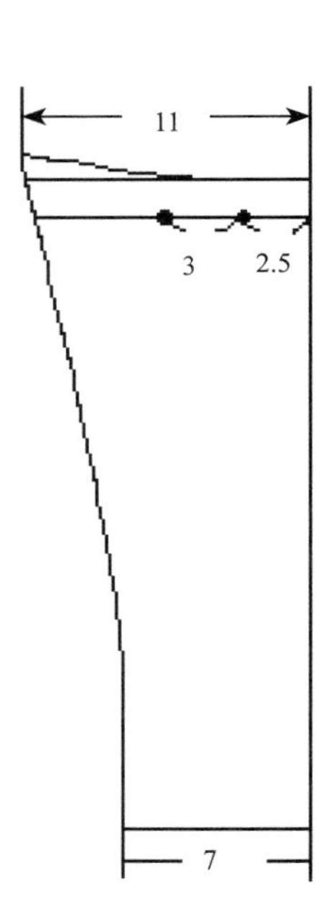

图3-253 绘制袖克夫

5. 衣领制板

（1）通过测量前后领圈长度所得尺寸绘制如图3-254所示领座与翻领部分，它们分别为外领座与领里。

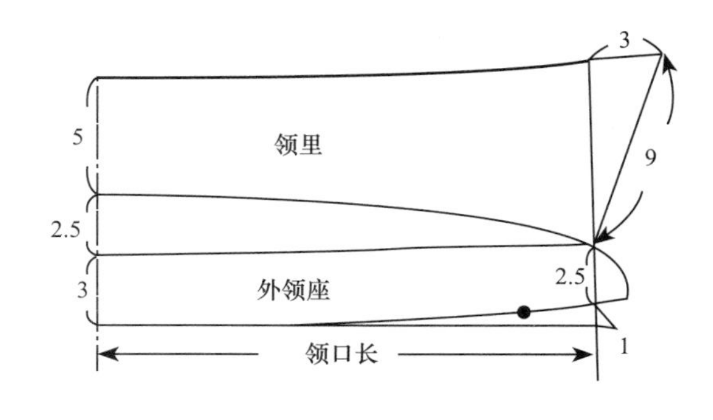

图3-254 衣领制板

（2）用“比较长度”工具核实上领围尺寸是否与制板尺寸相符，最后通过“调整”工具来调整至它们等长。

（3）在外领座与表领面制板数据上，通过“调整”工具调整得到内领座与表领里纸样，调整的目的是使缝制后的衣领里外匀称，止口不外露，如图3-255所示。

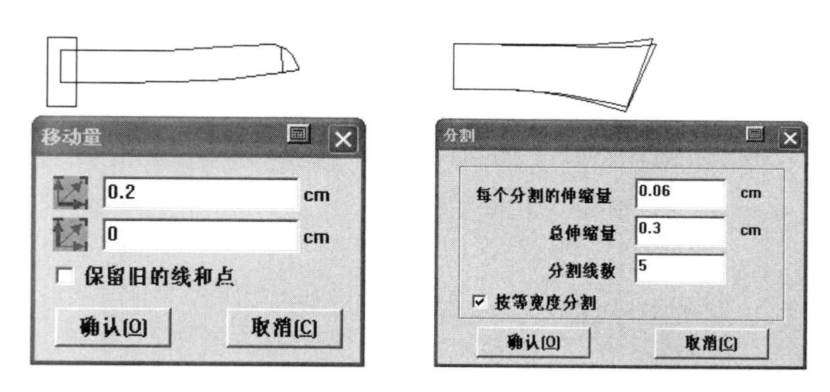

图3-255 内领座与表领里纸样

6. **完成全部裁片，加缝份，作对位记号及文字说明**

在“纸样”菜单下，单击“纸样资料”命令，逐一对纸样进行说明，如纸样名称、布料类型与纸样份数等，并通过加“剪口”工具等，作对位记号等。在完成缝边过程中，要设计好缝角类型，保证缝合长度合理。如前后片刀背缝缝角要与纵向分割线方向垂直且等长。设置完毕后，整个裁片图完成，如图3-256所示。

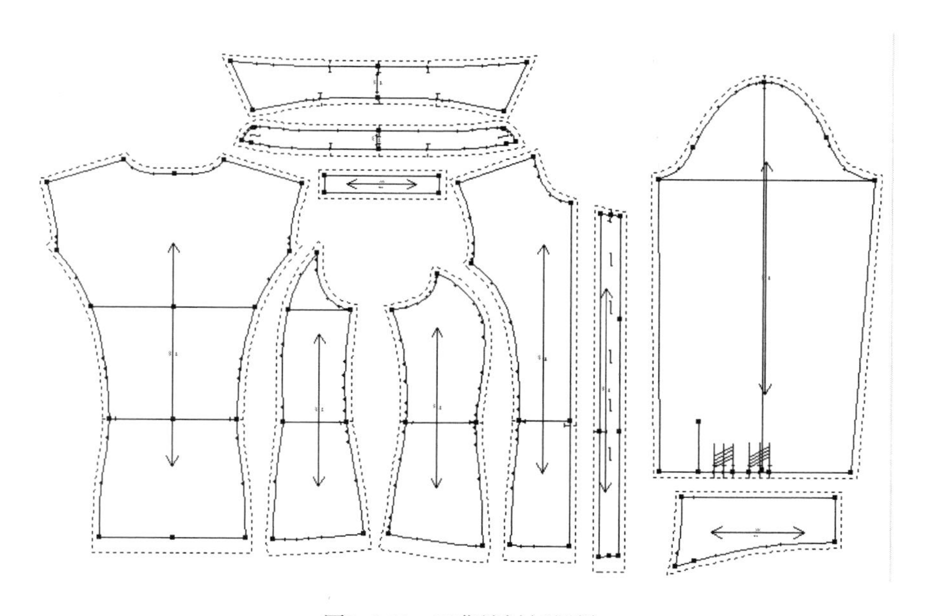

图3-256 刀背缝衬衫纸样

练习与思考

1．练习基础型裙CAD制板。
2．练习第七代文化原型上衣CAD制板。
3．练习第八代文化原型上衣CAD制板。
4．练习基础型裤CAD制板。
5．练习基础型衬衫CAD制板。
6．练习基础型连衣裙CAD制板。
7．练习女西装CAD制板。
8．练习裙变化CAD制板。
9．练习衣身变化CAD制板。
10．练习衣领变化CAD制板。
11．练习变化CAD制板。
12．练习裤子变化CAD制板。
13．练习休闲裤工艺单制板。
14．练习刀背缝衬衫工艺单制板。
15．简述“分割、展开、去除余量”工具在服装制板中的应用。
16．简述“调整”工具在服装制板中的应用。
17．简述“旋转”工具在服装制板中的应用。
18．简述“合并”工具在服装制板中的应用。
19．简述“省褶合并”工具在服装制板中的应用。
20．简述“曲线调整”工具在服装制板中的应用。

应用与技能——

服装CAD放码功能应用

课题名称： 服装CAD放码功能应用

课题内容： 1．基础裙放码

2．女裤放码

3．衬衫放码

4．八片女西装放码

5．插肩袖夹克衫放码

课题时间： 14课时

教学目的： 通过本课程的学习，使学生熟练掌握应用放码工具栏工具在基础裙、女裤、衬衫、八片女西服与插肩袖夹克衫等款式中的放码操作。

教学方式： 多媒体课件展示与示范讲解。

教学要求： 1．通过教学演示及学生上机实践，使学生掌握基础裙放码。

2．通过教学演示及学生上机实践，使学生掌握女裤放码。

3．通过教学演示及学生上机实践，使学生掌握衬衫放码。

4．通过教学演示及学生上机实践，使学生掌握八片女西装放码。

5．通过教学演示及学生上机实践，使学生掌握插肩袖夹克衫放码。

课前准备： 按教学进程预习本教材内的实践教学内容。

第四章 服装CAD放码功能应用

放码是指以中间规格标准样板为基础，兼顾各个规格或号型系列之间的关系，通过科学的计算，正确合理地分配尺寸，绘制出各规格或号型系列的裁剪用样板的方法，也称推档或工业推板。

点放码的方法可用坐标法。首先确定样板上的一个基点为坐标原点，以此为原点建立横纵坐标轴线，进行不同规格衣片各个控制点放码数据的计算，并绘制出所需各规格衣片样板的方式。本系统点放码的完成，基本上是把各号码相对基准码计算的坐标位置输入点放码表，执行相对应的命令来完成。数据的分配遵循参照基准线、基准点按比例分配，放码后各码相似的原则。本系统功能强大，除点放码外，还有线放码、规则放码、量体放码等方式。传统的手工放码工作量大、时间长，服装CAD放码系统工作效率高，放码网状线显示在瞬间可以完成，且可比较各号型缝线的配合长度对板型进行调整修改。

一、基础裙放码

（一）规格表设计

基础裙规格表设计，见表4-1。

表4-1 基础裙规格表设计 单位：cm

号型 规格	150/56A	155/60A	160/64A	165/68A	170/72A	档差
裙长	51	53	55	57	59	2
腰围	59	63	67	71	75	4
臀围	88	92	96	100	104	4
直裆	17	17.5	18	18.5	19	0.5

（二）打开文件

单击“打开”按钮，找到路径，打开基础裙纸样文件。

（三）放码号型编辑

1. 设置号型规格表

选择“号型”菜单中的“号型编辑”命令，在弹出的对话框内，通过“插入”“附加”“删除”“基码”“档差”等命令，填写“设置号型规格表”，如图4-1所示。

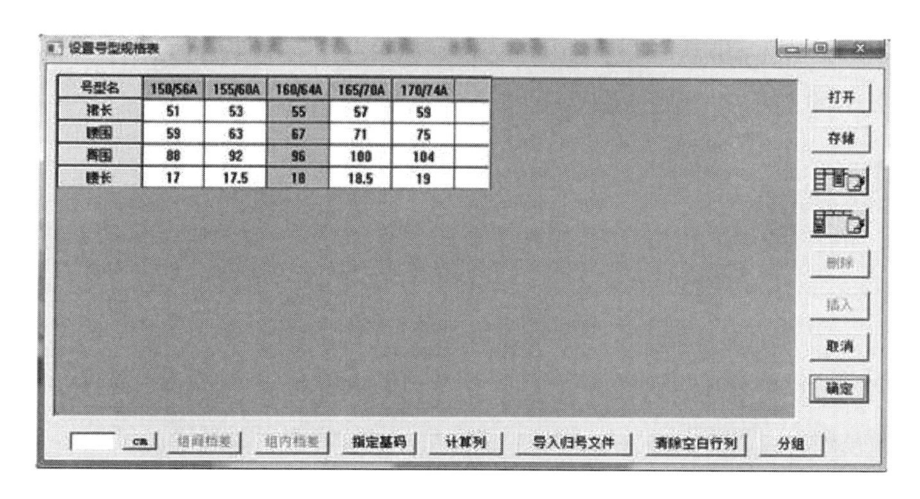

图4-1　放码号型编辑

2. 设置颜色

单击快捷工具栏“颜色设置”图标，弹出对话框，设置各码颜色，如图4-2所示。

（四）选择放码方式

单击快捷工具栏上的“点放码表”按钮，弹出“点放码表”对话框，如图4-3所示。

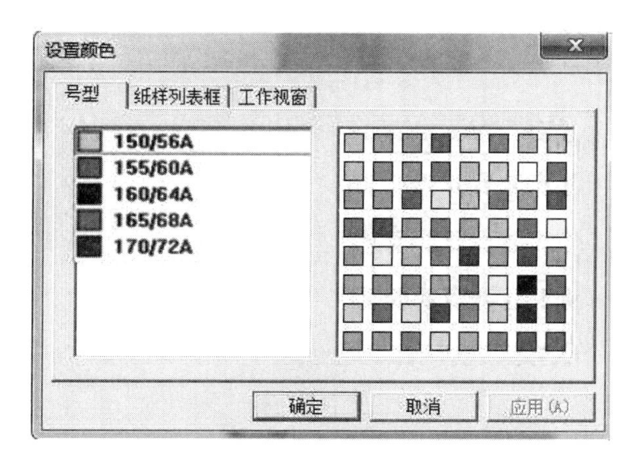

图4-2　设置颜色

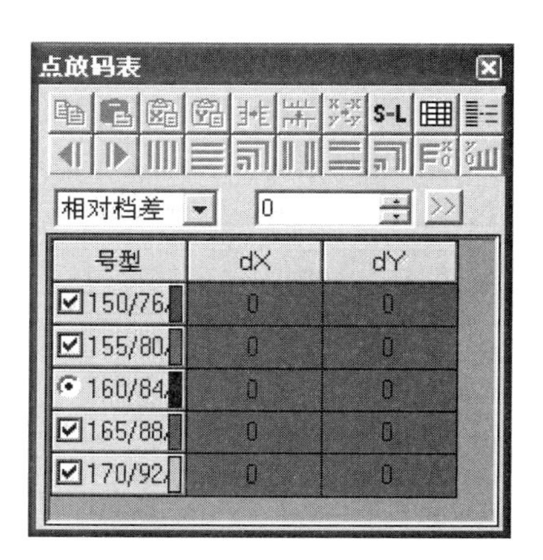

图4-3　点放码表

（五）设计放码基准线与基准点

1. **水平基准线**

前、后片中的臀围线均为水平基准线。

2. **纵向基准线**

前片中的前中线、后片中的后中线为纵向基准线。

3. **基准点**

前片、后片中的水平与纵向基准线的交点为基准点。

（六）放码操作步骤

在“点放码”对话框中，有两种放码方式，一种是均码放码，另一种是非均码放码。对于均码放码方式，在放码时，只要在与基码相邻的小码内输入相对基码的坐标，执行“XY相等”“X相等”或“Y相等”命令即可放码；对于非均码放码方式，一定要在除基码外的所有大、小码文本框中输入放码数据，执行“XY不等”“X不等”或“Y不等”命令才能放码。

1. **基础裙后片放码**

（1）单击“选择与修改”工具按钮，选择需放码A点，即后中腰围点，激活“点放码表”对话框，输入155/60A号码相对基准码坐标数据（0，–0.5），再单击“Y相等”按钮或“XY相等”按钮，放码后如图4–4所示。

（2）单击“选择与修改”工具按钮，选择需放码点B点（也可以通过点放码表上“前一放码点”命令与“后一放码点”命令选择另一点），即后侧腰围点，输入155/60A号码相对基准码坐标数据（–1，–0.5），再单击“XY相等”按钮，放码后如图4–5所示。

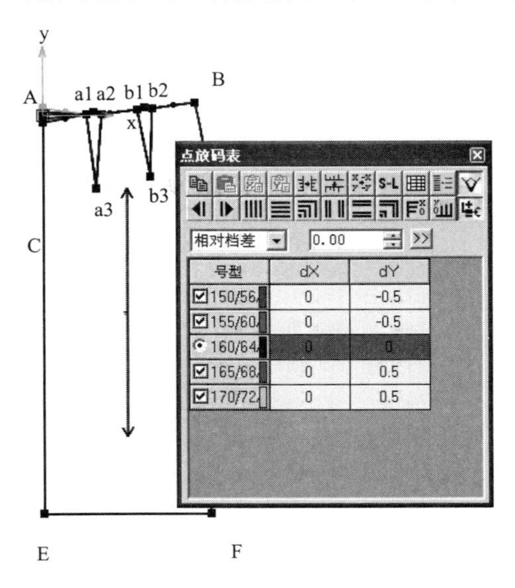

图4–4　后腰点放码

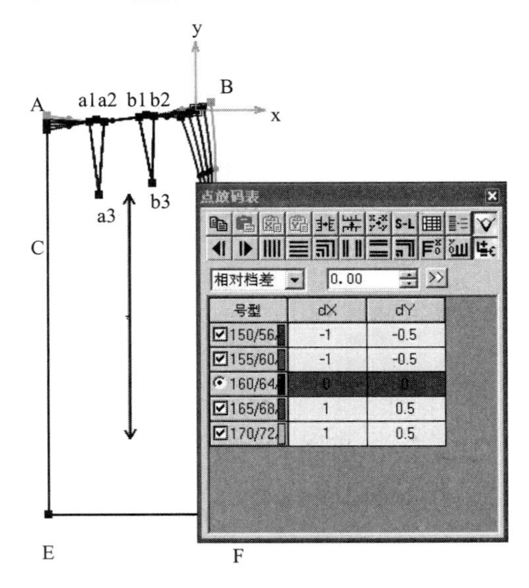

图4–5　后腰侧缝点放码

（3）由于C点为坐标基准点，该点的坐标值为（0，0）。

（4）选择需放码点D点，即后侧臀围点，输入155/60A号码相对基准码坐标数据（-1，0），再单击“X相等”按钮或“XY相等”按钮，放码后如图4-6所示。

（5）选择需放码点E点，后中下摆点，输入155/60A号码相对基准码坐标数据（0，1.5），再单击“Y相等”按钮或 “XY相等”按钮，放码后如图4-7所示。

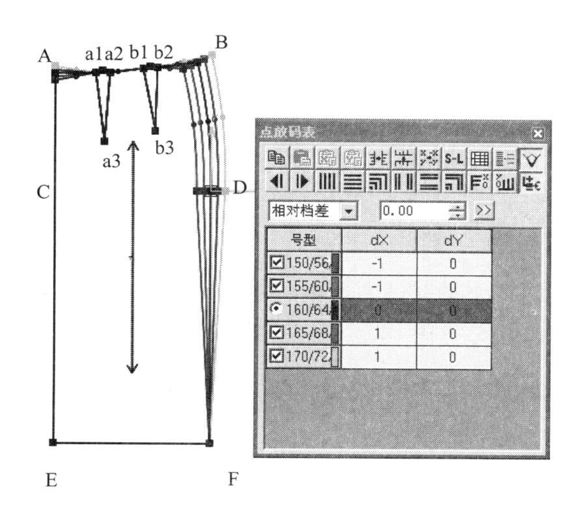

图4-6　后臀围点放码

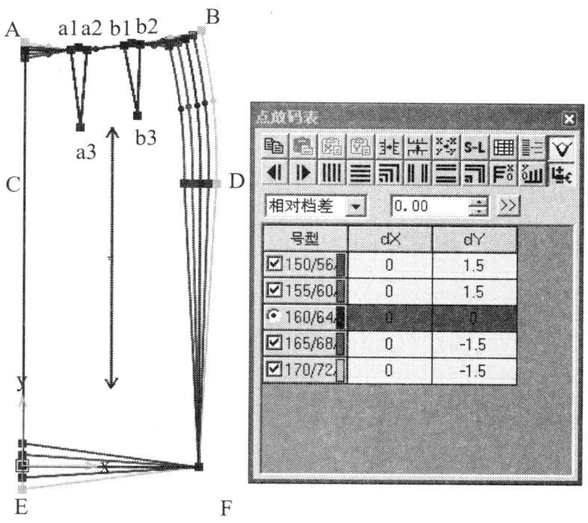

图4-7　裙下摆点放码

（6）选择需放码点F点，后侧下摆点，输入155/60A号码相对基准码坐标数据（-1，1.5），再单击“XY相等”按钮，放码后如图4-8所示。

（7）省道：检查a1、a2、b1、b2放码点。双击“选择与修改”工具按钮可在弹出的对话框内选择点属性后进行更改。

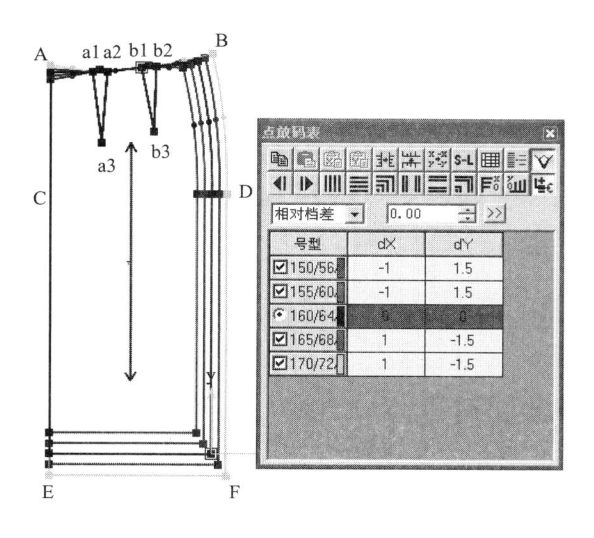

图4-8　裙下摆点放码

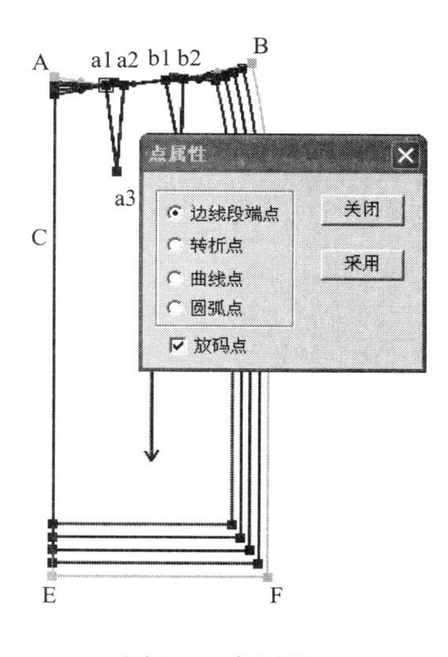

图4-9　点属性

（8）单击“选择与修改”工具按钮框选裙腰A省a1、a2、a3放码点，输入155/60A号码相对基准码坐标数据（0.33，–0.5），再单击 “XY相等”按钮；用同样的方式选择裙腰围B省b1、b2、b3放码点，输入155/60A号码相对基准码坐标数据（0.66，–0.5）点，放码后如图4–10所示。

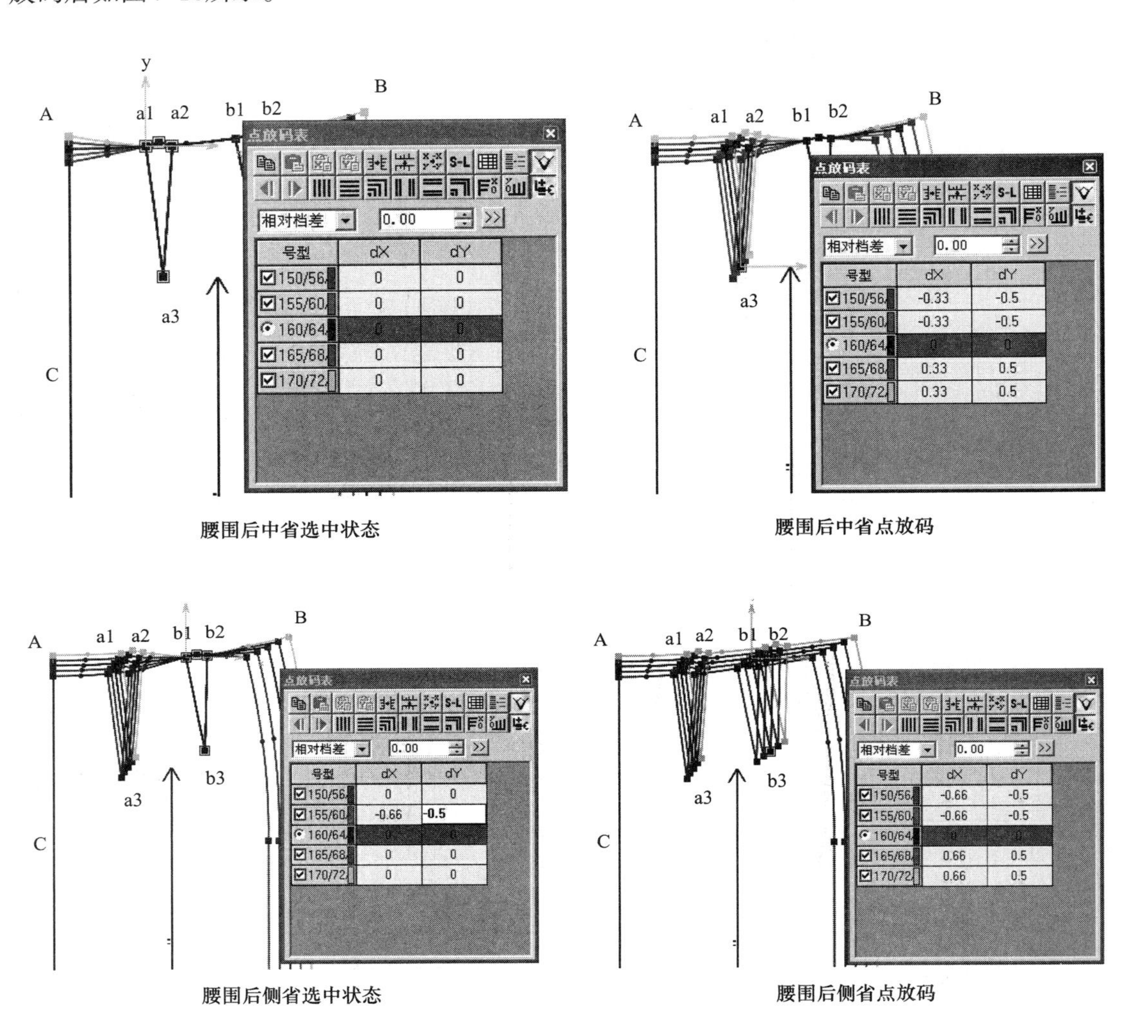

图4–10 裙腰省点放码

2. 基础裙前片放码

为了避免重复工作，前片放码可采用复制后片放码点放码数据到前片各对应放码点的方法，快速、精确地完成前片放码。复制放码量有两种形式，一种是逐点对应复制，另一种是多点对应复制，甚至是整个样片放码量的复制。多点复制时，放码点数必须一一相对应。

（1）前片A点：复制后片A点放码量到前片A点粘贴即可。单击“选择与修改”工具按钮，点击选择后裙片A放码点，即后中腰围点，然后单击“复制放码量”图标或按快捷键Ctrl + C复制后裙片A点放码量，再选择前裙片A放码点，即前中腰围点，单击“粘贴Y”图标，将后裙片A点放码量复制到前裙片A点，放码后如图4-11所示。

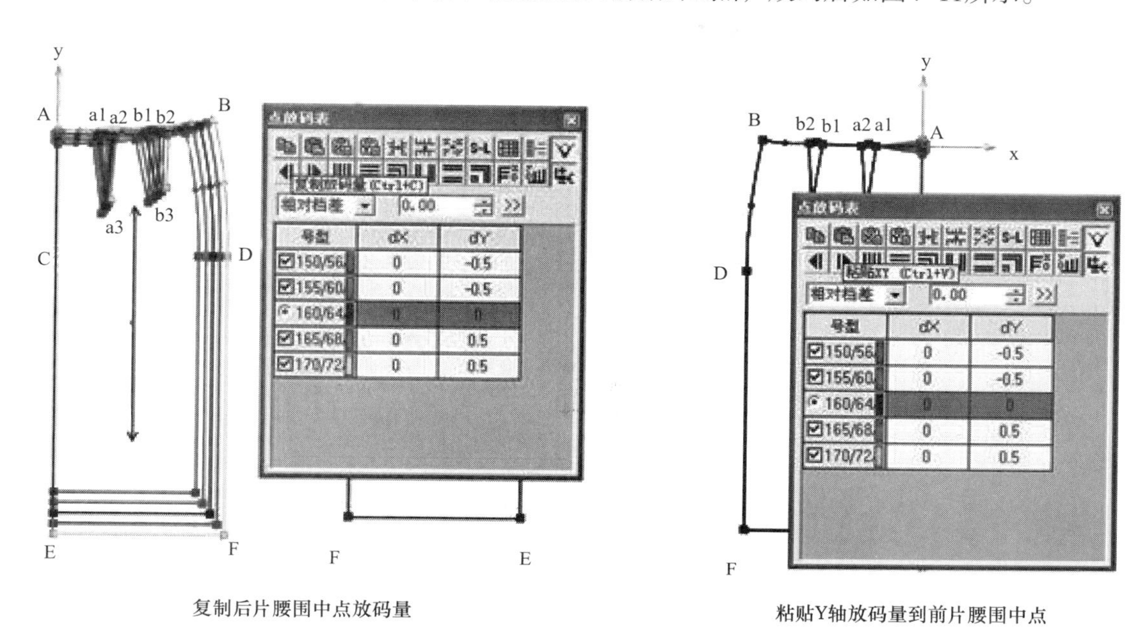

复制后片腰围中点放码量　　粘贴Y轴放码量到前片腰围中点

图4-11　复制前片A点

（2）前片B点：复制后片B点放码量到前片B点粘贴即可。单击“选择与修改”工具按钮，选择后裙片B放码点，即后腰围侧缝点，然后单击复制放码量图标或按快捷键Ctrl + C，再选择前裙片B放码点，即前侧腰围点，然后单击“粘贴XY”图标，再单击“X轴取反”按钮，放码后如图4-12所示。

（3）同理推出前片各点。

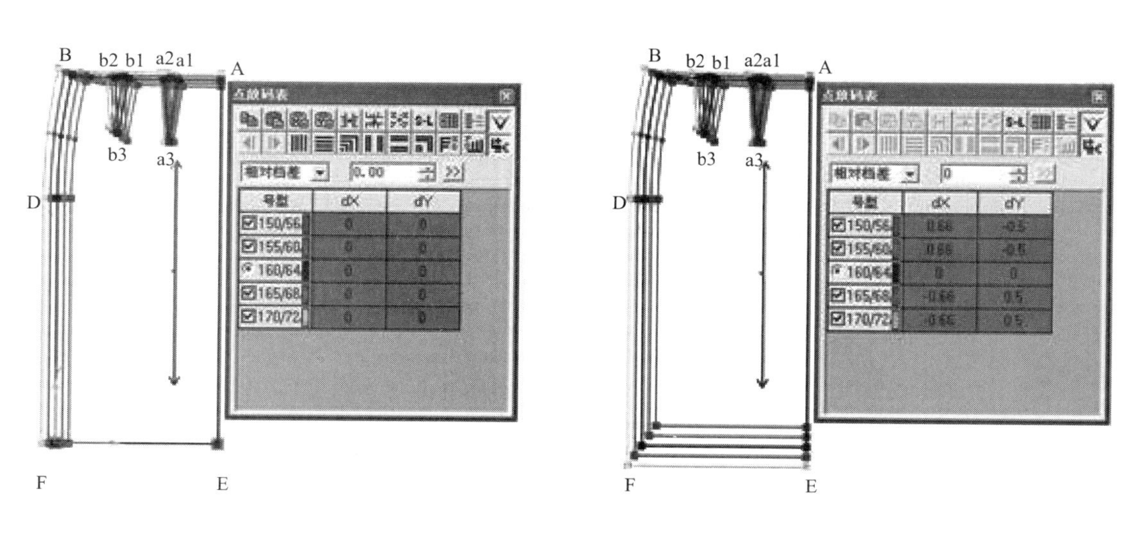

图4-12　复制后片各点放码量至前片

3. 基础裙腰片放码

设定A点为坐标基准点，腰围只推长度。腰围大点C与D放码坐标数据为（-4，0），放码后如图4-13所示。

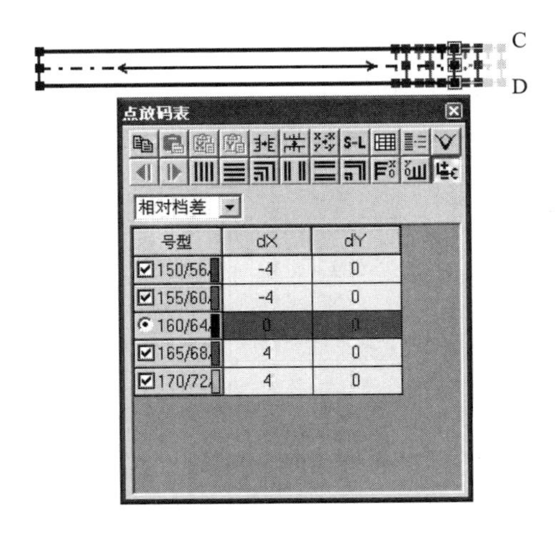

号型	dX	dY
150/56	-4	0
155/60	-4	0
160/64	0	0
165/68	4	0
170/72	4	0

图4-13 裙腰点放码

4. 放码完成

放码完成如图4-14所示。

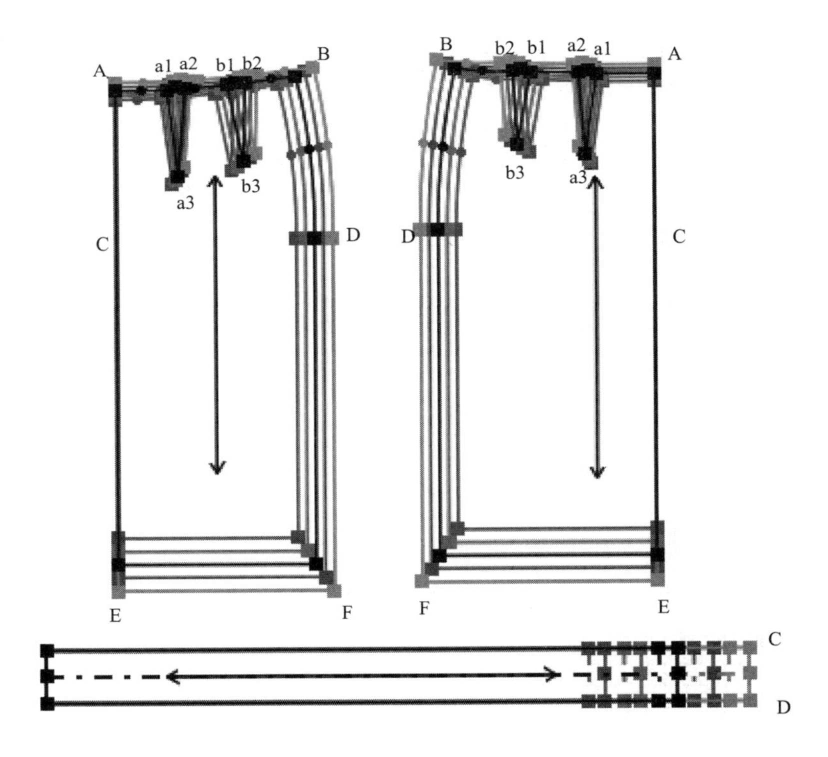

图4-14 裙点放码

二、女裤放码

（一）规格表设计

女裤规格表设计见表4-2。

表4-2 女裤规格表设计 单位：cm

号型 规格	150/62A	155/66A	160/70A	165/74A	170/78A	档 差
裤 长	94	97	100	103	106	3
腰 围	62	66	70	74	78	4
臀 围	88	92	96	100	104	4
脚 口	20	21	22	23	24	0.5

（二）打开文件

单击“打开”按钮，找到路径，打开女裤纸样文件。

（三）放码号型编辑

1. **设置号型规格表**

选择“号型”菜单中的“号型编辑”命令， 在弹出的对话框内，通过“插入”“附加”“删除”“基码”“档差”等命令，填写“设置号型规格表”，如图4-15所示。

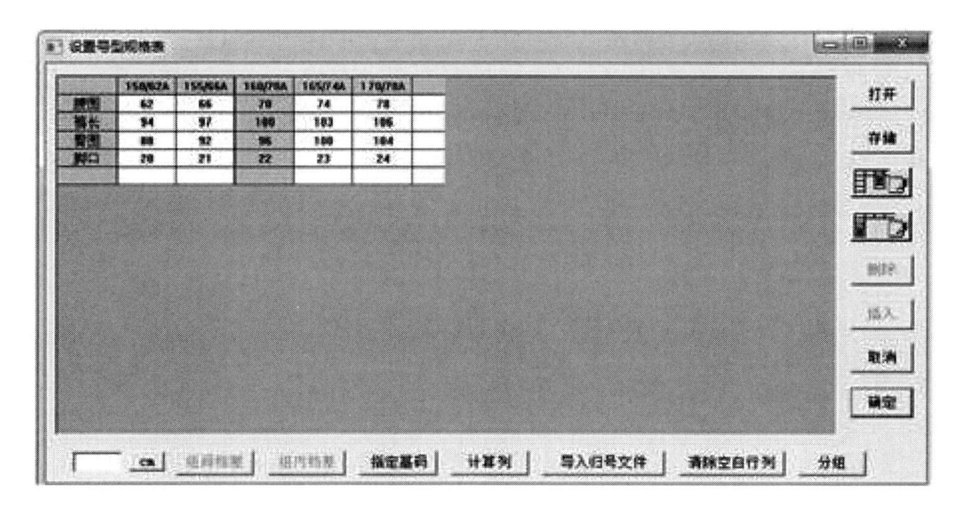

图4-15 放码号型编辑

2. 设置颜色

单击快捷工具栏“颜色设置”图标，弹出对话框，设置各码颜色，如图4-16所示。

（四）选择放码方式

单击快捷工具栏上的“点放码表”按钮，弹出“点放码表”对话框，如图4-17所示。

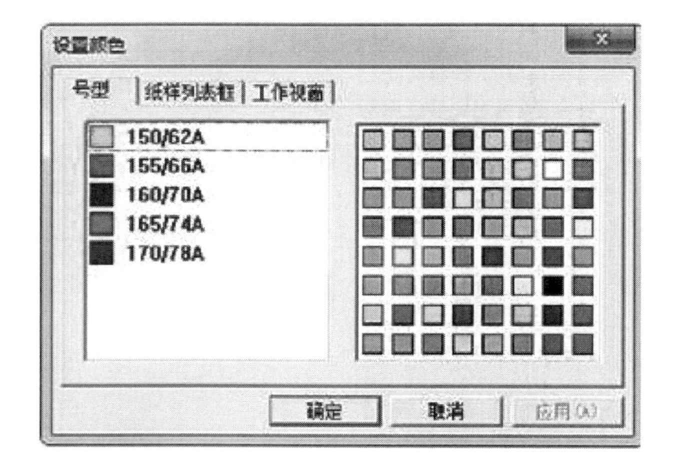

图4-16 设置颜色

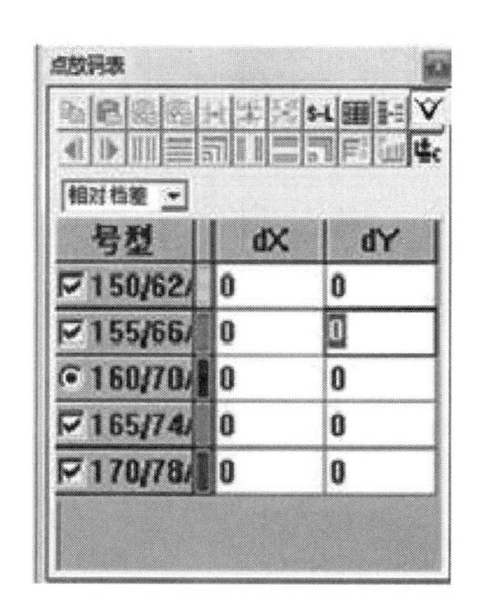

图4-17 点放码表

（五）设计放码基准线与基准点

1. 水平基准线

前、后裤片横裆线为水平基准线。

2. 纵向基准线

前、后裤片烫迹线为纵向基准线。

3. 基准点

前、后片水平与纵向基准线的交点为基准点。

（六）放码操作步骤

本款女裤采用均码放码方式，使用“选择与修改”工具，选择需放码点，激活“点放码表”对话框，只要在与基码相邻的小码（155/62A）内输入相对基码的坐标，执行“XY相等”“X相等”或“Y相等”命令即可放码。

1. 前裤片放码

（1）单击“选择与修改”工具按钮，选择需放码点A点，即腰围前中点，激活

“点放码表”对话框，输入155/66A号码相对基准码坐标数据（–0.5，–0.4），再单击“XY相等”按钮，放码后如图所示。

（2）选择需放码点B点，即腰围侧缝点，激活“点放码表”对话框，输入155/66A号码相对基准码坐标数据（–0.5，0.6），再单击“XY相等”按钮，放码后如图4–18所示。

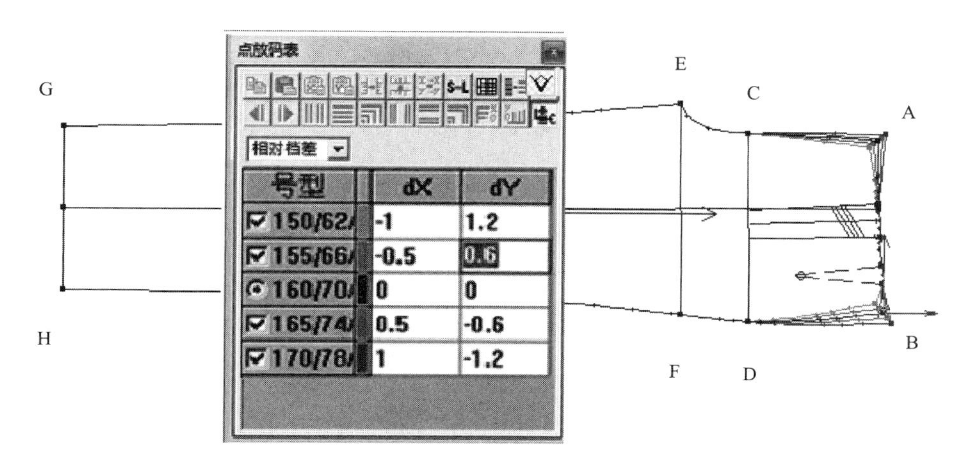

图4–18 点放码表

（3）选择需放码点E点，即小裆宽点，激活“点放码表”对话框，输入155/66A号码相对基准码坐标数据（0，–0.45），再单击“XY相等”按钮或“Y相等”按钮，放码后如图4–19所示。

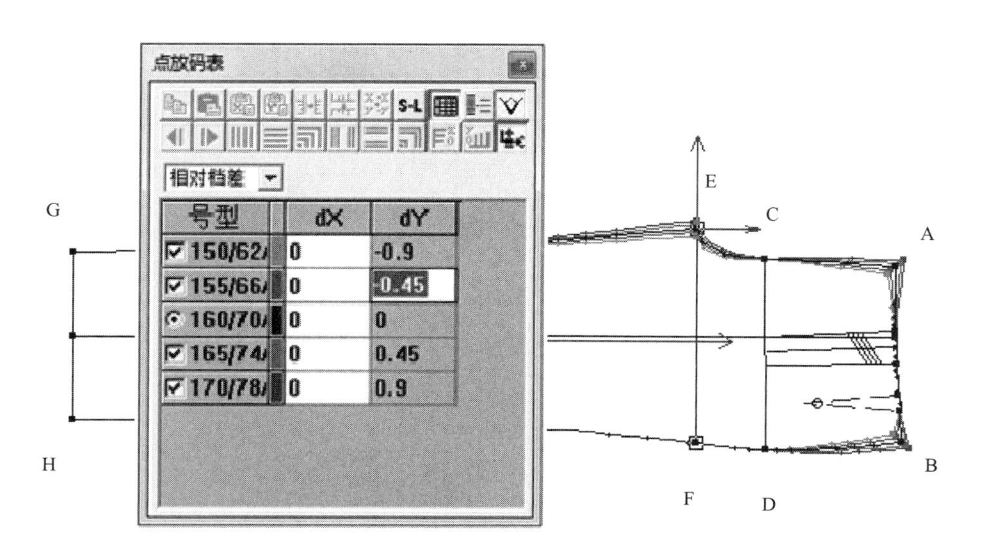

图4–19 前片小裆宽点放码

（4）选择放了码的E点，即小裆宽点，激活“点放码表”对话框，单击“复制放码量”图标或按快捷键Ctrl+C，再选择需放码F点，即横裆侧缝点，然后单击“粘贴X Y”图标后再单击“Y取反”工具，放码后如图4–20所示。

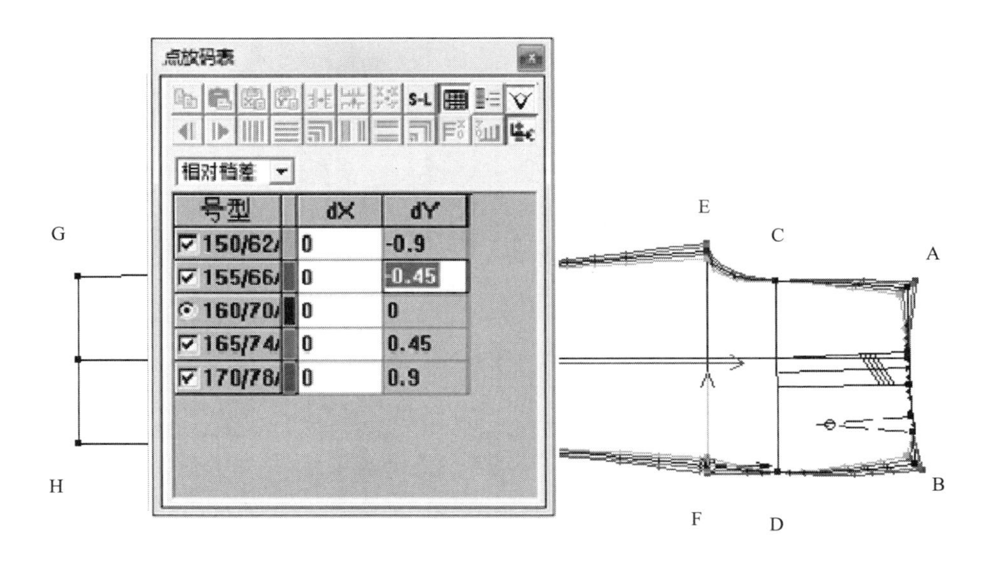

图4–20　横裆侧缝点放码

（5）选择需放码点C点，即臀围线前中点，激活“点放码表”对话框，输入155/66A号码相对基准码坐标数据（–0.17，–0.4），再单击“XY相等”按钮，放码后如图4–21所示。

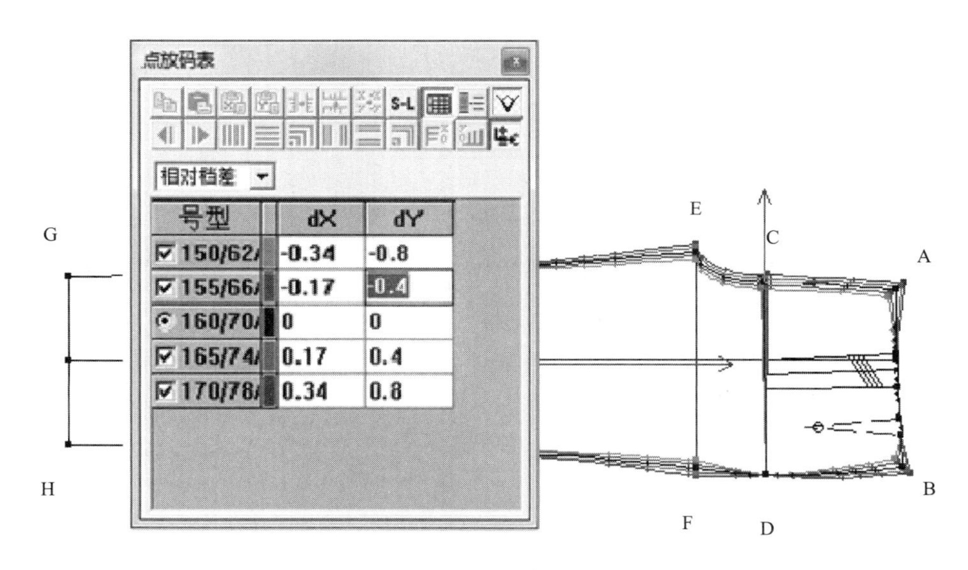

图4–21　臀围线前中点放码

（6）选择需放码点D点，即臀围线侧缝点，激活“点放码表”对话框，输入155/66A号码相对基准码坐标数据（-0.17，0.6），再单击“XY相等”按钮，放码后如图4-22所示。

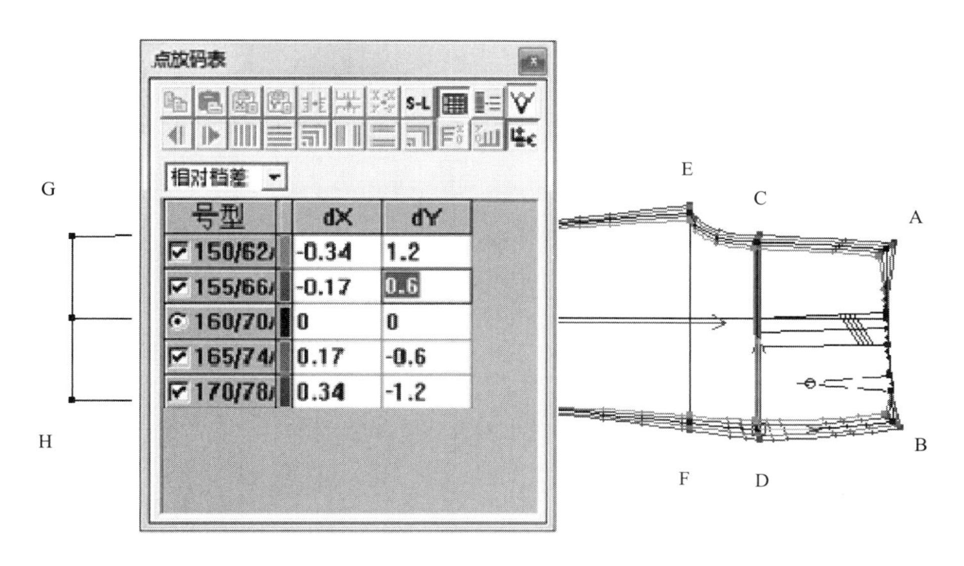

图4-22 臀围线侧缝点放码

（7）选择需放码点G点，即脚口大内侧点，激活“点放码表”对话框，输入155/66A号码相对基准码坐标数据（2.5，-0.25），再单击“XY相等”按钮，放码后如图4-23所示。

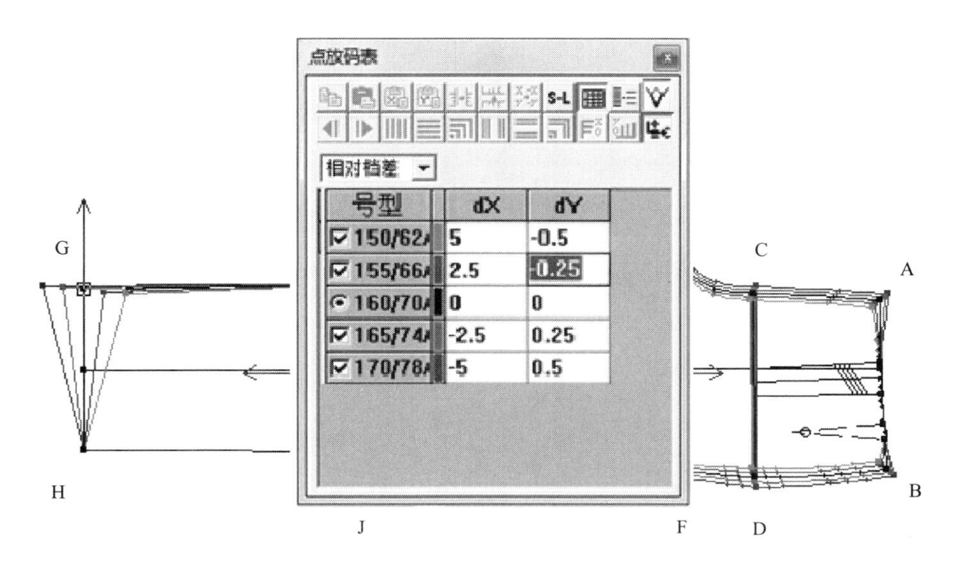

图4-23 脚口大点放码

（8）选择放了码的G点，单击“复制放码量”按钮或按快捷键Ctrl+C，然后选择需放码点H点，即脚口大外侧缝点，在单击“粘贴X Y”图标后单击“Y取反”工具，放码后如图4–23所示。

（9）选择需放码点I点，即中档线内侧点，激活“点放码表”对话框，输入155/66A号码相对基准码坐标数据（1.2，–0.25），单击“XY相等”按钮，然后单击“复制放码量”按钮或按快捷键Ctrl+C，再选择需放码点J点，即中档线外侧点，单击“粘贴X Y”图标后再单击“Y取反”工具，如图4–24所示。

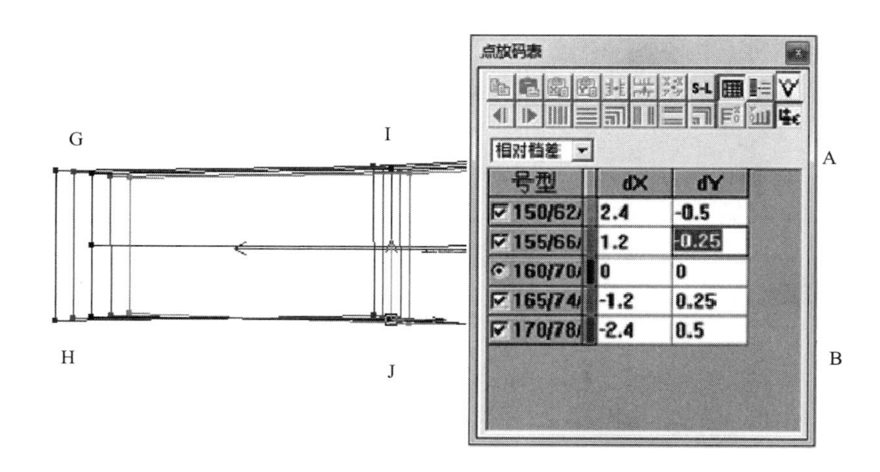

图4–24　脚口大外侧缝点放码

（10）选择需放码点A1点，即褶裥前中点，激活“点放码表”对话框，输入155/66A号码相对基准码坐标数据（–0.5，0），再单击“XY相等”按钮，放码后如图4–25所示。

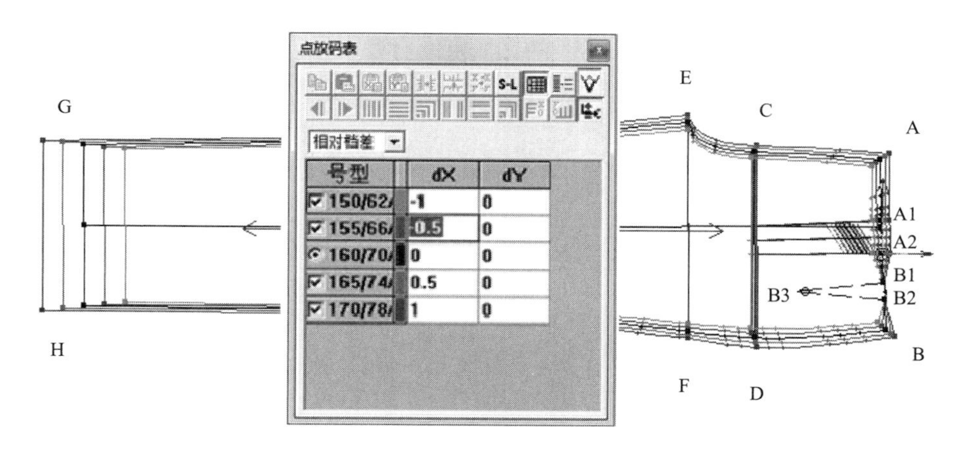

图4–25　前腰褶裥放码

（11）接着单击“复制放码量”按钮或按快捷键Ctrl+C，然后选择需放码点A2点，即A褶裥宽点，单击“粘贴X Y”图标，放码后如图4-25所示。

（12）按上述方法推出省道各点，它们的坐标分别为B0（-0.5，-0.3）、B1（-0.5，0.3）、B2（-0.5，0.3）点，放码后如图4-26所示。

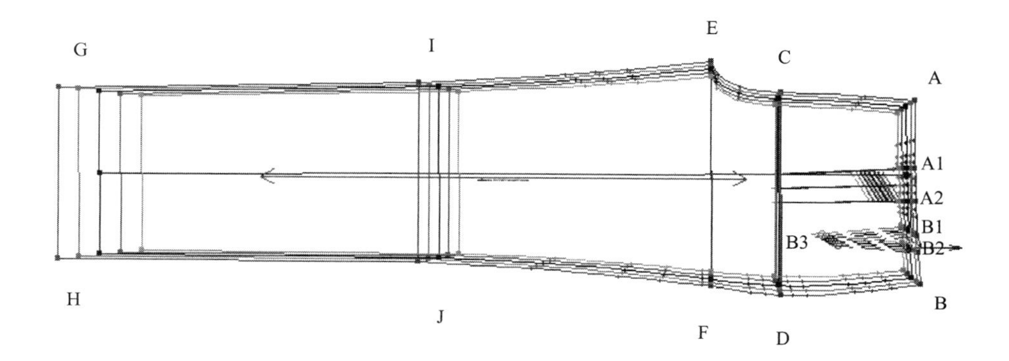

图4-26　前腰省放码

2. *后裤片放码*

（1）“拷贝点放码量”：采用多点对应的复制方法，把前裤片中裆线以下放码量复制到后裤片中，如图4-27所示。

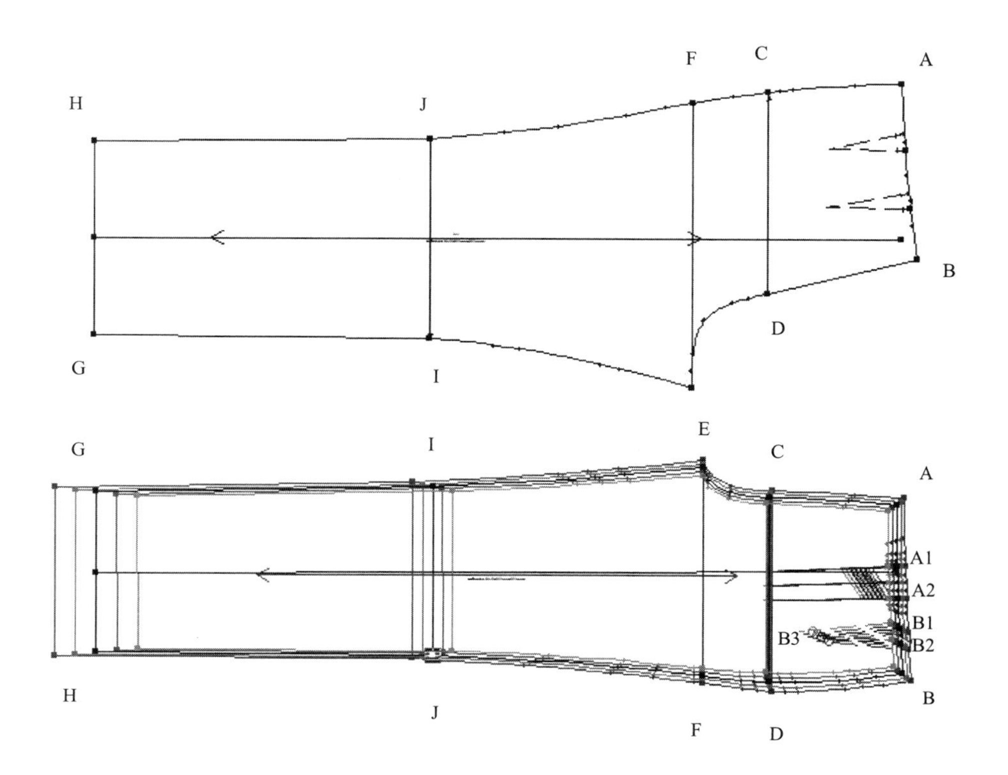

图4-27　后裤片放码

（2）单击“拷贝点放码量”工具，顺时针拖动选择前裤片放码点J到I点，即选中J、H、G、I放码点，然后再顺时针拖动选择后裤片放码点I到J点，即前片选中I、G、H、J点，放码量被拷贝到后片相对应的I、G、H、J点上，放码后如图4-28所示。

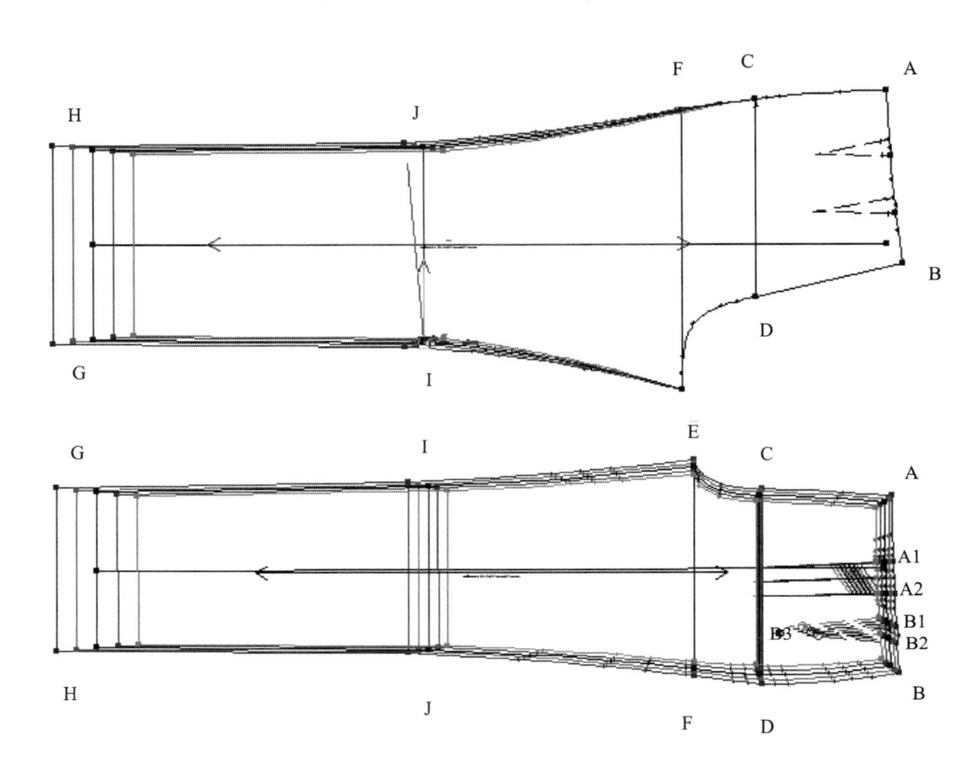

图4-28　后裤片脚口与中裆放码

（3）单击“拷贝点放码量”工具，选择前片放码点B点，然后按X键，分别选中后腰围上的各点，后腰上各点便拷贝了A点的水平方向的放码数据，放码后如图4-29所示。

（4）选择需放码点A点，即后片腰围侧缝点，激活“点放码表”对话框，输入155/66A号码相对基准码Y坐标数据-0.8。单击“Y相等”按钮，放码后如图4-30所示。

（5）选择需放码点B点，即后片腰围后中点，输入155/66A号码相对基准码Y坐标数据0.2。单击“Y相等”按钮，放码后如图4-30所示。

（6）同理推出后片上的C、D、E、F点，它们的放码坐标数据分别为（-0.17，-0.8）、（-0.17，0.2）、（0，0.55），（0，-0.55），放码后如图4-31所示。

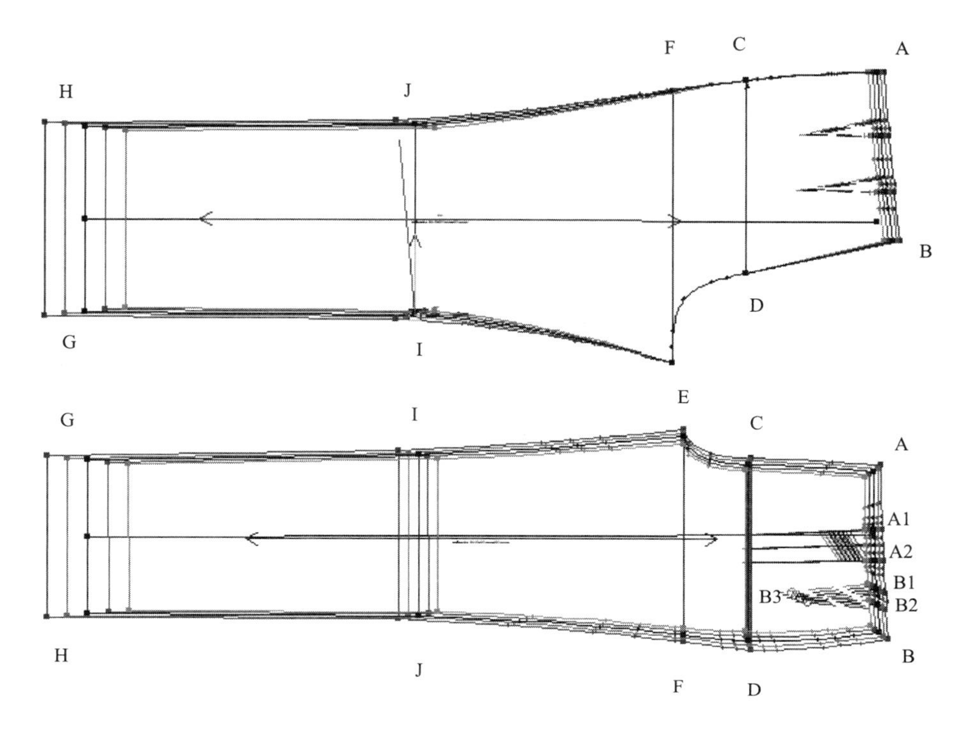

图 4–29　后裤片直裆放码

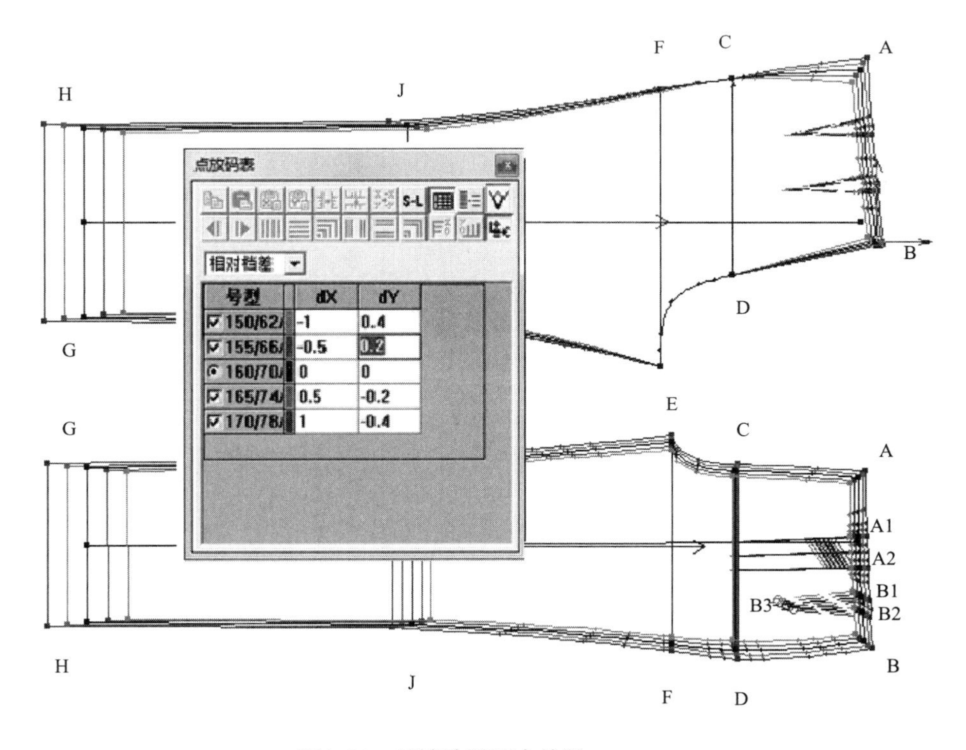

图4–30　后裤片腰围大放码

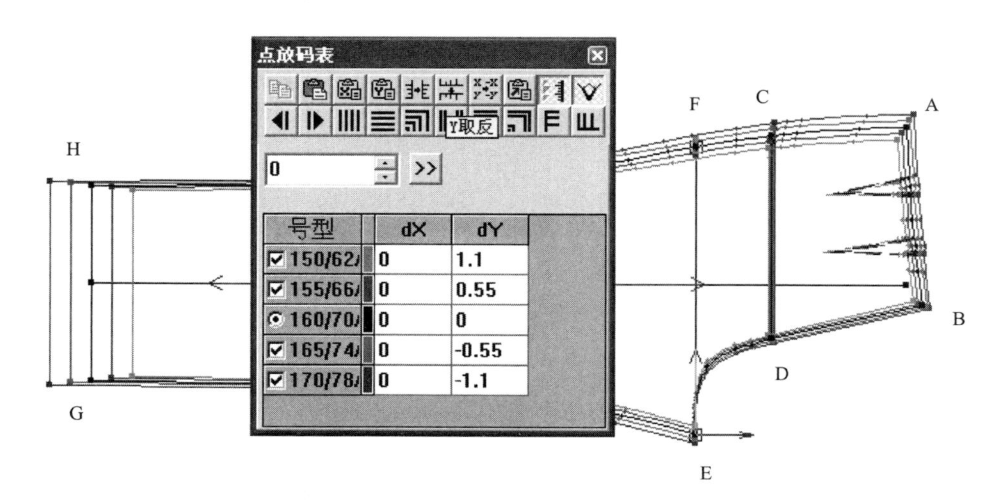

图4-31　后裤片臀围与横裆放码

3. **裤腰放码**

设定A点为坐标基准点，腰围只推长度，腰围大点C与D放码坐标数据为（–4，0），放码后如图4–32所示。

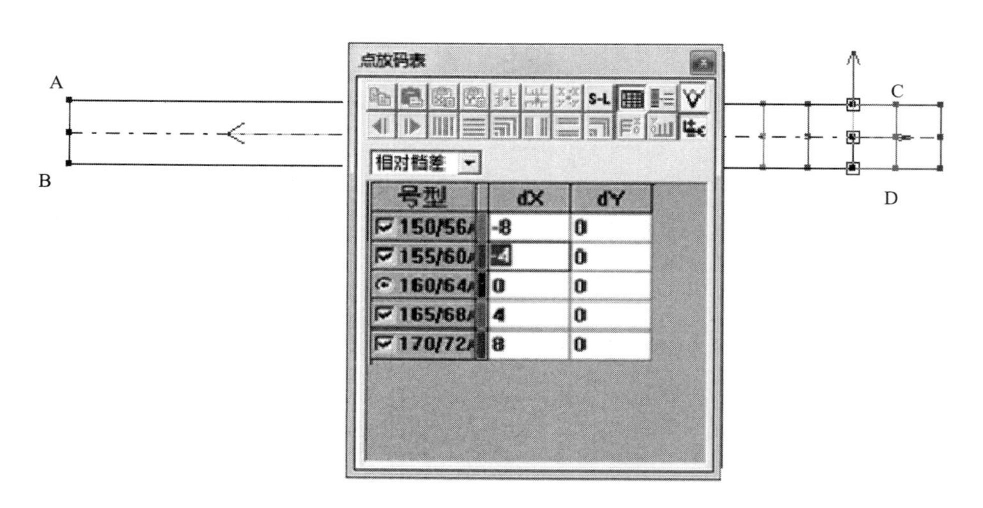

图4-32　后裤腰放码

4. **门襟与里襟放码**

门襟与里襟只推长度，推板数据可以用腰围上的水平放码数据减去臀围线水平放码数据获得，放码坐标为（–0.33，0），如图4–33所示。

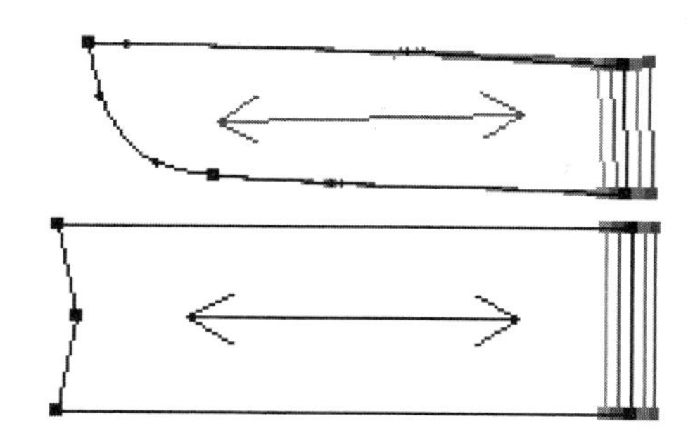

图4-33　后裤片门襟放码

5. **裁片放码完成**

整个裁片放码完成，如图4-34所示。

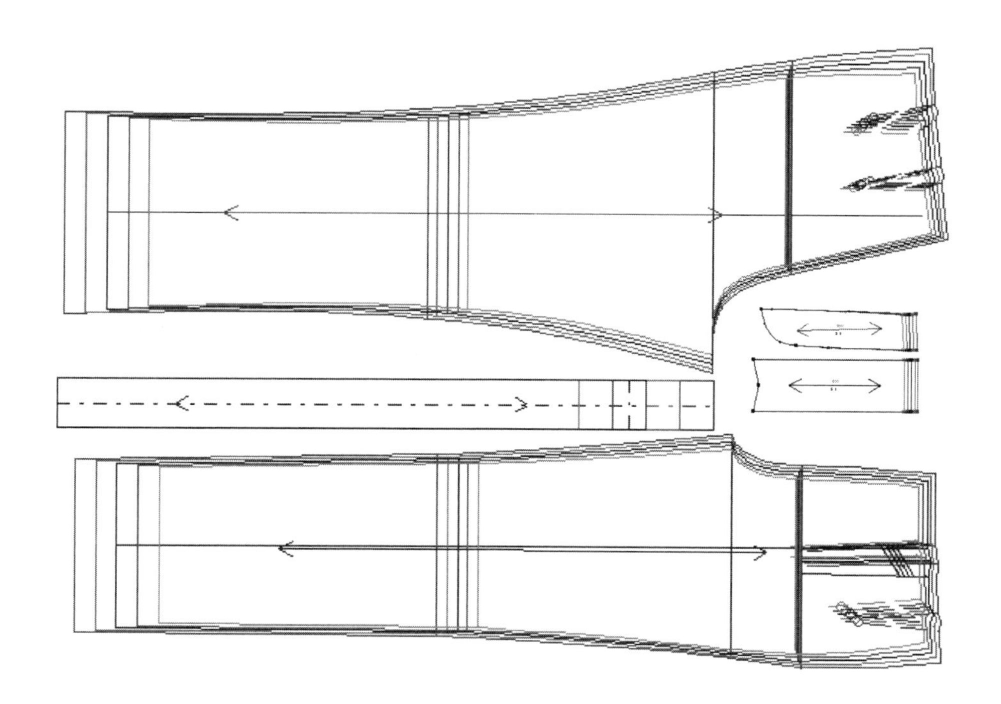

图4-34　后裤片全套纸样

三、女衬衫放码

（一）规格表设计

女衬衫规格表设计见表4-3。

表4-3 女衬衫规格表设计 单位：cm

号型 规格	150/76A	155/80A	160/84A	165/88A	170/92A	档差
衣长	62	64	66	68	70	2
胸围	86	90	94	98	102	4
肩宽	36.6	37.8	39	40.2	41.4	1
领围	36	37	38	39	40	0.8
背长	36	37	38	39	40	1
袖长	53	54.5	56	57.5	59	1.5
袖口	28.4	29.2	30	30.8	31.6	0.8

（二）打开文件

单击“打开”按钮，找到路径，打开女衬衫纸样文件。

（三）放码号型编辑

1. 设置号型规格表

选择“号型”菜单中的“号型编辑”命令， 在弹出的对话框内，通过“插入”“附加”“删除”“基码”“档差”等命令填写“设置号型规格表”，如图4-35所示。

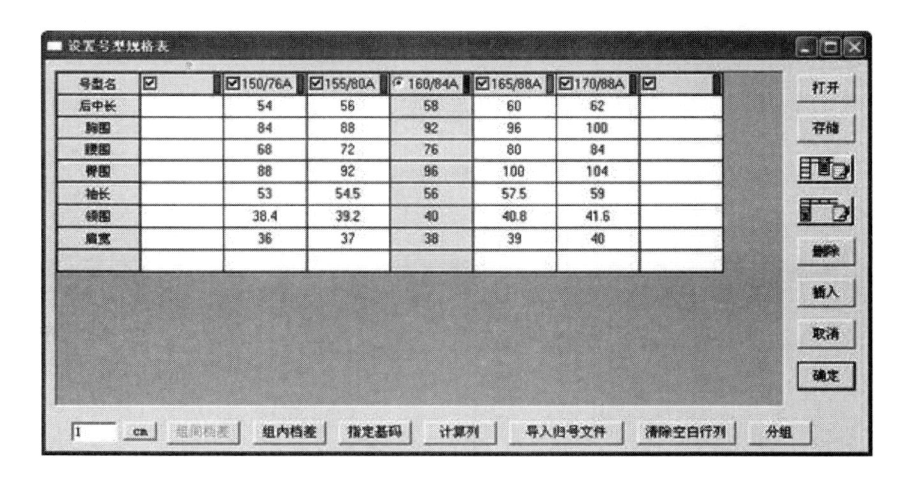

图4-35 放码号型编辑

2. 设置颜色

颜色设置有两种方法。

第一，单击快捷工具栏“颜色设置”图标，弹出对话框，设置各码的颜色，如图4-36所示。

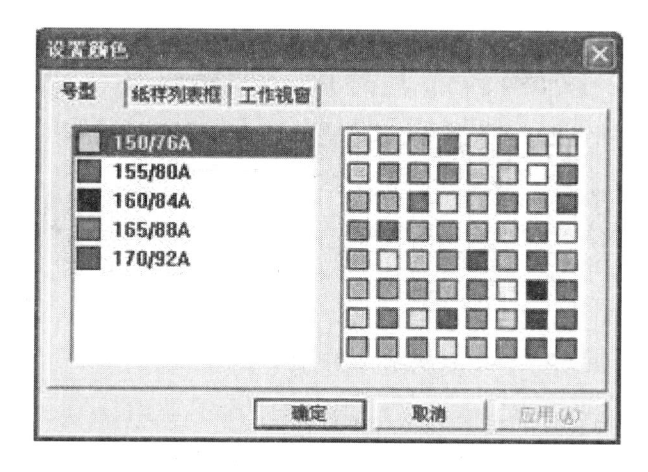

图4-36　颜色设置方法一

第二，在设置号型规格表里单击对应码数色条直块，选择对应颜色，如图4-37所示。

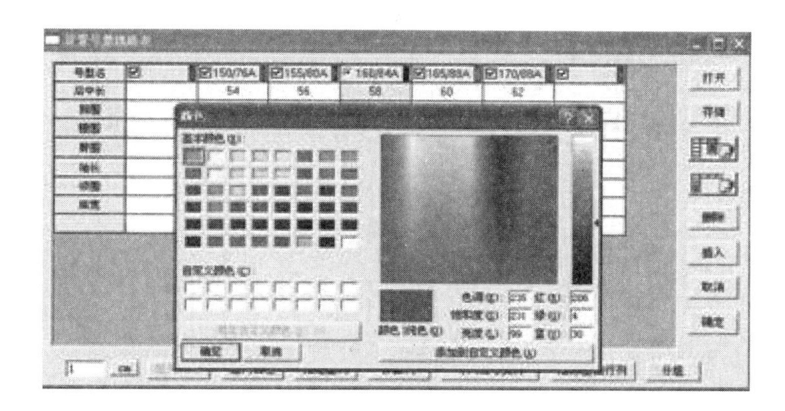

图4-37　颜色设置方法二

（四）选择放码方式

单击快捷工具栏上点放码表命令，弹出“点放码表”对话框，如图4-38所示。

（五）设计放码基准线与基准点

1. 水平基准线

前片、后片的水平基准线均为胸围线，袖片的水平基准线为袖宽线。

2. 纵向基准线

前片的纵向基准线为前中线、后片的纵向基准

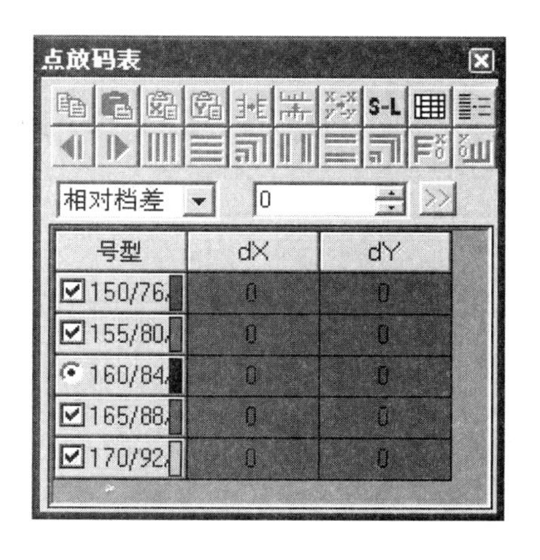

图4-38　点放码表

线为后中线、袖片的纵向基准线为袖中线。

3. 基准点

前、后片的基准点均为水平与纵向基准线的交点。即前片为胸围线与前中线的交点，后片为胸围线与后中线的交点，袖子为袖肥宽线与袖中线的交点。

（六）放码操作步骤

1. 衬衫后片放码

（1）单击“选择与修改”工具，选择需放码点A点，即后领深点，激活“点放码表”对话框，输入155/80A号码相对基准码坐标数据（0，-0.6），再单击“Y相等”按钮或“XY相等”按钮，放码后如图4-39所示。

（2）同理推出后衣片轮廓线上各点需放码点B、C、E1、E、J、H、F、I点，它们的推板坐标分别为A（0,-0.65）、B（-0.17,-0.7）、C（-0.5,-0.5）、E1（-0.6,-0.17）、E（-1,0）、J（-1,0.3）、H（-1,1.3）、F（0,1.3）、I（0,0.3），放码后如图4-40所示。

（3）后片省道上各点放码坐标为a1（-0.3,-0.1）、a2（-0.3,1.3）、a3（-0.3,0.3）、a4（-0.3,0.3），放码后如图4-40所示。

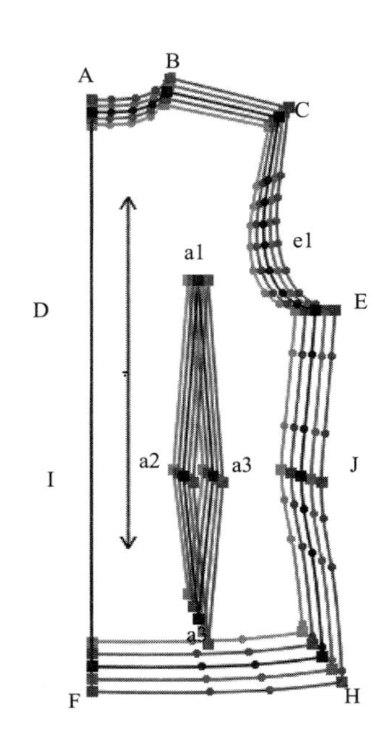

图4-39 女衬衫后片点放码

2. 衬衫前片放码

（1）使用“水平翻转”工具，调整后片纸样，如图4-40所示。

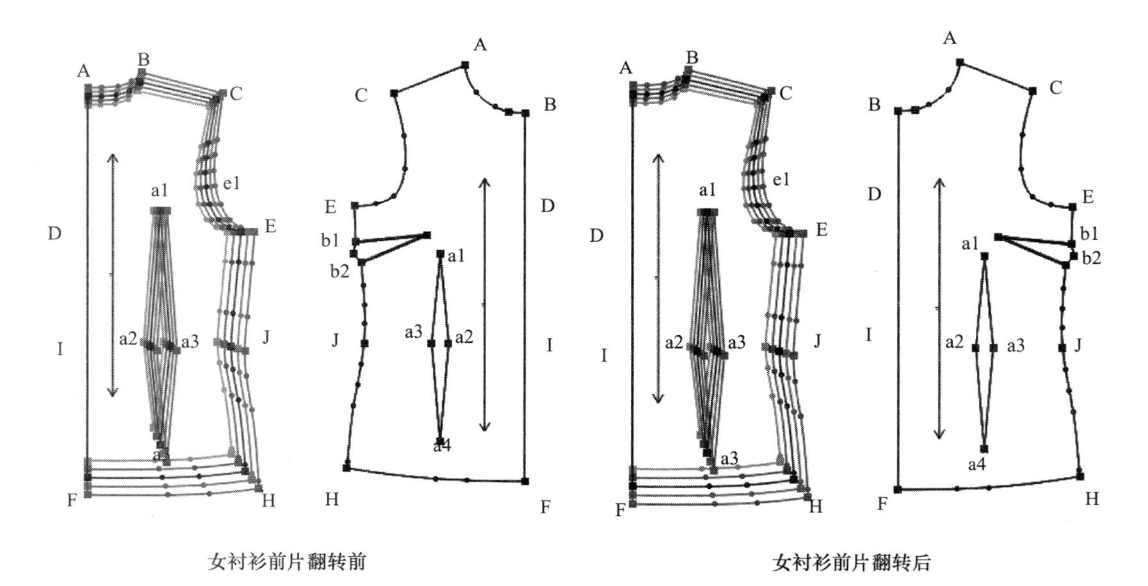

图4-40 女衬衫前片放码

（2）选择“拷贝点放码量”工具，用鼠标选择后片A点到E点，复制领圈、小肩宽、袖窿弧线放码量，然后再用鼠标选择前片A点到E点，粘贴领口、小肩宽、袖窿弧线放码量，放码后如图4-41所示。

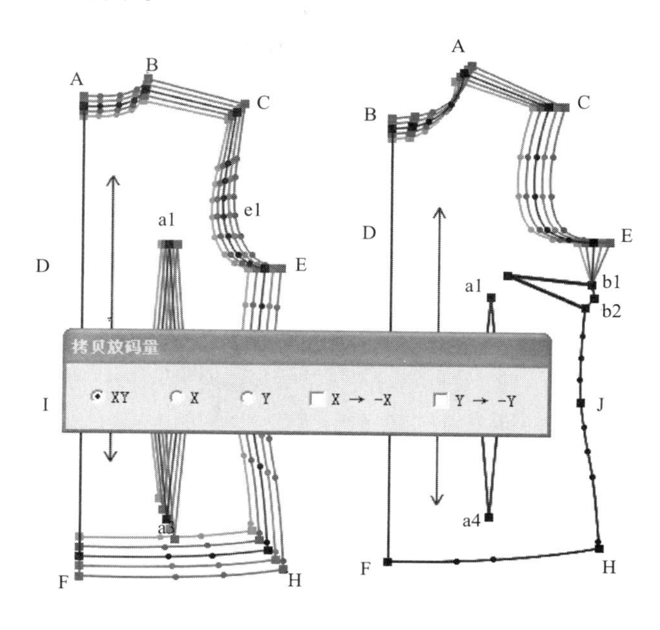

图4-41　女衬衫后片部分放码量拷贝到前片

（3）选择“拷贝点放码量”工具，用鼠标选择后片J点到I点，复制侧下缝、底边、腰节线放码量，然后再用鼠标选择前片J点到I点，粘贴侧下缝、底边、腰节线放码量，放码后如图4-42所示。

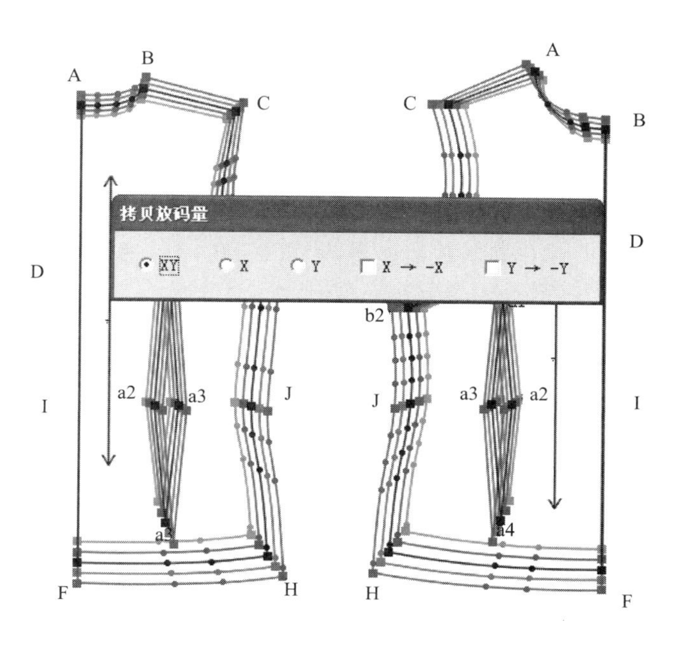

图4-42　女衬衫后片部分放码量拷贝到前片

（4）省道大点b1与b2的放码坐标数据均为（-1，0），同理推出前片上省道与挂面上各点，放码后如图4-43所示。

3. 衬衫袖子放码

（1）袖子轮廓各点放码坐标分别为A（-0，-0.4）、B（0.4，0）、C（-0.4，0）、D（0.5，1.1）、E（-0.5，1.1），放码后如图4-44所示。

（2）袖手开衩及袖口褶裥各点放码坐标可参照D点，放码后如图4-44所示。

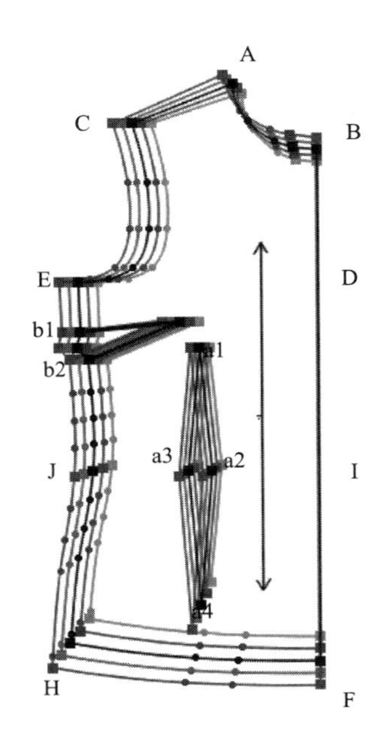

图4-43　女衬衫前片放码

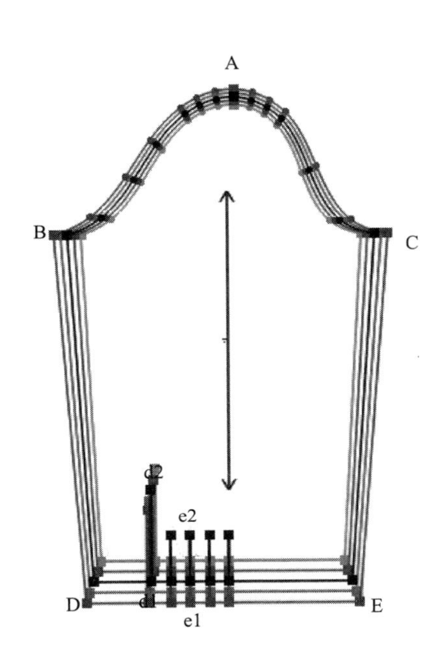

图4-44　女衬衫袖片点放码

（3）袖克夫只放码长度，A与B点的放码坐标均为（-0.8，0），放码后如图4-45所示。

4. 衬衫领放码

衣领只放码长度，A与B点的放码坐标为A（0，0.4）、B（0，0.4），放码后如图4-46所示。

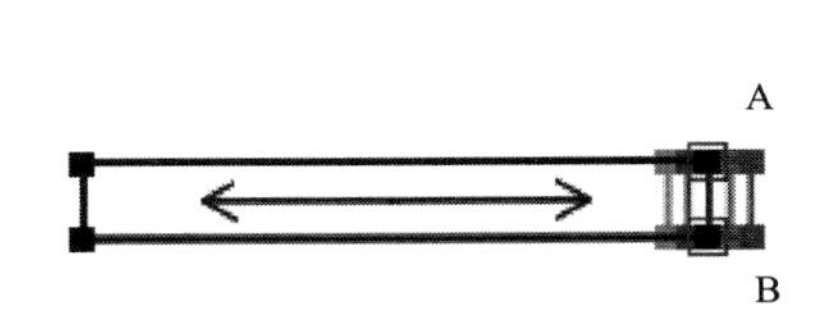

图4-45　女衬衫袖克夫点放码

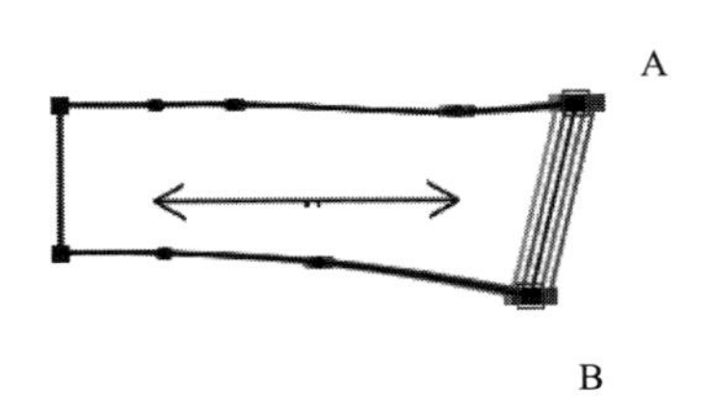

图4-46　女衬衫领点放码

5. **裁片放码完成**

整个裁片放码完成，如图4-47所示。

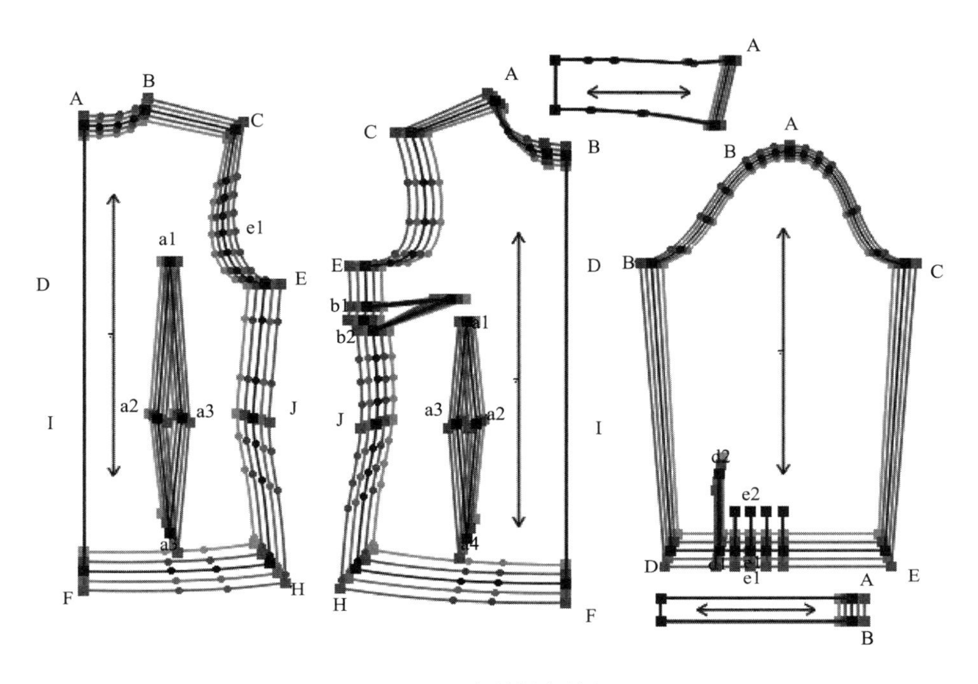

图4-47 女衬衫点放码

四、八片女西装放码

（一）规格表设计

女西装规格表设计见表4-4。

表4-4 八片女西服规格表设计 单位：cm

号型 规格	150/76A	155/80A	160/84A	165/88A	170/92A	档差
衣长	56	58	60	62	64	2
胸围	86	90	94	98	102	4
肩宽	37	38	39	40	41	1
腰围	68	72	76	80	84	4
臀围	90	94	98	102	106	4
背长	36	37	38	39	40	1
袖长	53	54.5	56	57.5	59	1.5
袖口	11.5	12	12.5	13	13.5	0.5

（二）打开文件

单击“打开”按钮，找到路径，打开八片女西服纸样文件。

（三）放码号型编辑

1. 设置号型规格表

选择“号型”菜单中的“ 号型编辑”命令，在弹出的对话框内，通过“插入”“附加”“删除”“基码”“档差”等命令填写设置号型规格表，如图4-48所示。

号型名		150/76A	155/80A	160/84A	165/88A	170/92A	
后中长		56	58	60	62	64	
背长		36	37	38	39	40	
胸围		86	90	94	98	102	
腰围		68	72	76	80	84	
臀围		88	92	96	100	104	
袖长		53	54.5	56	57.5	59	
肩宽		37	38	39	40	41	

图4-48 放码号型编辑

2. 设置颜色

单击快捷工具栏“颜色设置”图标，弹出对话框，设置各码颜色，如图4-49所示。

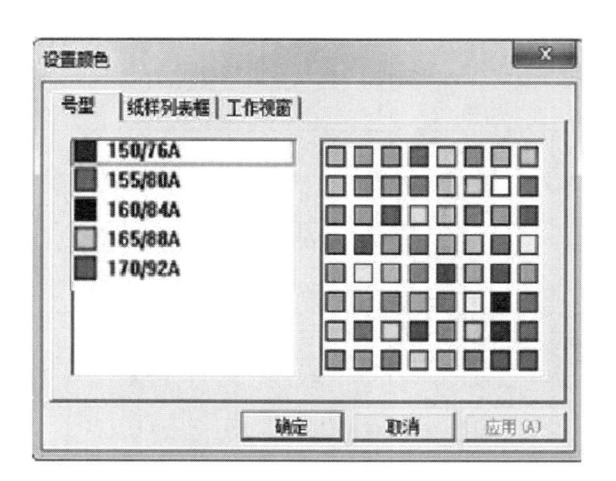

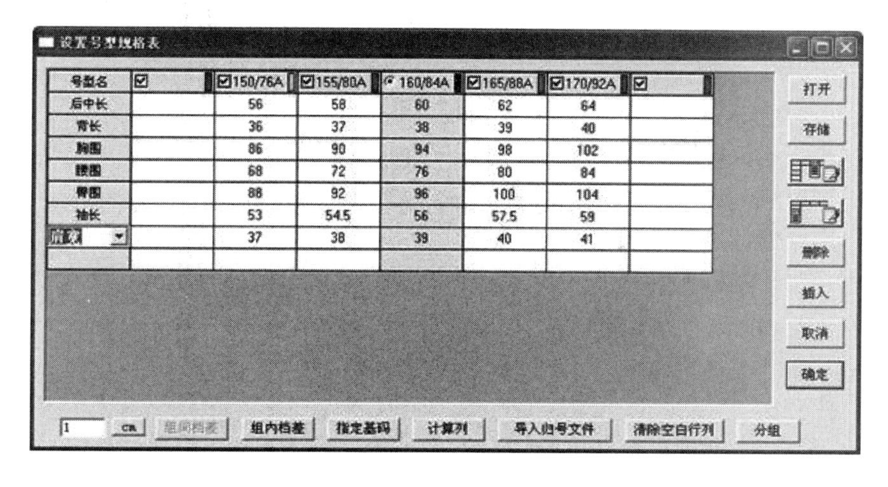

图4-49 颜色编辑

（四）选择放码方式

单击快捷工具栏上的“点放码表”按钮，弹出“点放码表”对话框，如图4-50所示。

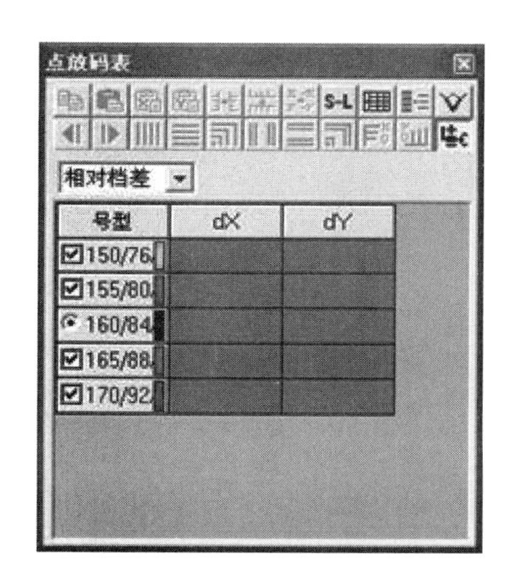

图4-50 点放码表

（五）设计放码基准线与基准点

1. 水平基准线

前片、后片、前后腋下片的水平基准线均为胸围线，大小袖片的水平基准线为袖宽线。

2. 纵向基准线

前片的纵向基准线为前中线、后片的纵向基准线为后中线，前后腋下片的纵向基准线均为刀背缝线，大小袖片的纵向基准线均为后偏袖线。

3. 基准点

前片的基准点为胸围线与前中线的交点，后片的基准点为胸围线与后中线的交点，大小袖片的基准点为袖宽线与后偏袖线的交点。

（六）放码操作步骤

1. 女西服后片放码

（1）单击“选择与修改”工具，选择需放码点A点，即后颈侧点，激活“点放码表”对话框，输入155/80A号码相对基准码坐标数据（–0.2，–0.7），执行“XY相等”命令，放码后如图4-51所示。

（2）同理推出后衣片轮廓上各点需放码点C、D、E、E1、E2、B、F、F1、F2点，它们的推板坐标分别为C（–0.6，–0.6）、D（–0.6，–0.25）、E（–0.5，0）、E1（–0.5，1.3）、E2（–0.5，0.3）、B（0，–0.6）、F（0， 0）、F1（0，1.3）、F2（0，0.3），放码后如图4–51所示。

2. 女西服后腋片放码

后衣片轮廓上需放码点D1、D2、D3、D4、E3、E4、E5点的推板坐标分别为D1（–0.1，–0.25）、D2（–1， 0）、D3（–1，0.3）、D4（–1，1.3）、E3（0，0） 、E4（0，0.3）、E5（0，–1.3），放码后如图4–52所示。

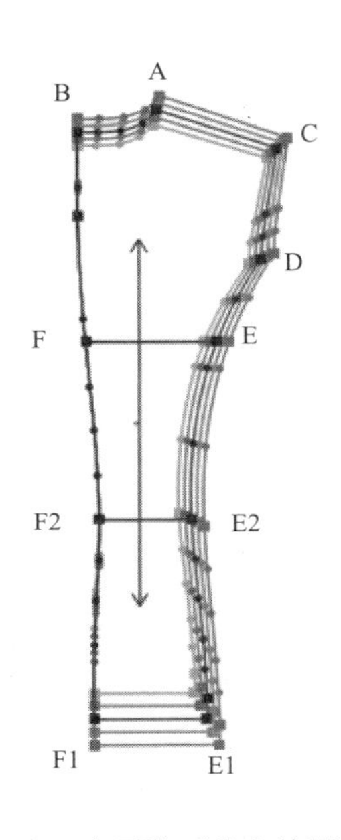

图4–51 女西装后片点放码

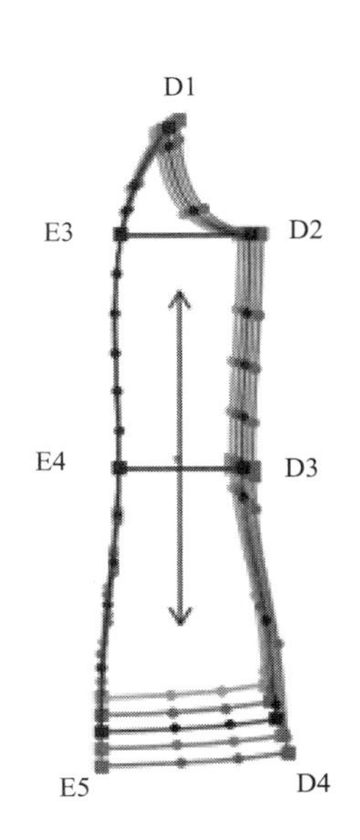

图 4–52 女西装后腋片点放码

3. 女西服前片放码

前衣片轮廓上需放码点A、B、C、D、D1、D2、D3、E2、E1、E点的推板坐标分别为A（–0.2，–0.7）、B （0，–0.5） 、C（–0.6，–0.6） 、D（–0.6，–0.25）、D1（–0.5，0）、D2（–0.5，0.3）、D3（–0.5，1.3）、E2（0，1.3）、E1（0，0.3）、E（0，0），放码后如图4–53所示。

4. 女西服前腋片放码

女西服前腋下片轮廓线上各点为E1、E2、E3、D4、D5、D6、D7，它们的推板坐标分别为E1（–1，0）、E2（–1，1.3）、E3（–1，0.3）、D4（–0.1，–0.25）、D5（0，0）、D6（0，1.3）、D7（0，0.3），放码后如图4–54所示。

5. 女西服挂面裁片放码

女西服挂面裁片轮廓上各点A、A1、B、B1、E1、E2的推板坐标分别为A/A1（–0.2，

–0.7）、B（0，–0.5）、B1（–0.2，–0.5）、E（0，0）、E1/E2（–0，1.3），操作时，可逐点放码，也可复制粘贴前片的相关放码数据，放码后如图4–55所示。

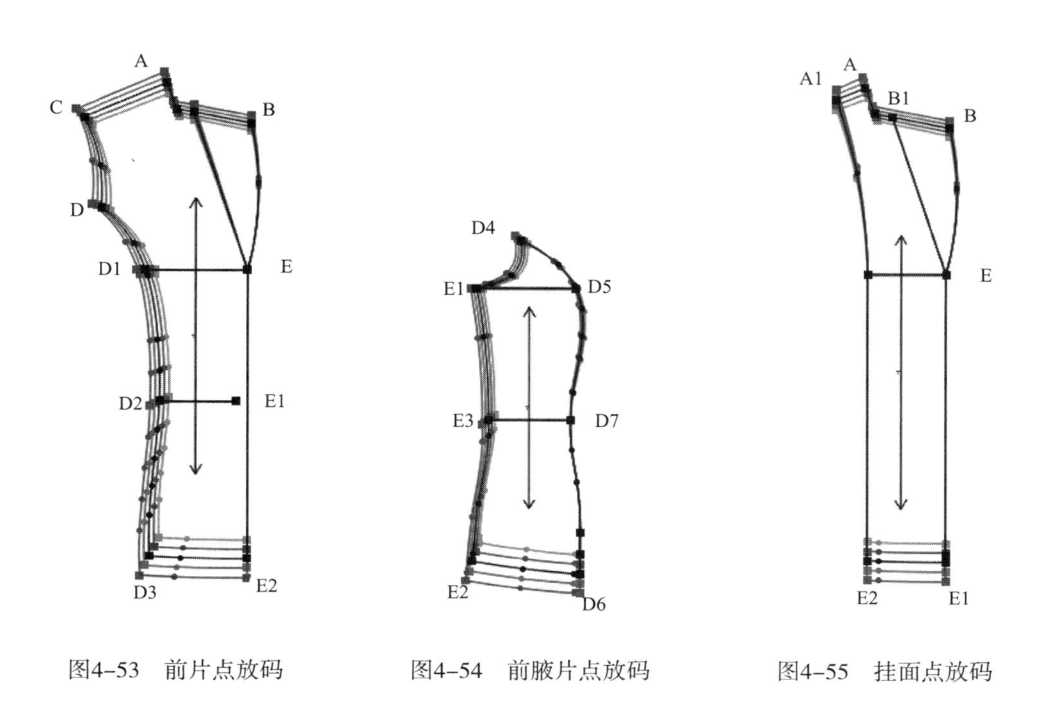

图4–53　前片点放码　　图4–54　前腋片点放码　　图4–55　挂面点放码

6. **女西服袖放码**

（1）女西服大袖片轮廓上各点是A、B、B1、B2、B3、C、C1、C2、C3、C4点，它们的推板坐标分别为A（–0.4，–0.6）、B/B1（0，0）、B2（0，0.9）、B3（0，0.3）、C（–0.8，–0.2），C1（–0.8，0）、C2/ C4（–0.5，0.9）、C3（–0.8，0.3），放码后如图4–56所示。

（2）小袖片轮廓上各点是B、B1、B2、B3、C、C1、C2、C3、C4、D点，它们的推板坐标分别为B/ B1（0，0）、B2（0，0.9）、B3（0，0.3）、C（–0.8，–0.2）、C1（–0.8，0）、C2/C4（–0.5，0.9）、D（–0.4，0），可逐点放码，也可通过“拷贝点放码量”工具，复制大袖片上的C点到B2点放码数据粘贴到小袖片上的C点到B2点上，放码后如图4–57所示。

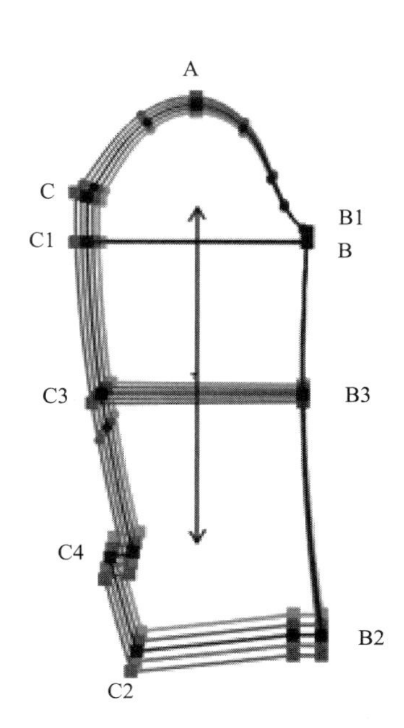

图4–56　女西服大袖点放码

7. **女西服肩贴放码**

同理推出女西服肩贴轮廓上各需放码点A、A1、B、B1

点的推板坐标分别为A、A1（0.2， 0）、B、B1（-0.2，0），放码后如图4-58所示。

8. 女西服领放码

同理推出女西服贴边轮廓上各点需放码点A、A1、A2、B、B1、B2点，它们的推板坐标分别为A、A1（-0.6， 0）、B、B1点的放码量，可通过复制A点坐标获得。放码后注意其与A点放码方向的对称性，放码后如图4-59所示。

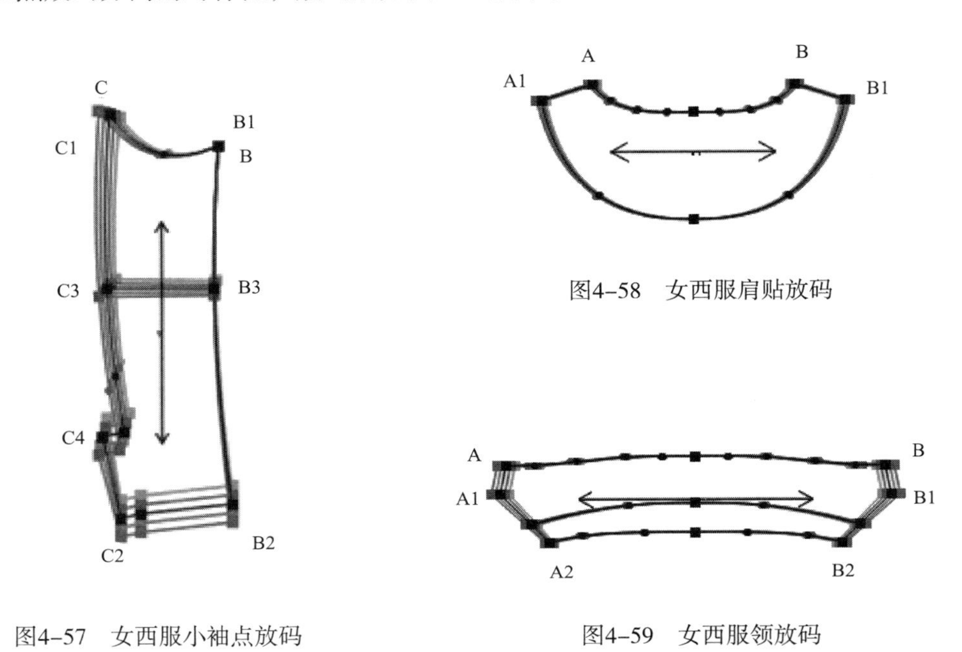

图4-58 女西服肩贴放码

图4-57 女西服小袖点放码

图4-59 女西服领放码

9. 放码完成

女西服放码完成后如图4-60所示。

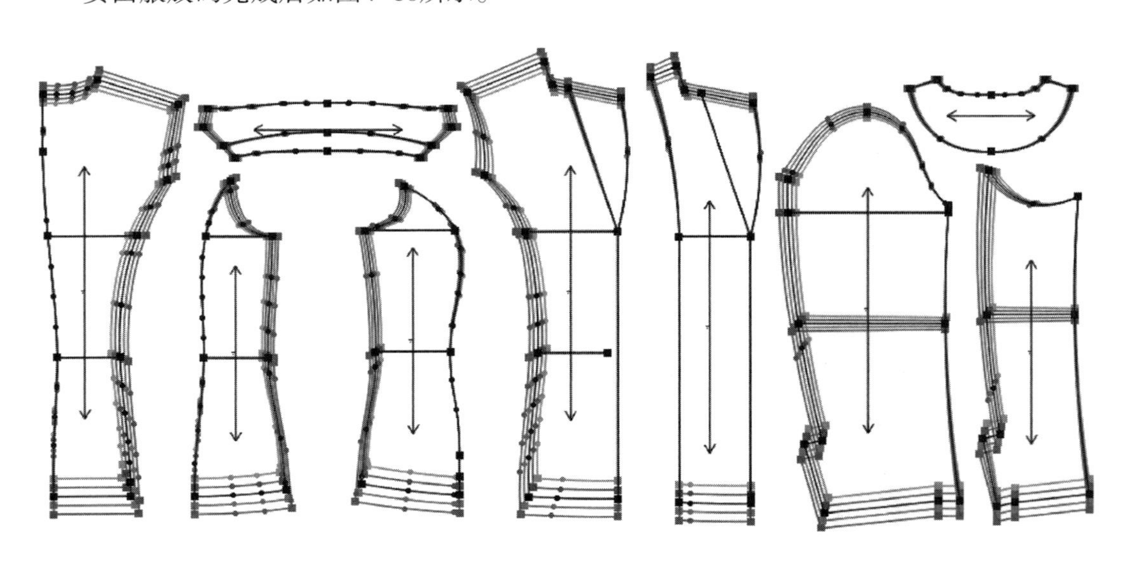

图4-60 女西装点放码

五、插肩袖夹克衫放码

（一）规格表设计

夹克衫规格表设计见表4-5。

表4-5 插肩袖夹克衫规格表设计 单位：cm

规格＼号型	150/76A	155/80A	160/84A	165/88A	170/92A	档差
衣长	51	53	55	57	59	2
胸围	88	92	96	100	104	4
肩宽	37.6	38.8	40	41.2	42.4	1.2
背长	36	37	38	39	40	1
袖长	53	54.5	56	57.5	59	1.5
袖口	11.5	12	12.5	13	13.5	0.5

（二）打开文件

单击“打开”按钮，找到路径，打开插肩袖夹克衫纸样文件。

（三）放码号型编辑

1．设置号型规格表

选择“号型”菜单中的“号型编辑”命令，在弹出的对话框内，通过“插入”“附加”“删除”“基码”“档差”等命令填写设置号型规格表，如图4-61所示。

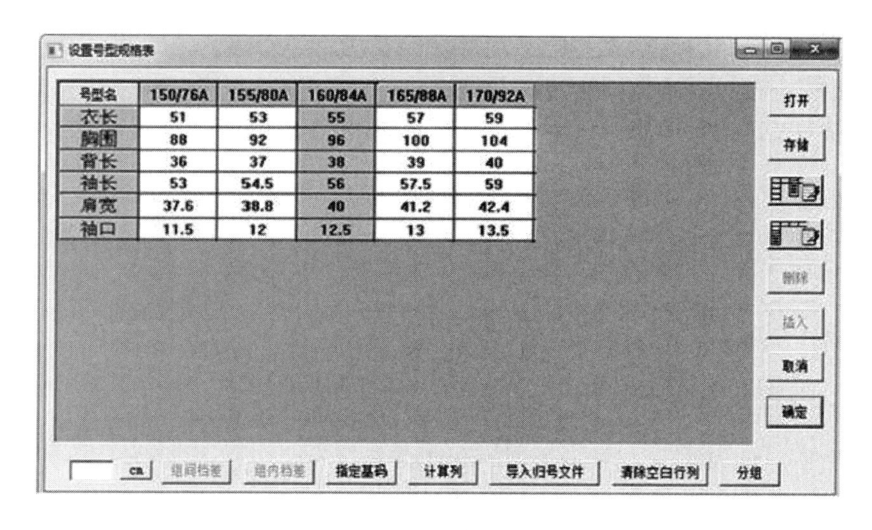

图4-61 放码号型编辑

2. 设置颜色

单击快捷工具“颜色设置”图标，弹出对话框，设置各码颜色，如图4-62所示。

（四）选择放码方式

单击快捷工具栏上的“点放码表”按钮，弹出“点放码表”对话框，如图4-63所示。

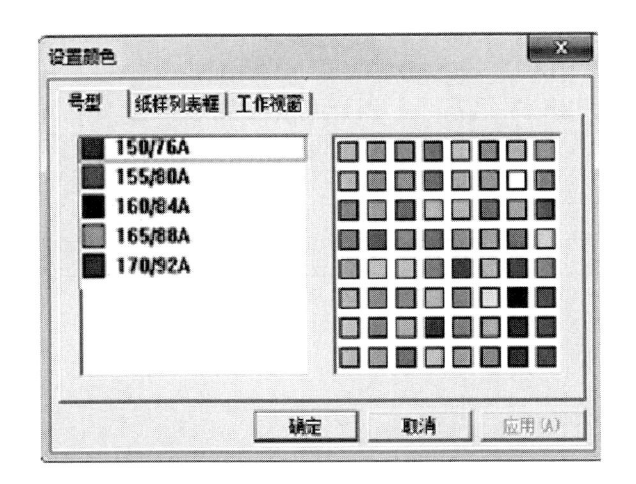

图4-62 颜色设置

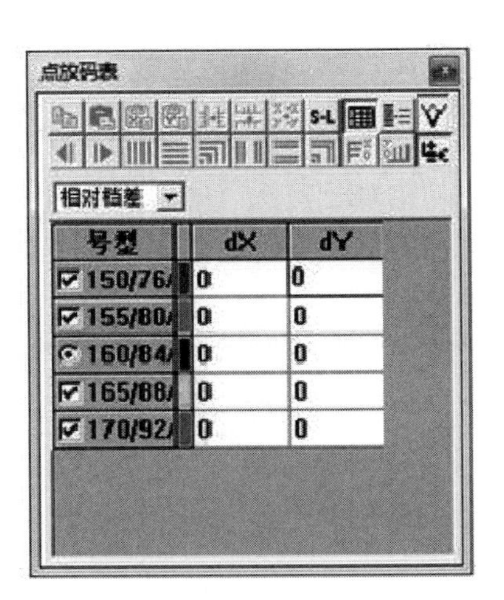

图4-63 点放码表

（五）设计放码基准线与基准点

1. 水平基准线

前、后片的水平基准线均为胸围线。

2. 纵向基准线

前片的纵向基准线为胸宽线、后片的纵向基准点为背宽线。

3. 基准点

前片的基准点为胸围线与胸宽线的交点，后片的基准点为胸围线与背宽线的交点，前后袖片的基准点可参照衣身放码。

（六）放码操作步骤

1. 插肩袖夹克衫后片放码

后片各点O、A、B 、C、D、E点的放码原理同衬衫，领口上点B点，按照整个领宽的档差比例计算。它们的放码数据为O（0，0）、A（-0.6，-0.6）、B（-0.45，-0.6）、C（-0.4，0）、D（-0.4，1.3）、E（-0.6，1.3），放码后如图4-64所示。

2. **插肩袖夹克衫后袖片放码**

（1）后袖片肩部各点O1、B1、B2、F可理解为与衣身一体放码，放码数据为O1（0，0）、B1（–0.45，–0.6）、B2（–0.4，–0.7）、F（–0.6，–0.6），放码后如图4–65所示。

（2）后袖片其他各点放码。可把纸样沿袖宽方向摆放水平放码，或在放码时改变纸样的坐标方向，袖宽方向为X轴方向，基准点为O1点，它们的放码坐标为C1（0.4，0）、G（–0.4，0）、H（–0.25，1.5）、I（0.25，1.5）。放码后，可用“皮尺/测量长度”工具和“调整两点之间直度”工具等验证放码后的尺寸与规格尺寸是否相符。本款式用“皮尺/测量长度”工具比较衣身与袖的各码配合长度是否合理；需调整时，可调整放码数据，或用“调整两点之间直度”工具与其他工具调整线段长度。如后片衣O点与袖片的O1点是两个对应点，可分别比较BO与B1O1、OC与O1C1的长度配合是否合理，然后进行调整，如图4–65所示。

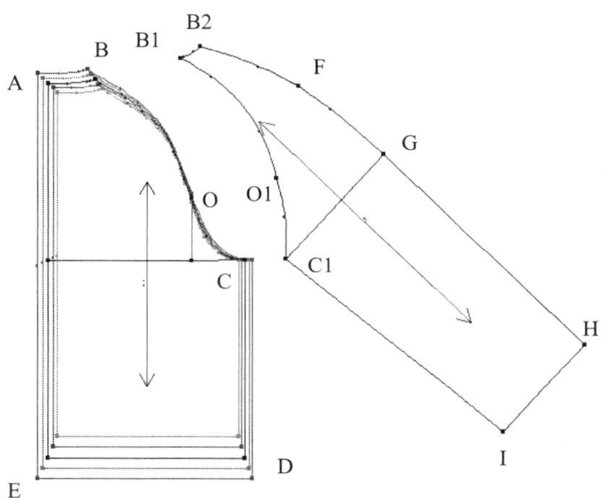

图4–64　插肩袖夹克衫后片放码

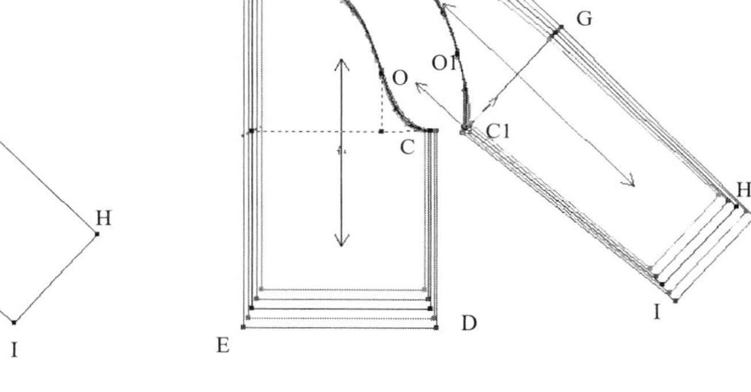

图4–65　插肩袖夹克衫后袖片放码

3. **插肩袖夹克衫前片放码**

同理推出插肩袖夹克衫前片轮廓线上各需放码点A、B、B1、C的放码坐标分别为A（–0.6，–0.5）、B（–0.45，–0.5），其他各点都与后片一一相对应，放码后如图4–66所示。

4. **插肩袖夹克衫前袖片放码**

前袖片放码原理与后袖片相同，B1与C点的放码坐标为B1（–0.45，–0.5）、C（–0.4，–0.7），其他各点也与后袖片相对应，放码后如图4–66所示。

5. **插肩袖夹克衫挂面放码**

挂面的放码数据应与前片相对应，挂面上A、B、C各点的放码数据为A（0，–0.5）、B/ C（0.2，–0.7），下摆放码坐标为（0，1.3），放码后如图4–67所示。

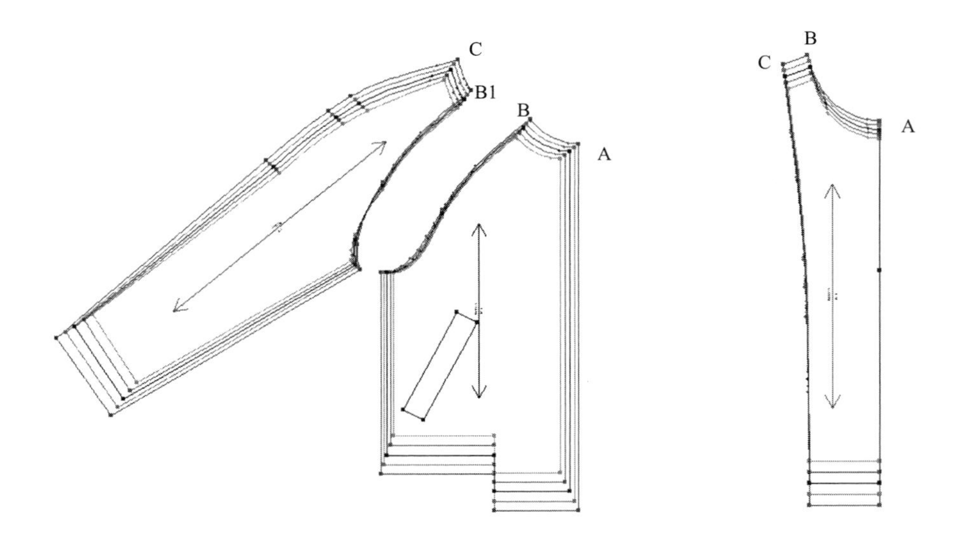

图4-66 插肩袖夹克衫前片和前袖片放码　　图4-67 插肩袖夹克衫挂面放码

6. 插肩袖扣袋对位标记放码

先用“选择与修改”工具选择扣位标记，打开“点放码表”，在相邻155/66A号码小码内输入坐标数据（-0.6，1.3），放码后，再根据口袋宽的档差，用“线调整”工具调整各号型口袋的长度，如图4-68所示。

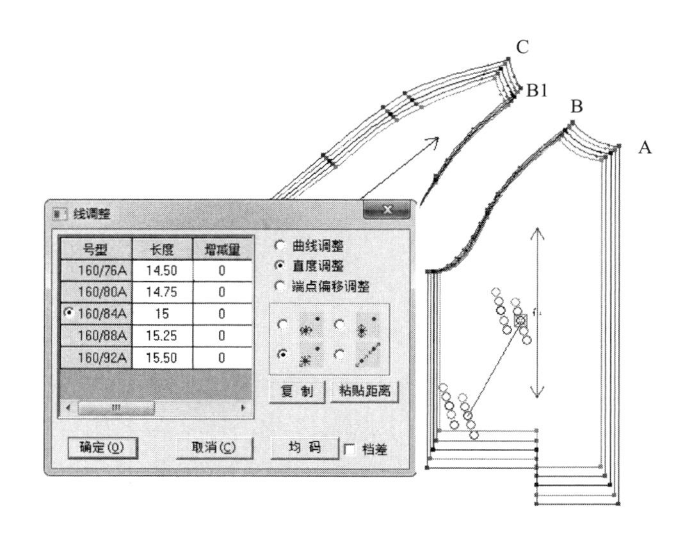

图 4-68 插肩袖扣袋对位标记放码

7. 插肩袖夹克衫下摆放码

插肩袖夹克衫下摆只推长度，它们的推板坐标分别为A/B（-4，0），放码后如图4-69所示。

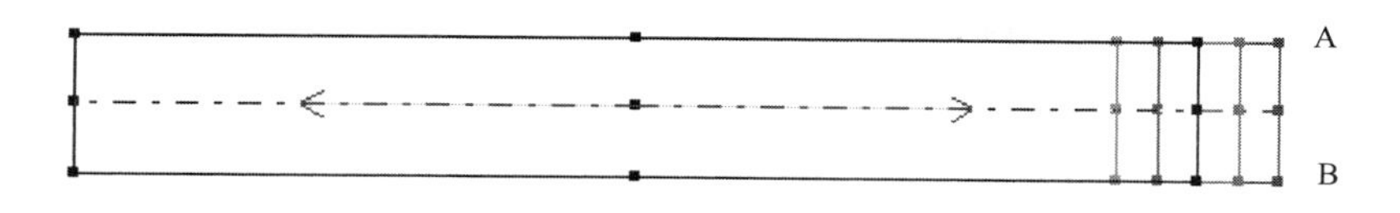

图 4-69 夹克衫下摆放码

8. 插肩袖夹克衫下摆贴与口袋推板

插肩袖夹克衫下摆贴与前衣身位置放码数据相一致，水平档差为0.6cm，口袋放码与衣身上对位标记放码数据相一致，长度档差为0.25cm，放码后如图4-70所示。

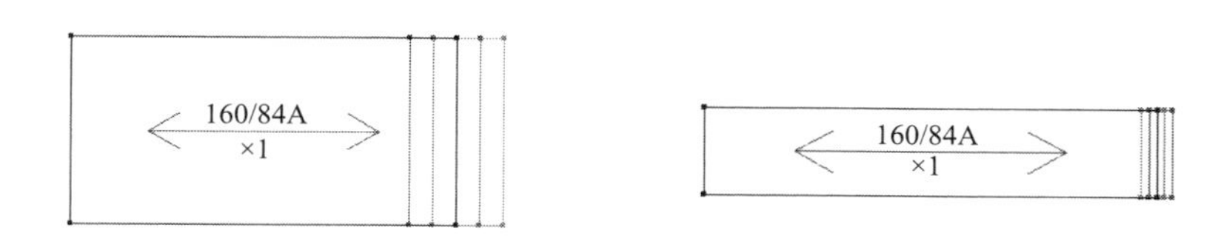

图4-70 下摆贴放码

9. 插肩袖夹克衫衣领放码

插肩袖夹克衫衣领轮廓线上各需放码点A、A1、B、B1的推板坐标分别为A、A1（0.5，0）、B、B1（-0.5，0），放码后如图4-71所示。

10. 插肩袖夹克衫肩贴放码

插肩袖夹克衫肩贴轮廓上的A点与B点的放码坐标为A/B（-0.2，0），纸样放码左右对称，放码后如图4-72所示。

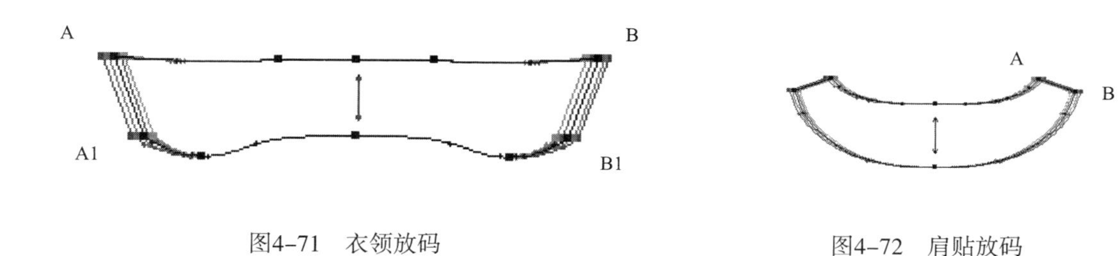

图4-71 衣领放码　　图4-72 肩贴放码

11. 放码完成

插肩袖夹克衫放码完成，如图4-73所示。

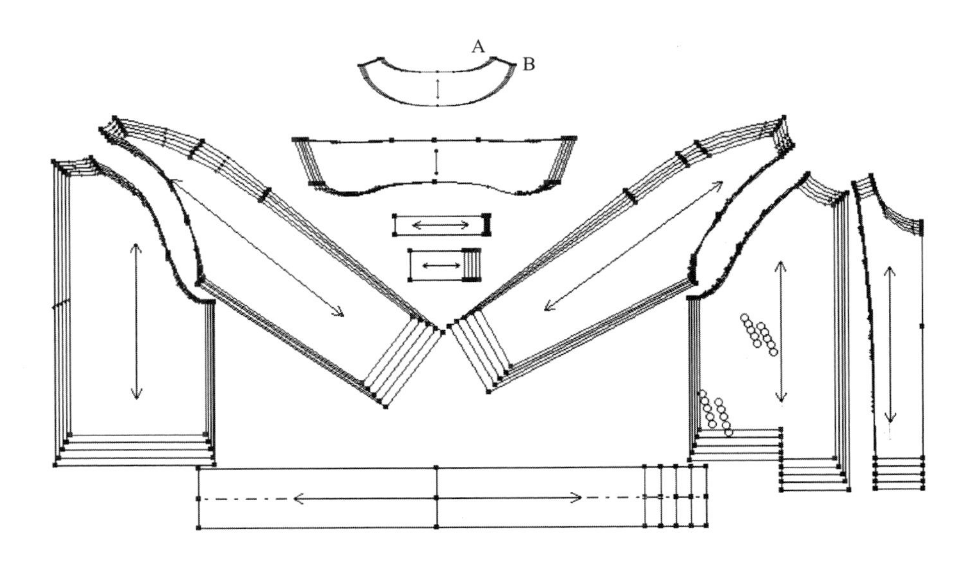

图4-73 插肩袖夹克衫点放码

练习与思考

1. 练习基础裙放码操作。
2. 练习女裤放码操作。
3. 练习衬衫放码操作。
4. 练习八片女西服放码操作。
5. 练习插肩袖夹克衫放码操作。

应用与技能——

排料系统及功能应用

课题名称： 排料系统及功能应用

课题内容： 1．女裤排料

2．西装排料

课题时间： 8课时

教学目的： 通过本课程的学习，使学生熟练排料系统功能，并熟悉各工具快捷键使用。

教学方式： 多媒体课件展示与示范讲解。

教学要求： 1．通过教学演示及学生上机实践，使学生掌握CAD应用女裤排料。

2．通过教学演示及学生上机实践，使学掌握CAD应用西装排料。

课前准备： 按教学进程预习本教材内的实践教学内容。

第五章　排料系统及功能应用

服装排料是服装板型设计中的最后一个环节，具有手动式、全自动式、人机交互式三种排料方式。纸样设计模块、放码模块产生的款式文件可直接导入排料模块中的待排工作区内，对不同款式、号型可任意混装、套排，在排料过程中可随时观察面料的利用率、样片排放数量等，同时还可设定各纸样的数量、属性等，以做好排料之前的编辑工作。服装排料系统可根据面料、辅料和衬料或面料的不同颜色将同一款服装样片分成不同的裁床进行裁剪，而且可以对格纹、条纹、斜纹或花纹的面料进行对条、对格、对花的排料处理。

第一节　排料系统界面介绍

双击 RP-GMS 图标，进入排料系统操作画面，整个画面分菜单栏、纸样窗、尺码表、主工具匣、唛架工具匣1、唛架工具匣2、主唛架区、辅唛架区等，如图5-1所示。

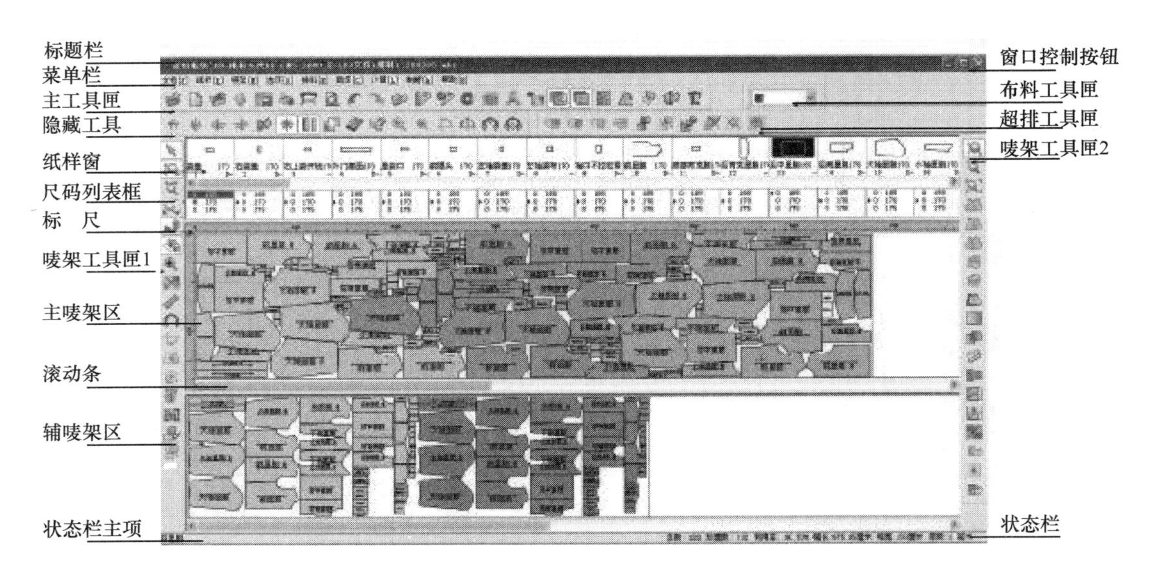

图5-1　排料系统界面介绍

一、菜单栏

菜单栏中放置着排料用的常用命令与功能，如文档、纸样、唛架、排料与系统设置等功能，在单击每个菜单时，会弹出一个下拉菜单，也可以按住Alt键的同时按菜单项括号内的字母，即刻弹出下拉菜单。有些常用命令后有提示，可用快捷键操作。当熟悉了各菜单命令后，常用命令用快捷键操作非常方便，熟记它们会大大提高工作效率（快捷键组合见附录）。

二、纸样窗

纸样窗可以陈列排料的所有号码纸样，每个纸样放置在一个小方格内，纸样框的大小可以通过拖拉方格边缘改变其长与宽，且纸样的陈列位置可以通过拖拉选择移到新位置改变，且可以对着样片单击右键选择样片的陈列顺序。

三、尺码表

每个小纸样框都对应着一个尺码表，尺码表中陈列着每个纸样的所有号型及每个号型的纸样片数。

四、主工具匣

主工具匣主要包括一些常用工作命令，如文档的新建、打开、保存，打印唛架，绘图唛架，增加样片，字体设定，分割样片等。

五、唛架工具匣1

唛架工具匣1用于放置可对唛架上的纸样进行选择、移动、旋转、翻转、放大、缩小、测量、添加文字等操作的工具。

六、唛架工具匣2

唛架工具匣2设置对面料模式相对，有折转方式选择的主、辅唛架的对称的纸样进行折叠、展开等操作。

七、主唛架区

工作区内放置唛架，纸样在唛架上按照技术要求进行排放，以获得最省面料的排料方式。

八、辅唛架区

辅唛架区是将纸样按码数分开排列在唛架上，可以按自己的需要将纸样排入主唛架。

九、状态栏

状态栏位于系统界面的最底部，显示了排料的主要信息，主要有排料文件的总样片数，放入唛架的样片数、唛架的利用率、设定唛架的长与宽及层数等。

第二节 排料系统功能介绍

一、唛架工具匣1工具介绍

唛架工具匣1用于放置可对唛架上的纸样进行选择、移动、旋转、翻转、放大、缩小、测量、添加文字等操作的工具如图5-2所示，具体功能和操作方法见表5-1。

图5-2 唛架工具匣1

表5-1 唛架工具匣1工具介绍

工具名称	操作方法
唛架宽度显示 主要功能：显示唛架的宽度	单击该工具，排料唛架按唛架宽度显示
全部纸样工具 主要功能：显示唛架上的全部纸样	单击该工具，排料唛架全部显示

续表

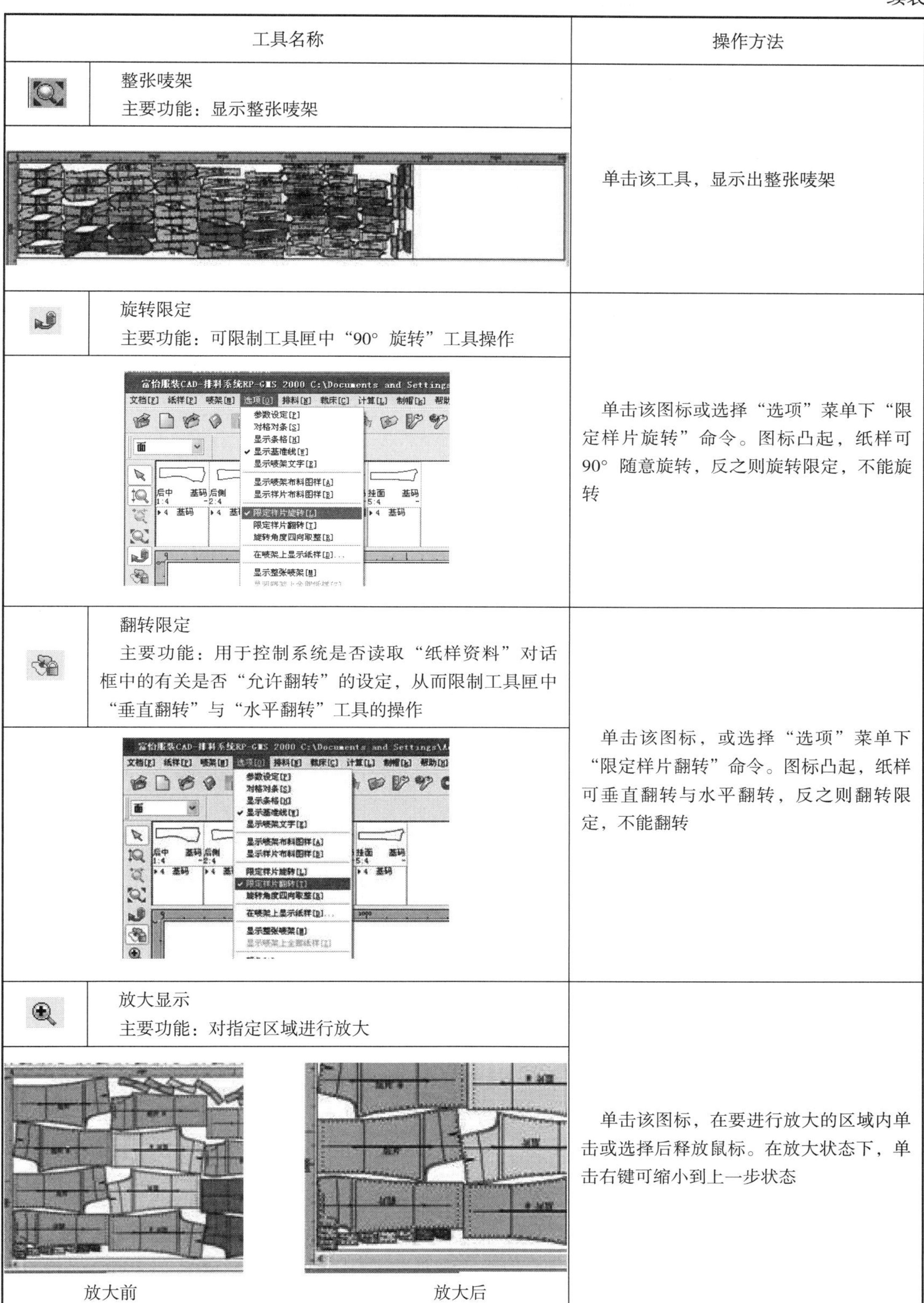

工具名称		操作方法
	整张唛架 主要功能：显示整张唛架	单击该工具，显示出整张唛架
	旋转限定 主要功能：可限制工具匣中“90°旋转”工具操作	单击该图标或选择“选项”菜单下“限定样片旋转”命令。图标凸起，纸样可90°随意旋转，反之则旋转限定，不能旋转
	翻转限定 主要功能：用于控制系统是否读取“纸样资料”对话框中的有关是否“允许翻转”的设定，从而限制工具匣中“垂直翻转”与“水平翻转”工具的操作	单击该图标，或选择“选项”菜单下“限定样片翻转”命令。图标凸起，纸样可垂直翻转与水平翻转，反之则翻转限定，不能翻转
	放大显示 主要功能：对指定区域进行放大 放大前　放大后	单击该图标，在要进行放大的区域内单击或选择后释放鼠标。在放大状态下，单击右键可缩小到上一步状态

续表

工具名称		操作方法
	清除唛架 主要功能：此工具可将唛架上的所有纸样从唛架上清除，并将它们返回到纸样列表框	单击该工具或单击唛架菜单下的“清除唛架”命令，在弹出的对话框内进行选择，可对唛架清除进行操作
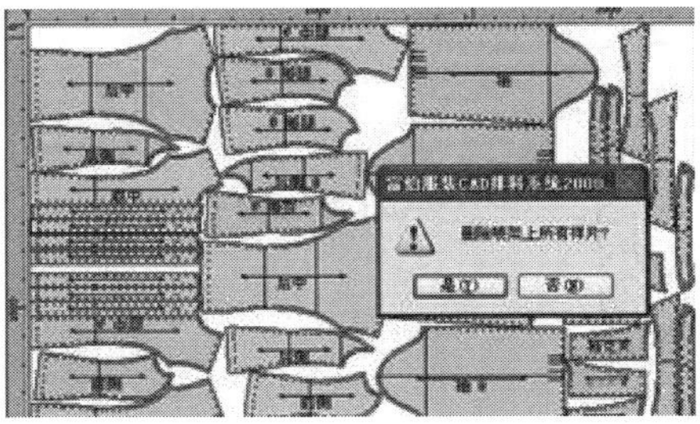		
	尺寸测量 主要功能：用测量工具可测量唛架上任意两点间的距离	单击测量工具图标，在唛架上单击要测量的两点，测量所得数值显示在状态栏中，DX、DY分别为水平、垂直位移，D为直线距离
	旋转唛架纸样 主要功能：该工具可对选中的样片按需要的任何角度进行旋转	选中样片，单击该工具，出现如图所示对话框，在对话框里输入旋转的角度后再点击旋转方向，选中的样片就会进行相应地旋转

	顺时针90° 旋转 主要功能：该工具可对唛架上选中的纸样进行90° 顺时针旋转	选中纸样，单击该图标或对着纸样单击右键，或按键盘数字键5，都可完成纸样90° 旋转
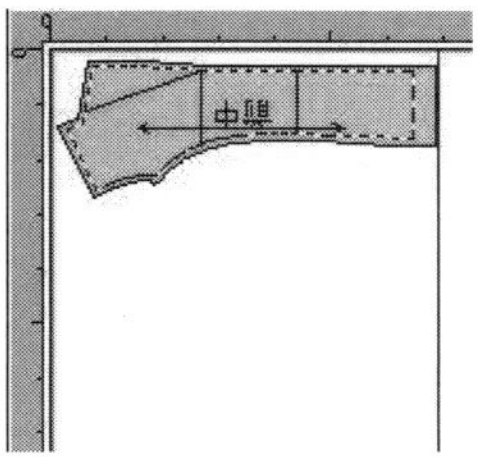 旋转前	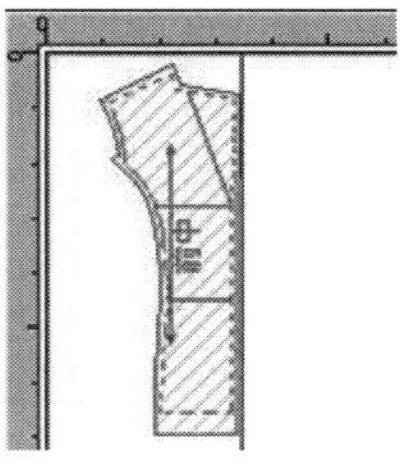 旋转后	

续表

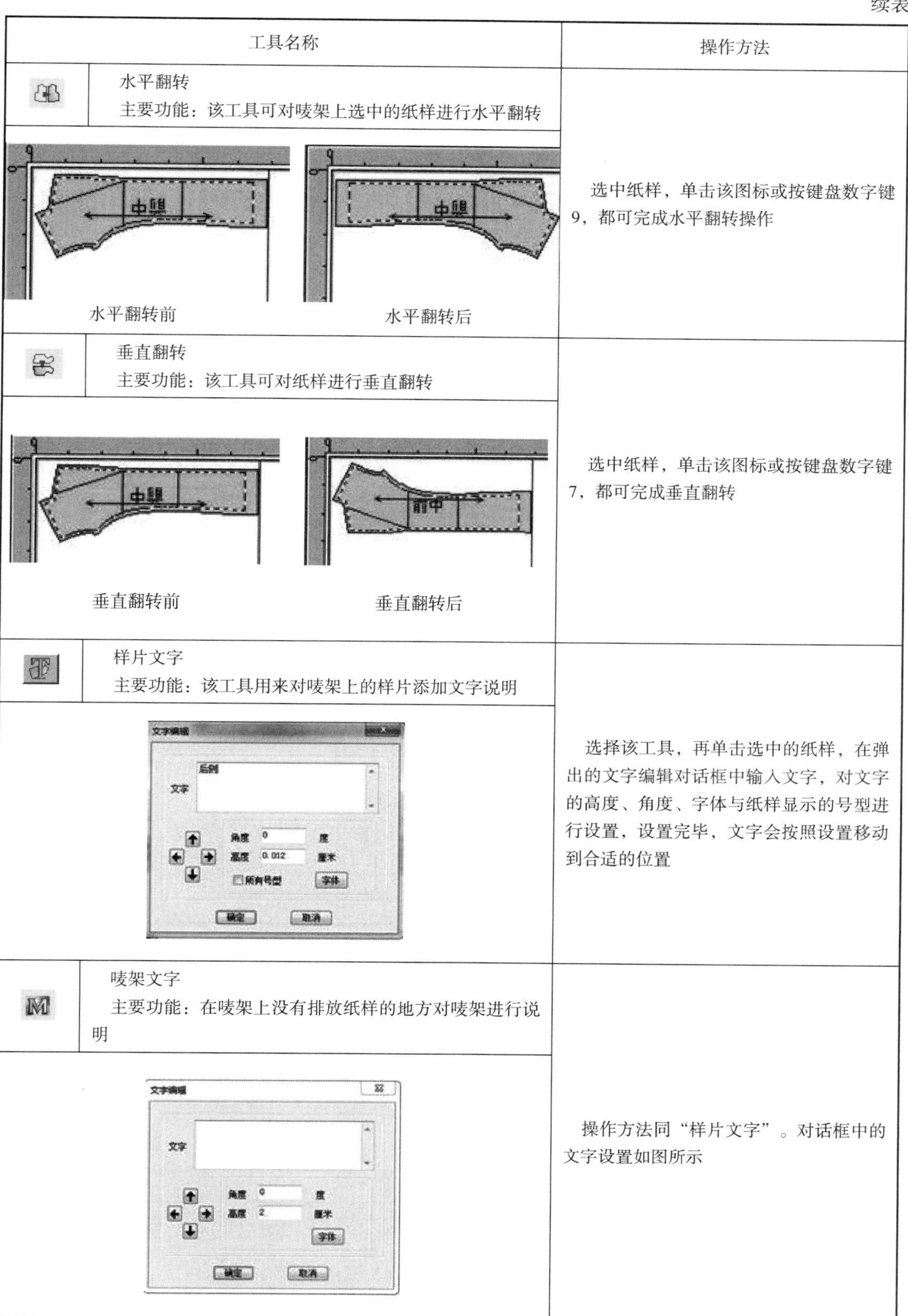

工具名称	操作方法
水平翻转 主要功能：该工具可对唛架上选中的纸样进行水平翻转 水平翻转前　水平翻转后	选中纸样，单击该图标或按键盘数字键9，都可完成水平翻转操作
垂直翻转 主要功能：该工具可对纸样进行垂直翻转 垂直翻转前　垂直翻转后	选中纸样，单击该图标或按键盘数字键7，都可完成垂直翻转
样片文字 主要功能：该工具用来对唛架上的样片添加文字说明	选择该工具，再单击选中的纸样，在弹出的文字编辑对话框中输入文字，对文字的高度、角度、字体与纸样显示的号型进行设置，设置完毕，文字会按照设置移动到合适的位置
唛架文字 主要功能：在唛架上没有排放纸样的地方对唛架进行说明	操作方法同“样片文字”。对话框中的文字设置如图所示

续表

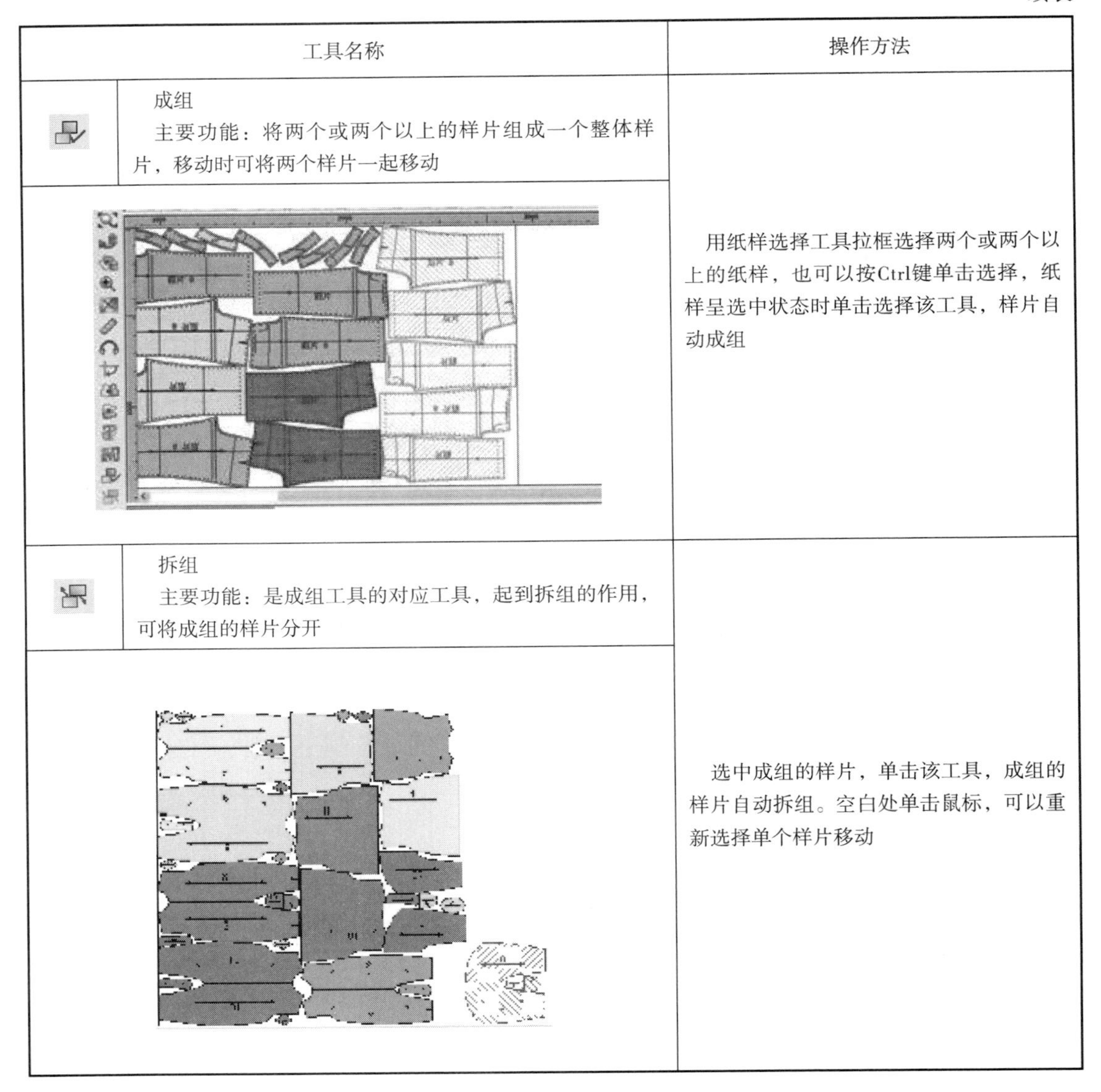

工具名称		操作方法
	成组 主要功能：将两个或两个以上的样片组成一个整体样片，移动时可将两个样片一起移动	用纸样选择工具拉框选择两个或两个以上的纸样，也可以按Ctrl键单击选择，纸样呈选中状态时单击选择该工具，样片自动成组
	拆组 主要功能：是成组工具的对应工具，起到拆组的作用，可将成组的样片分开	选中成组的样片，单击该工具，成组的样片自动拆组。空白处单击鼠标，可以重新选择单个样片移动

二、唛架工具匣2工具介绍

该工具匣设置对料面模式，有折转方式选择的主、辅唛架的对称的纸样进行折叠、展开等操作如图5-3所示，具体功能和操作方法见表5-2。

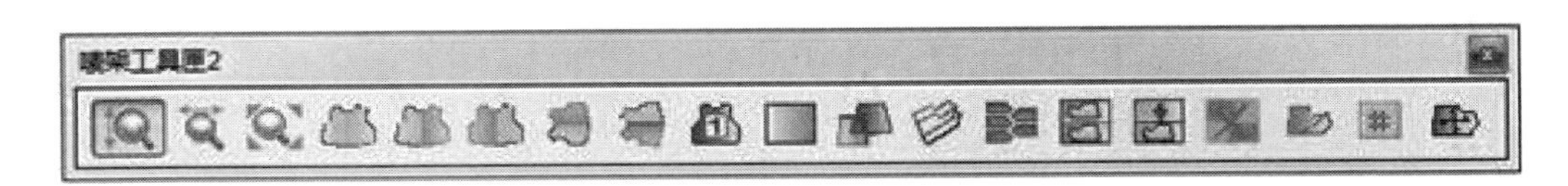

图5-3　唛架工具匣2

表5-2　唛架工具匣2工具介绍

工具名称		操作方法
	显示辅唛架宽度 主要功能：显示辅唛架宽度	单击该工具，按辅唛架宽度显示，显示新建时设置好唛架宽度
	显示辅唛架所有样片 主要功能：显示辅唛架所有样片	单击该工具，显示辅助唛架上所有样片
	显示整个辅唛架 主要功能：显示整个辅唛架	单击该工具，显示整个辅唛架，显示新建时设置好唛架宽度和长度
	样片右折、样片左折、样片下折、样片上折 主要功能：当对圆桶唛架进行排料时，可将上下对称的纸样向上折叠、向下折叠，将左右对称的纸样向左折叠、向右折叠 折叠前　　折叠后	唛架设定对话框中的层数将层数设为两层，料面模式设为相对，“折转方式”设为“下折转”；单击上下对称的纸样，再单击“样片上折”按钮 即可看到纸样被折叠为一半，并靠于唛架相应的折叠边；同样，单击左右对称的纸样，再单击向左折叠或向右折叠，即可看到纸样被折叠为一半，并靠于唛架相应的折叠边

续表

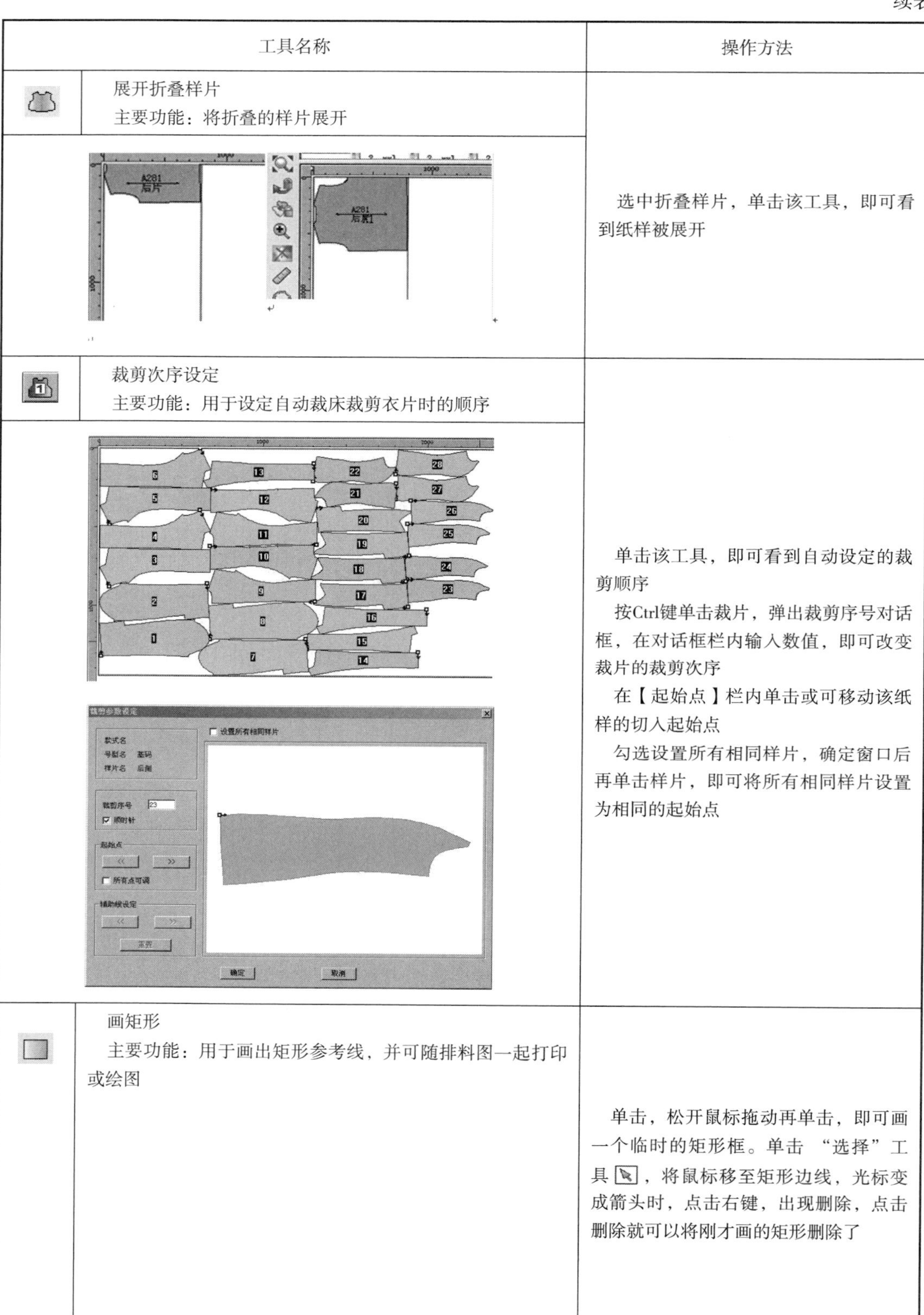

工具名称	操作方法
展开折叠样片 主要功能：将折叠的样片展开	选中折叠样片，单击该工具，即可看到纸样被展开
裁剪次序设定 主要功能：用于设定自动裁床裁剪衣片时的顺序	单击该工具，即可看到自动设定的裁剪顺序 按Ctrl键单击裁片，弹出裁剪序号对话框，在对话框栏内输入数值，即可改变裁片的裁剪次序 在【起始点】栏内单击或可移动该纸样的切入起始点 勾选设置所有相同样片，确定窗口后再单击样片，即可将所有相同样片设置为相同的起始点
画矩形 主要功能：用于画出矩形参考线，并可随排料图一起打印或绘图	单击，松开鼠标拖动再单击，即可画一个临时的矩形框。单击“选择”工具，将鼠标移至矩形边线，光标变成箭头时，点击右键，出现删除，点击删除就可以将刚才画的矩形删除了

续表

工具名称	操作方法
重叠检查 主要功能：用于检查重叠纸样的重叠量 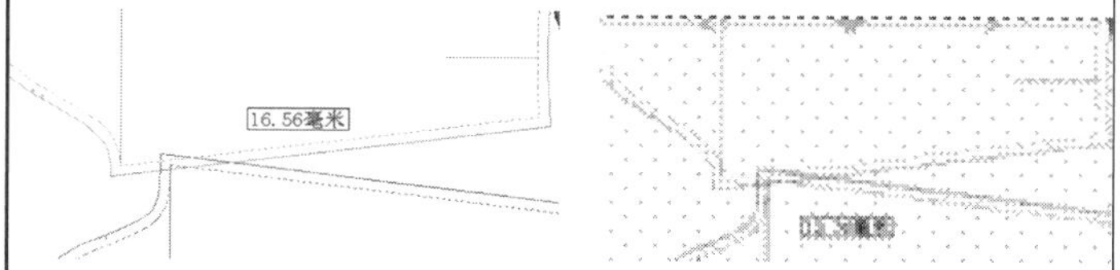	单击该工具，单击重叠的纸样就会出现样片与其他样片的最大重叠量
设定层 主要功能：排料时如需要其中两片样片的部分重叠，可用该工具给这两个样片的重叠部分进行舍取设置 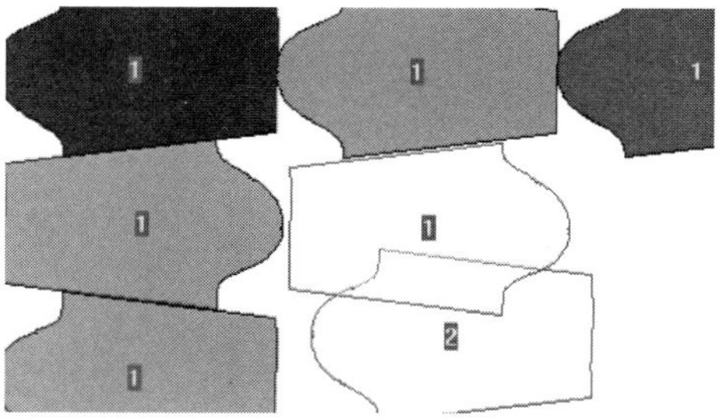	选择该工具，设定整个样片绘出来的为1（上一层），将不要重叠部分的样片设为2（下一层），绘图时，设为1的样片可以完全绘出来，而设为2的样片跟1样片重叠的部分（图中显示灰色的线段），可选择不绘出来或绘成虚线
制帽排料 主要功能：确定样片的排列方式，如正常、交错、倒插等 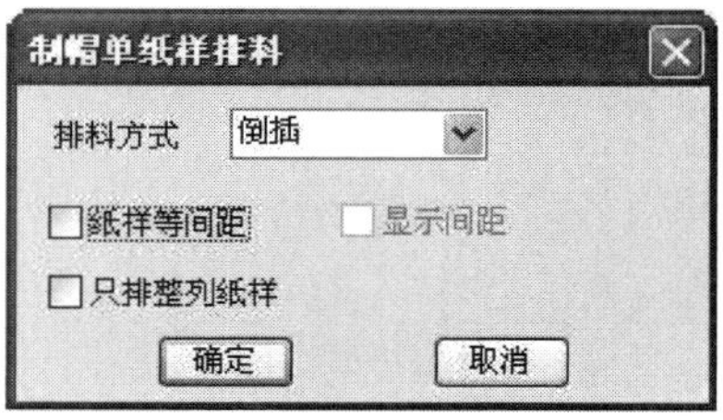	选中要排的样片，选中该工具，弹出制帽单样片排料对话框，在排料方式中设定样片排料的各种方式。可选择样片等间距、只排整列样片、显示间距。确定窗口后样片可设定样片排料的方式进行排列
主辅唛架等比例显示纸样 主要功能：将主辅唛架上的样片等比例显示出来	单击该工具图标，主辅唛架上的纸样会等比例显示出来，再单击该工具图标，可退回到以前的比例

续表

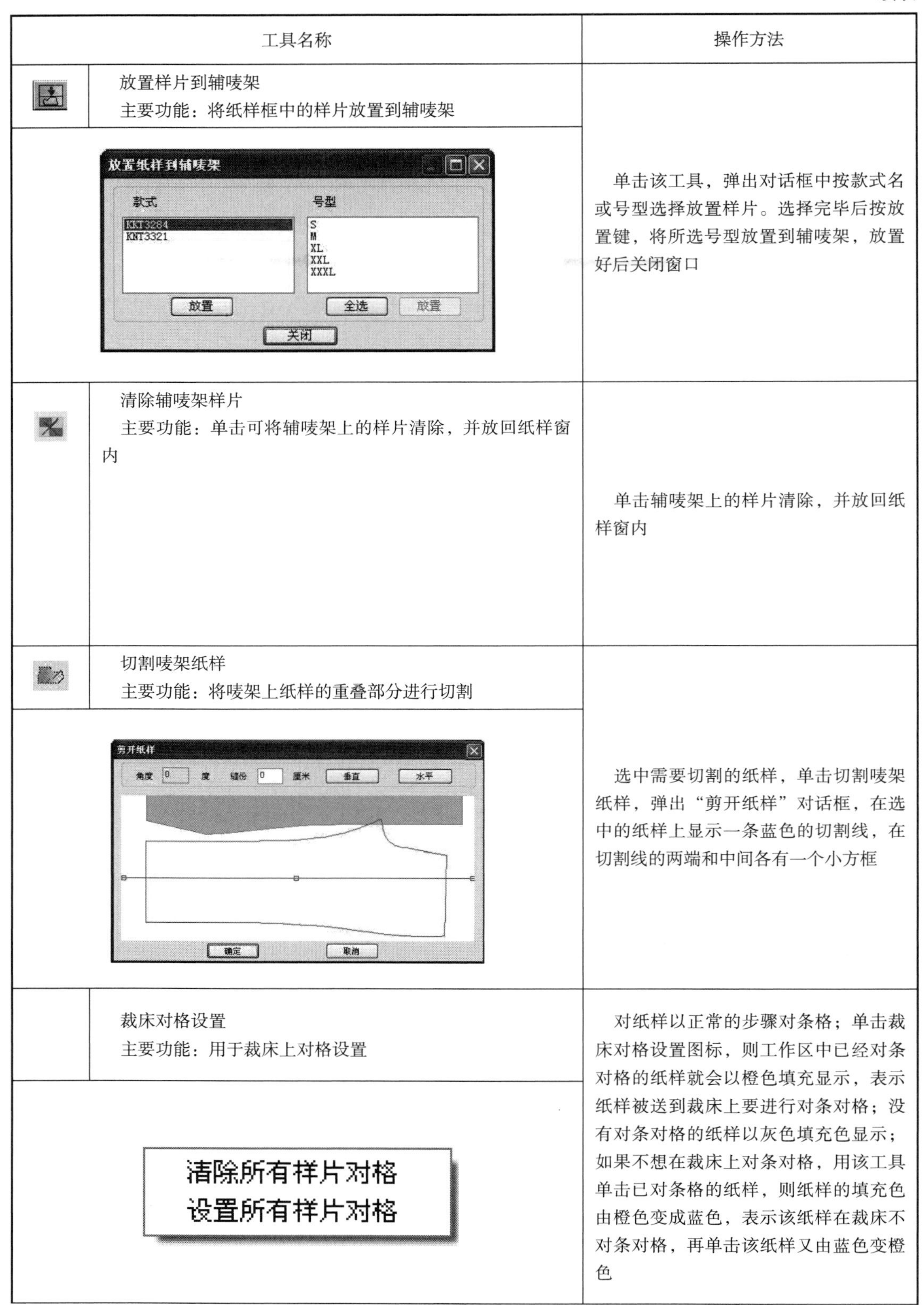

工具名称		操作方法
	放置样片到辅唛架 主要功能：将纸样框中的样片放置到辅唛架	单击该工具，弹出对话框中按款式名或号型选择放置样片。选择完毕后按放置键，将所选号型放置到辅唛架，放置好后关闭窗口
放置纸样到辅唛架 款式 号型 KKT3284 KNT3321 S M XL XXL XXXL 放置 全选 放置 关闭		
	清除辅唛架样片 主要功能：单击可将辅唛架上的样片清除，并放回纸样窗内	单击辅唛架上的样片清除，并放回纸样窗内
	切割唛架纸样 主要功能：将唛架上纸样的重叠部分进行切割	选中需要切割的纸样，单击切割唛架纸样，弹出“剪开纸样”对话框，在选中的纸样上显示一条蓝色的切割线，在切割线的两端和中间各有一个小方框
剪开纸样 角度 0 度 缝份 0 厘米 垂直 水平 确定 取消		
	裁床对格设置 主要功能：用于裁床上对格设置	对纸样以正常的步骤对条格；单击裁床对格设置图标，则工作区中已经对条对格的纸样就会以橙色填充显示，表示纸样被送到裁床上要进行对条对格；没有对条对格的纸样以灰色填充色显示；如果不想在裁床上对条对格，用该工具单击已对条格的纸样，则纸样的填充色由橙色变成蓝色，表示该纸样在裁床不对条对格，再单击该纸样又由蓝色变橙色
清除所有样片对格 设置所有样片对格		

续表

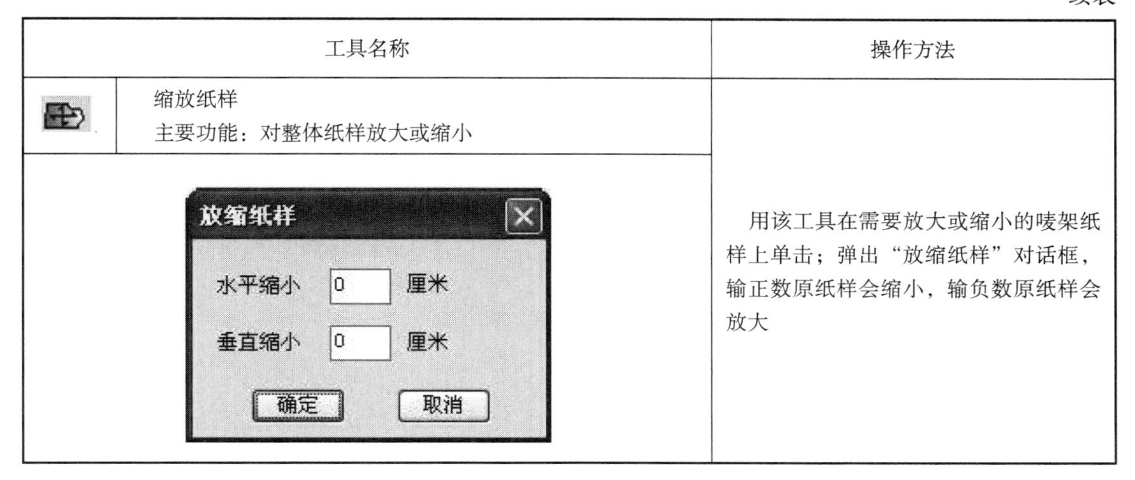

工具名称		操作方法
	缩放纸样 主要功能：对整体纸样放大或缩小	用该工具在需要放大或缩小的唛架纸样上单击；弹出“放缩纸样”对话框，输正数原纸样会缩小，输负数原纸样会放大
放缩纸样 水平缩小 0 厘米 垂直缩小 0 厘米 确定　取消		

三、布料工具匣

布料工具匣设置对料面模式相对，有折转方式选择的主、辅唛架的对称的纸样进行折叠、展开等操作，具体功能和操作方法见表5-3。

表5-3　布料工具匣

工具名称		操作方法
布料工具匣	布料工具匣 主要功能：选择不同种类布料进行排料	点击右边三角按钮，在弹出文件中所有布料的种类，选择其中一种，纸样窗里就会出现对应布种的所有纸样
布料工具匣 面 面 里 胆		

四、超排工具匣

超排工具匣的界面和工具功能及操作方法见图5-4和表5-4。

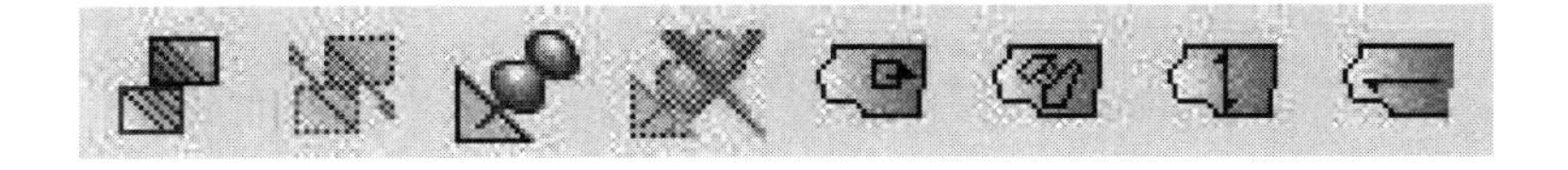

图5-4　超排工具匣

表5-4　超排工具匣

工具名称	操作方法
嵌入纸样 主要功能：对唛架上重叠的纸样，嵌入其纸样至就近的空隙里面去 抖动重叠纸样：一般模式 / 高级模式；抖动时间：0 秒；OK / Cancel	保证唛架上有纸样，单击嵌入纸样按钮；弹出“抖动重叠纸样”对话框，选择一种模式，单击“OK”即可
改变唛架纸样间距 主要功能：对唛架上纸样的最小间距的设置 设置纸样间距：一般模式 / 高级模式；抖动时间：0 秒；设置纸样间距：0 厘米；OK / Cancel	保证唛架上有纸样，单击改变唛架纸样间距按钮，弹出处理模式对话框
改变唛架纸样间距 主要功能：改变唛架的宽度的同时，自动进行排料处理 重定义唛架宽度：一般模式 / 高级模式；抖动时间：0 秒；重定义唛架宽度：150 厘米；OK / Cancel	保证唛架上有纸样，单击按钮，弹出“重定义唛架宽度”对话框，选择处理模式，输入新的唛架宽度，单击“OK”即可
抖动唛架 主要功能：向左压缩唛架纸样，进一步提高利用率 抖动唛架：一般模式 / 高级模式；抖动时间：0 秒；OK / Cancel	保证唛架上有纸样；单击按钮，弹出“抖动唛架”对话框；选择处理模式，单击 OK 即可

续表

工具名称		操作方法
	捆绑纸样 主要功能：对唛架上任意的多片纸样（必须大于1）进行捆绑	选中需要捆绑的纸样，单击捆绑纸样按钮
说明：被捆绑的纸样，排料时他们的相对位置始终保持不变，单次捆绑的纸样为一个单独的组		
	解除捆绑 主要功能：对捆绑纸样的一个反操作，使被捆绑纸样不再具有被捆绑属性	选中已经被捆绑的纸样，单击解除捆绑按钮
	固定纸样 主要功能：对唛架上任意的一片或多片纸样进行固定	选中需要固定的纸样，单击固定纸样按钮
说明：被固定位置的纸样，排料时他们的位置和形状始终不变，不能拖拉，也不能旋转，单次固定的纸样为一个单独的组		
	解除固定 主要功能：对固定纸样的一个反操作，使固定纸样不再具有固定属性	选中固定纸样，单击解除固定钮

第三节　服装CAD 排料功能应用

服装CAD排料要根据技术要求，尽可能地提高面料的利用率及工作效益。在排料时，第一要设置好唛架的宽度与长度，唛架的宽度一般与面料的门幅宽度相对应，要考虑除去一定的布边宽度及铺布时布边的对齐情况；第二要注意分床，假设五个号码的话，一般最大码与最小码一床套排，次大码与次小码一床套排，中号一床排，还要考虑各号码的套数，尽可能在最少的床数排完生产量，且要选择最有利的节省面料的排料方式；第三要注意样片配对、面料的布纹方向及面料不同，要相对应地进行设置，以防出错；第四要注意一套服装样片不要离得太远，以防面料的色差影响服装的整体效果。

一、女裤排料

（一）新建排料图

单击“选择单位”按钮，弹出“量度单位”对话框，选择排料使用单位，如图5-5所示。

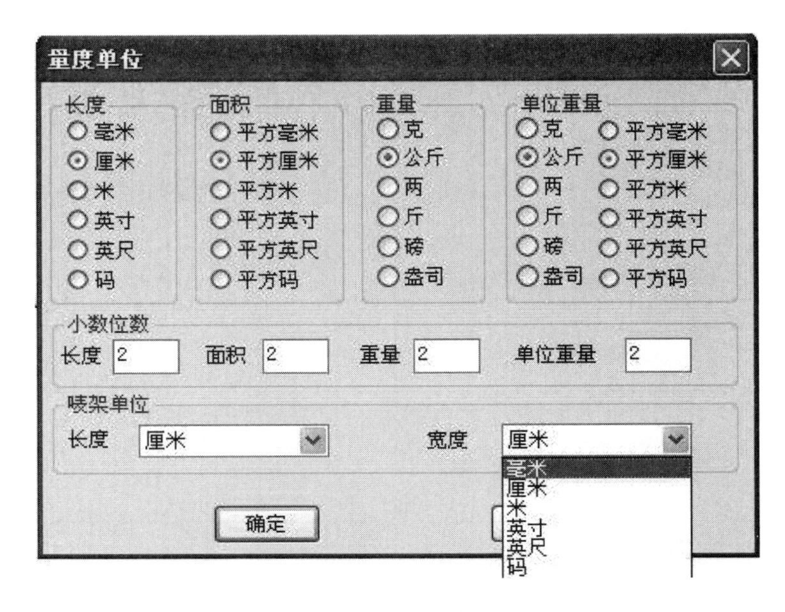

图5-5　量度单位

（二）唛架设定

单击“新建”按钮，弹出“唛架设定”对话框，设定唛架的宽度和长度，选择料面模式并输入唛架边界等，如图5-6所示。

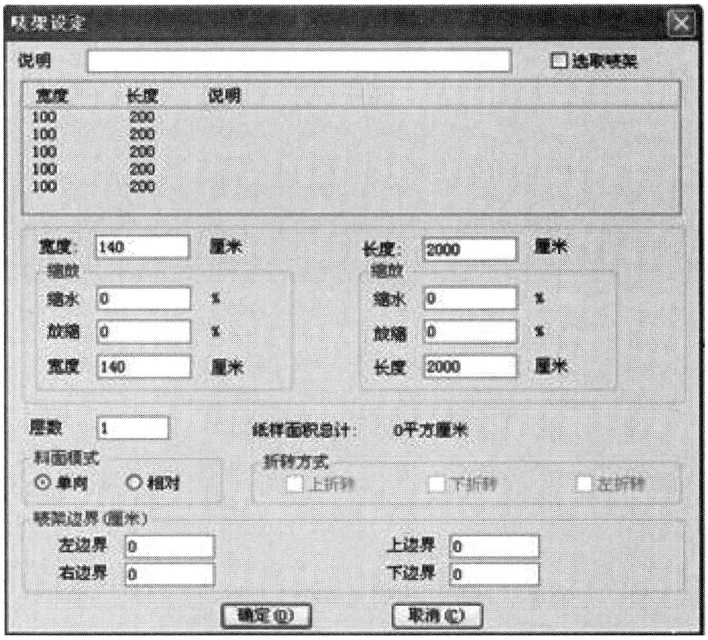

图5-6　唛架设定

（三）纸样制单

唛架设定好后，单击“确定”按钮，弹出“选择款式”对话框，点击载入命令，打开文件弹出“纸样制单”对话框，设定每套裁片数量、布料种类、对称属性、号型数量等，如图5-7所示。

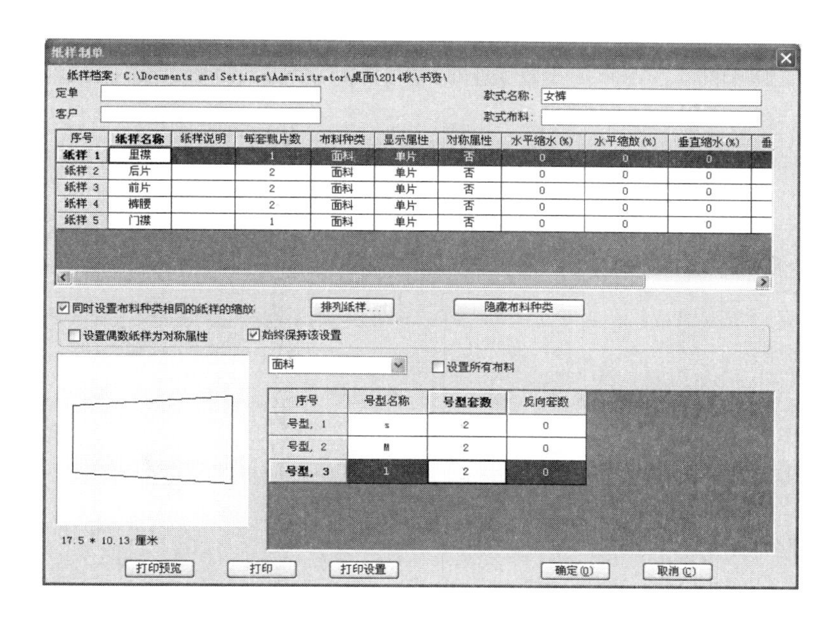

图5-7 纸样制单

（四）展示纸样窗口及尺码表

“纸样制单”设置好后，单击“纸样窗”图标，展示纸样窗口及尺码表，如图5-8所示。

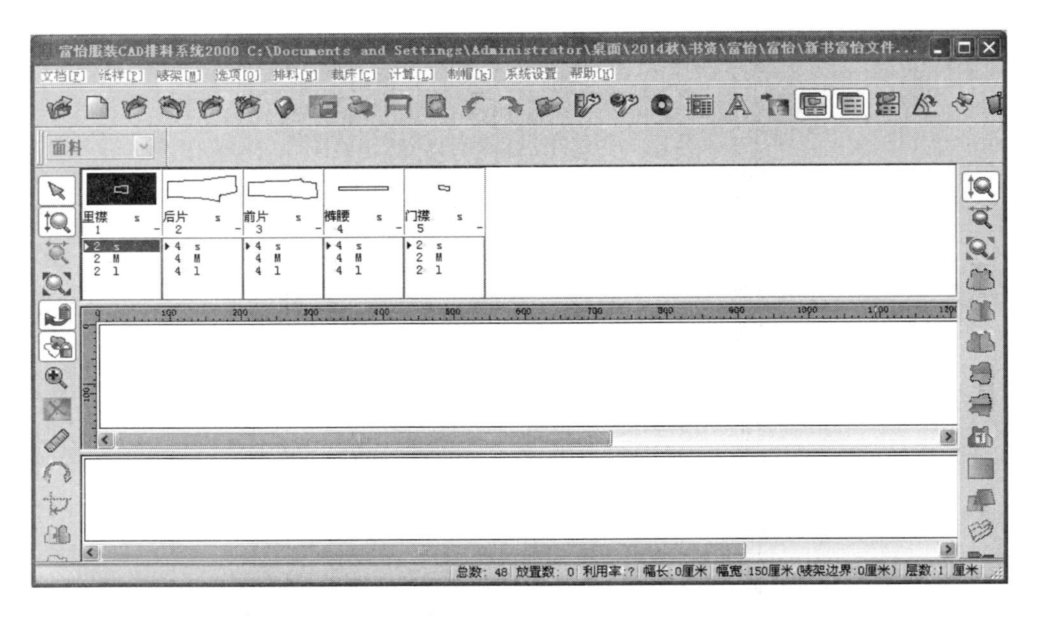

图5-8 展示纸样窗口及尺码表

（五）选择排料方式

1. 定时排料

（1）选择排料菜单下的“定时排料”命令，弹出“限时自动排料”窗口，设置好后，单击“确定”按钮，弹出“定时排料”对话框，如图5-9所示。

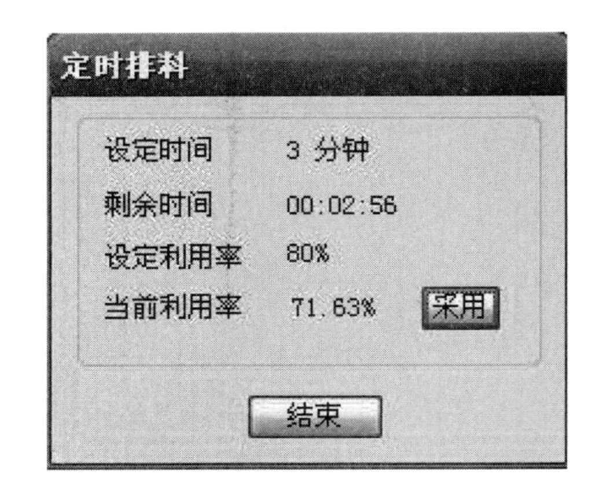

图5-9 定时排料

（2）定时排料利用率达到最高时点击“采用”，唛架上显示排料图，如图5-10所示。

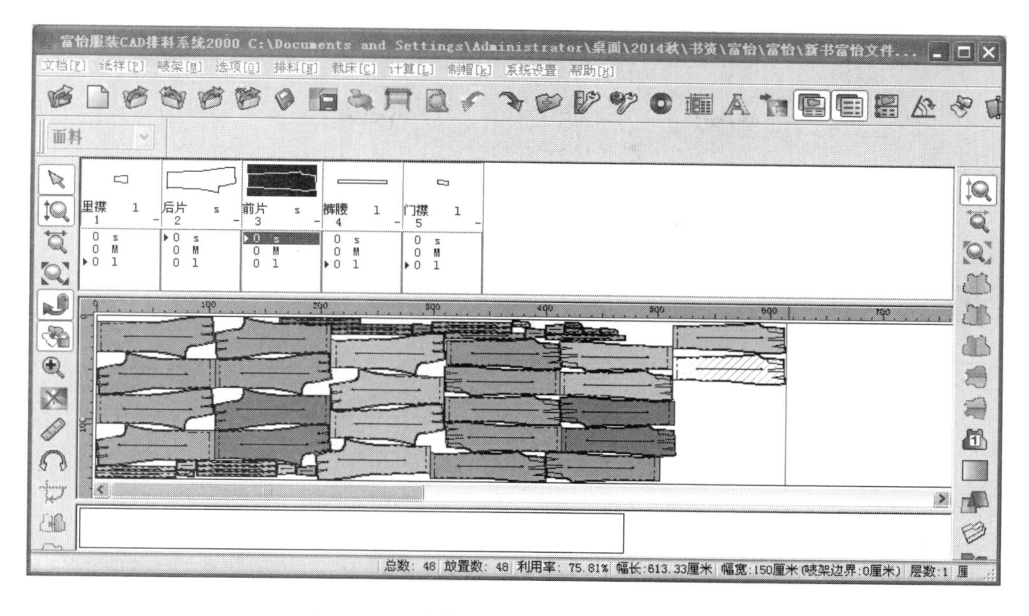

图5-10　排料图

2. **自动排料**

（1）选择排料菜单下的“定时自动排料”命令，弹出“自动排料设置”对话框，如图5-11所示。

（2）选择速度与其他方式后，单击“确定”按钮，选择“排料”菜单下的“开始自动排料”命令，如图5-12所示。

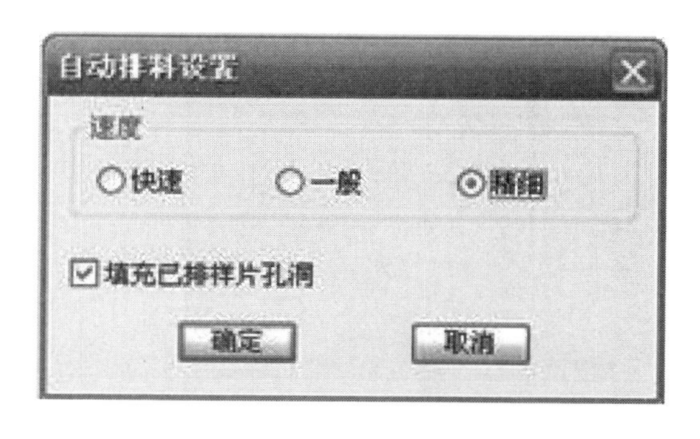

图5-11　自动排料设置

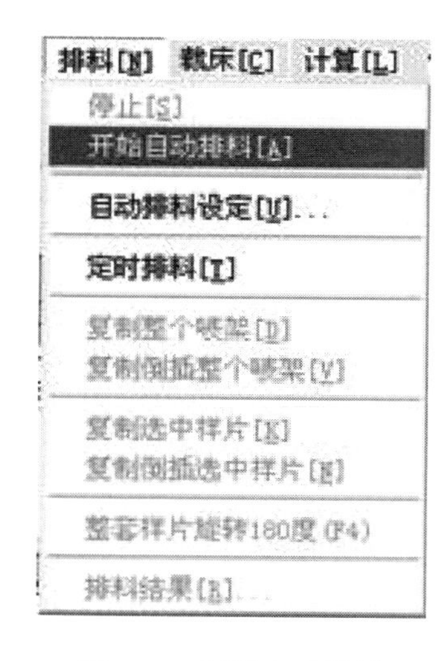

图5-12　开始自动排料

（3）排料结束后会弹出“排料结果”窗口，显示排料信息，如图5-13所示。

（4）人机交互式排料，可结合手动排料，调整样片的排放位置与方向，进一步提高利用率。

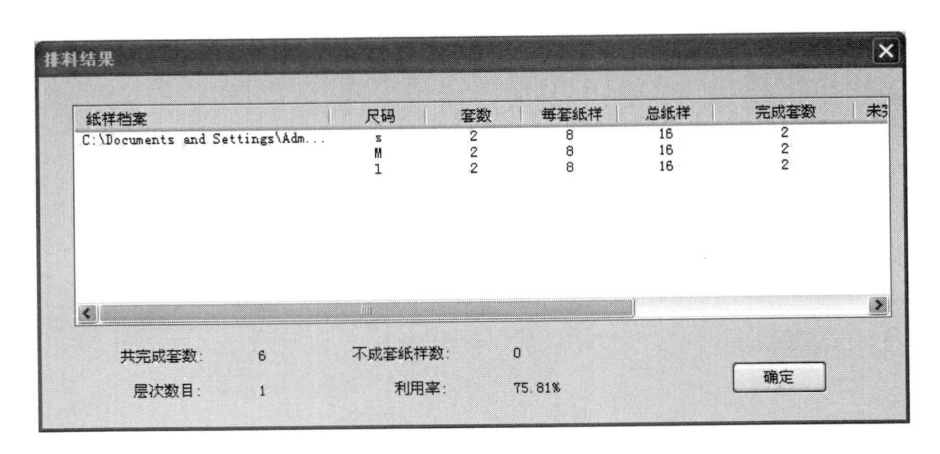

图5-13　排料结果

（5）排料完毕后，单击“文档”菜单下的“另存”命令，保存唛架，可进行多次排料，选择面料利用率高的唛架进行生产。

二、西装排料

（一）新建排料图

单击“选择单位”按钮，弹出“量度单位”对话框，选择排料使用单位，如图5-14所示。

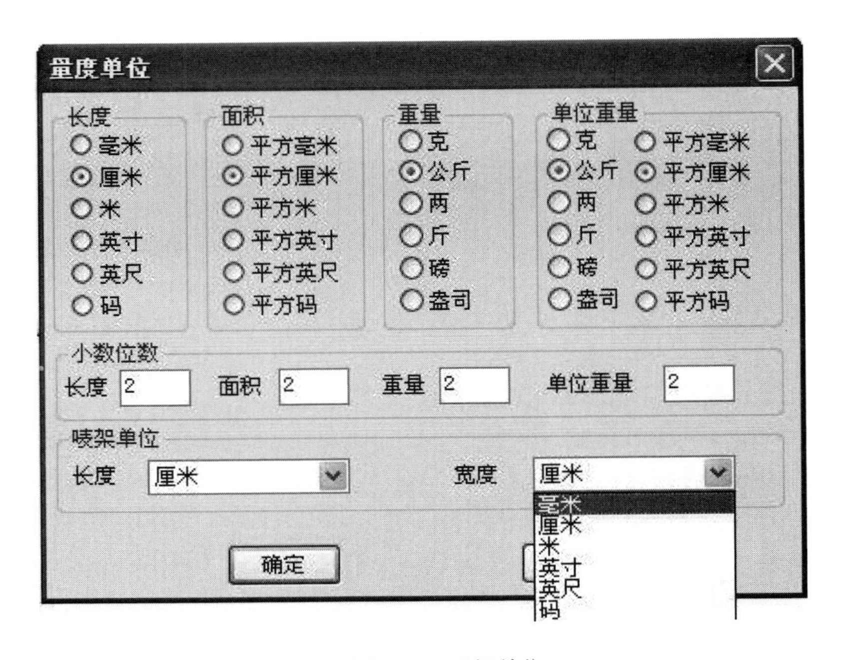

图5-14　选择单位

（二）唛架设定

单击新建按钮，弹出“唛架设定”对话框，设定唛架宽度与长度，选择料面模式等，如图5-15所示。

（三）纸样制单

唛架设定好后，弹出“选择款式”对话框，单击载入命令，打开文件后弹出“纸样制单”对话框，设定每套裁片数量、布料种类、对称属性等资料，如图5-16所示。

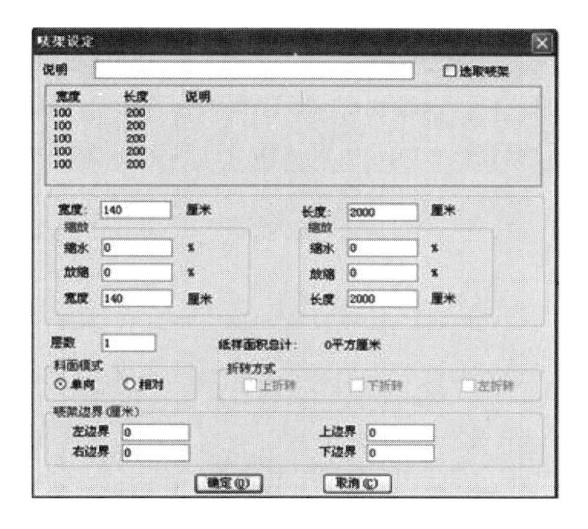

图5-15　唛架设定

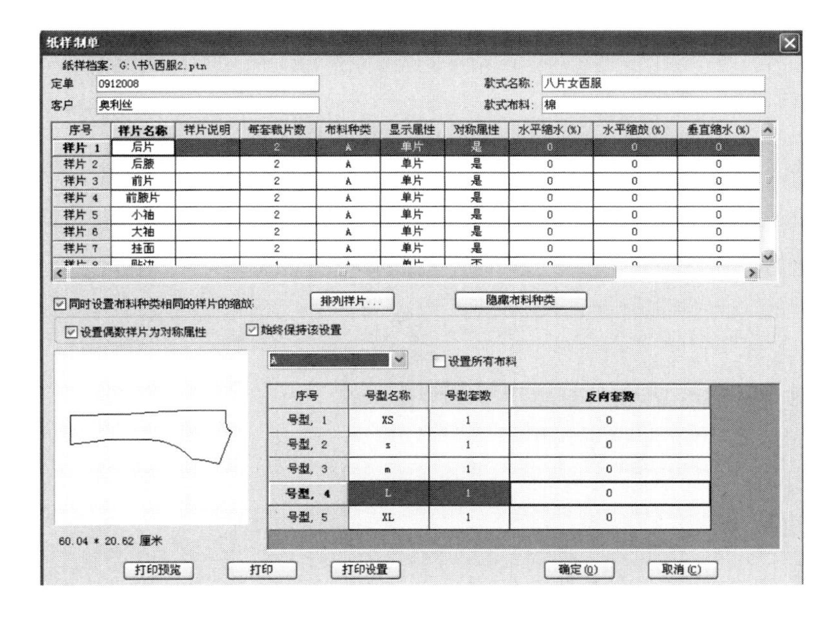

图5-16　纸样制单

（四）展示纸样窗及尺码表

单击“纸样窗”按钮，展示纸样窗口及尺码表，如图5-17所示。

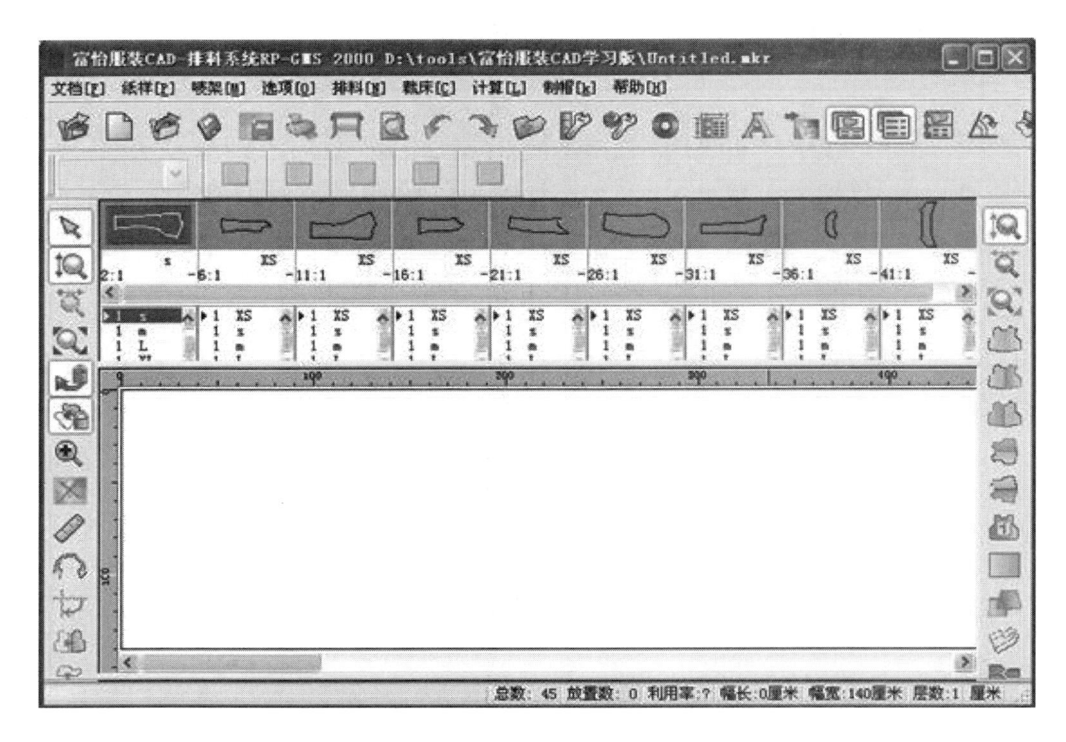

图5-17 展示纸样窗口及尺码表

（五）手动排料

（1）单击工具匣1中的样片“选择”工具，单击尺码表中需排放的号型，纸样自动放在唛架上，可根据排料的技术要求，对用工具匣1工具或键盘上的数字键功能对纸样进行移动、旋转与翻转。

（2）排料时，一般先排大的样片，再排小的样片，尽可能地提高面料的利用率，如图5-18所示。

（3）排料完毕后，单击“文档”菜单下的“另存”命令，保存唛架，可进行多次排料，选择面料利用率高的唛架进行生产。

三、对条对格排料

对条格前，首先需要在对条格的位置上打上剪口或钻孔标记。如图5-19所示，要求前后幅的腰线对在垂直方向上，袋盖上的钻孔对在前左幅下边的钻孔上。

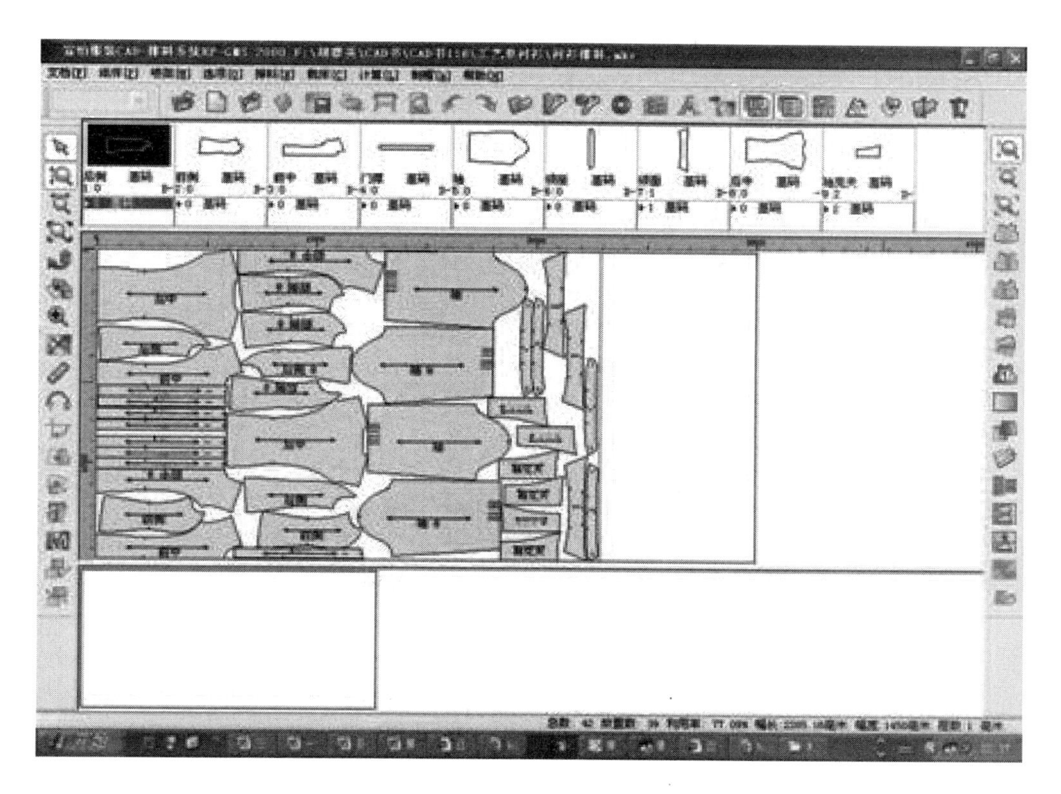

图5-18　排料图

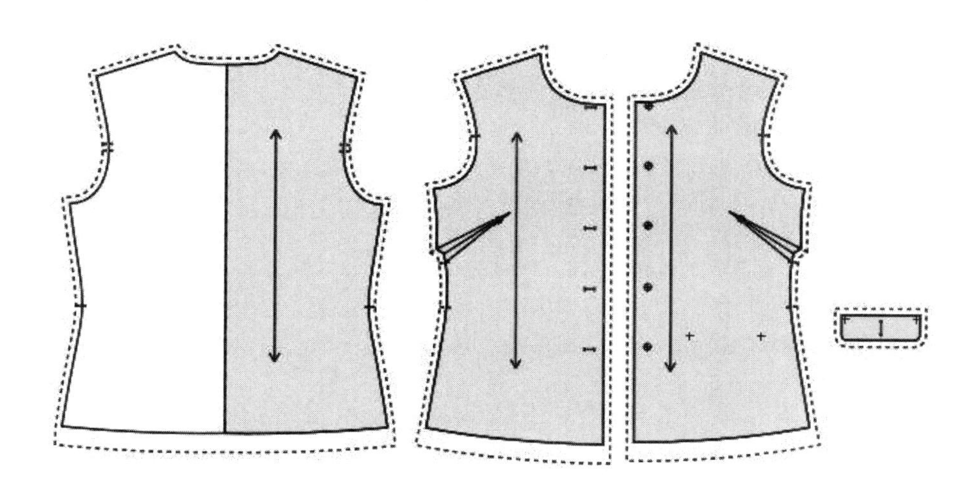

图5-19　打剪口

（1）单击工具，根据对话框提示，新建一个唛架→浏览→打开→载入一个文件。

（2）单击“选项”，勾选“对格对条”。

（3）单击“选项”，勾选“显示条格”。

（4）单击“唛架”→“定义对条对格”，弹出对话框（图5-20）。

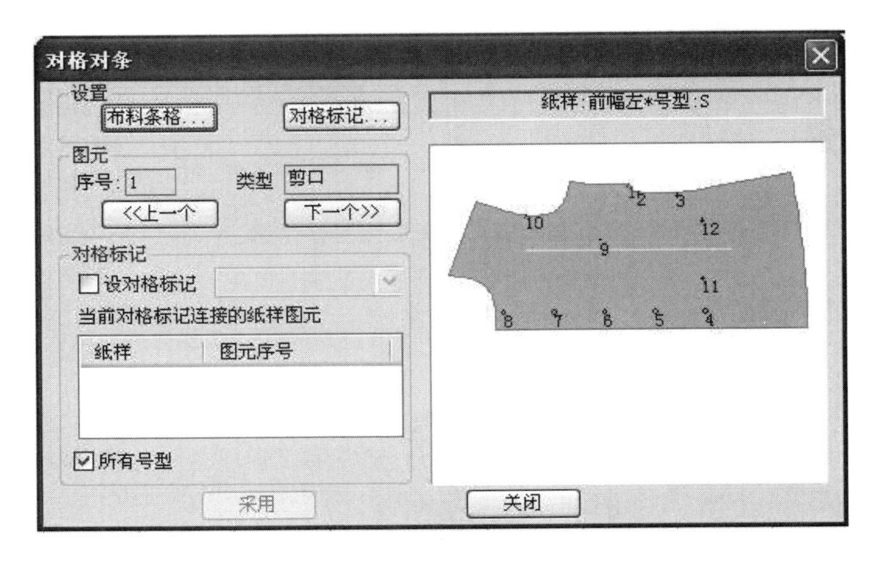

图5-20 对格对条设置

（5）单击“布料条格”，弹出“条格设定”对话框，根据面料情况进行条格参数设定，设定好面料按“确定”，结束回到母对话框（图5-21）。

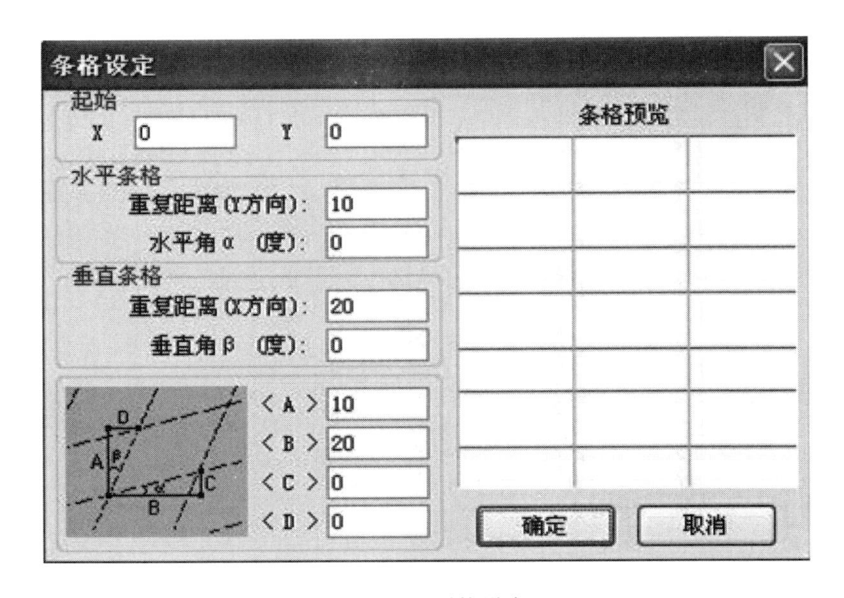

图5-21 对格设定

（6）单击“对格标记”，弹出“对格标记”对话框（图5-22）。

（7）在“对格标记”对话框内单击“增加”，弹出“增加对格标记”对话框，在“名称”框内设置一个名称如a对腰位，单击“确定”回到母对话框，继续单击“增加”，设置 b 对袋位，设置完之后单击。“关闭”，回到对格对条对话框（图5-23）。

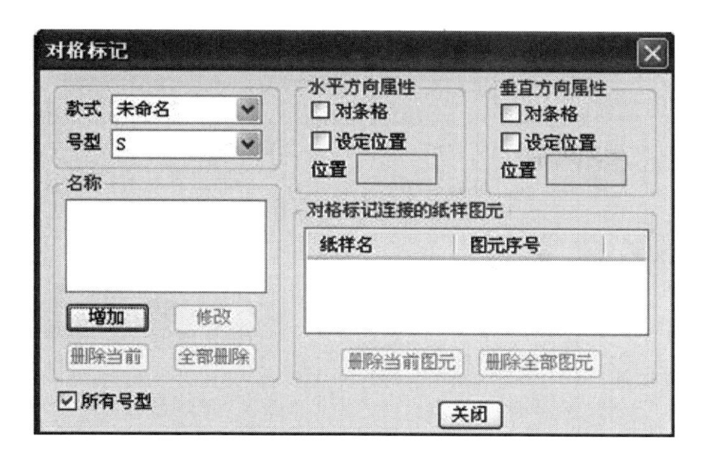

图5-22 对格标记

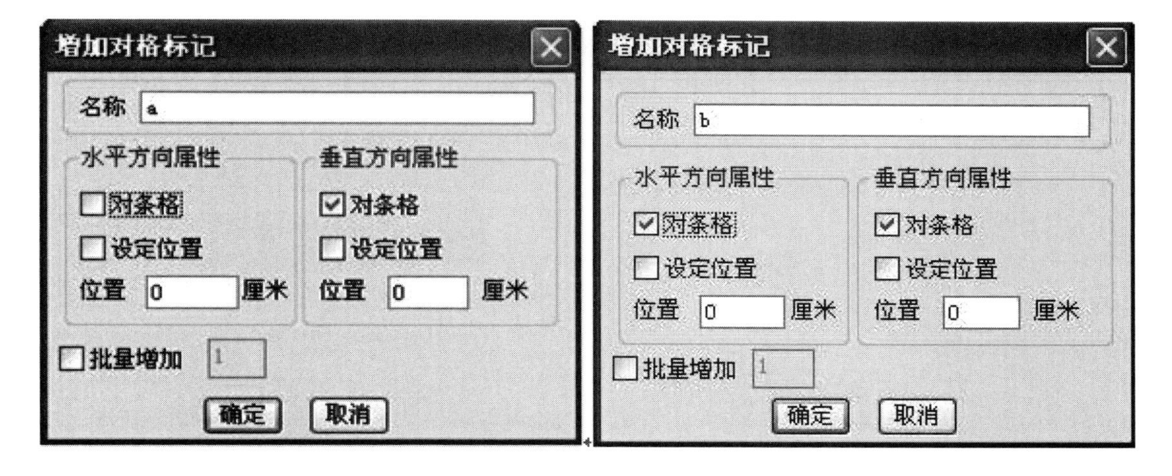

图5-23 增加对格标记

（8）在“对格对条”对话框内单击“上一个”或“下一个”，直至选中对格对条的标记剪口或钻孔如前左幅的剪口 3，在“对格标记”中勾选“设对格标记”并在下拉菜单下选择标记a，单击“采用”按钮。继续单击“上一个”或“下一个”按钮，选择标记11，用相同的方法，在下拉菜单下选择标记 b 并单击“采用”（图5-24）。

（9）选中后幅，用相同的方法选中腰位上的对位标记，选中对位标记a，并单击采用，同样对袋盖设置好（图5-25）。

（10）单击并拖动纸样窗中要对格对条的样片，到唛架上释放鼠标。由于对格标记中没有勾选“设定位置”，后面放在工作区的纸样是根据先前放在唛区的纸样对位的（图5-26）。

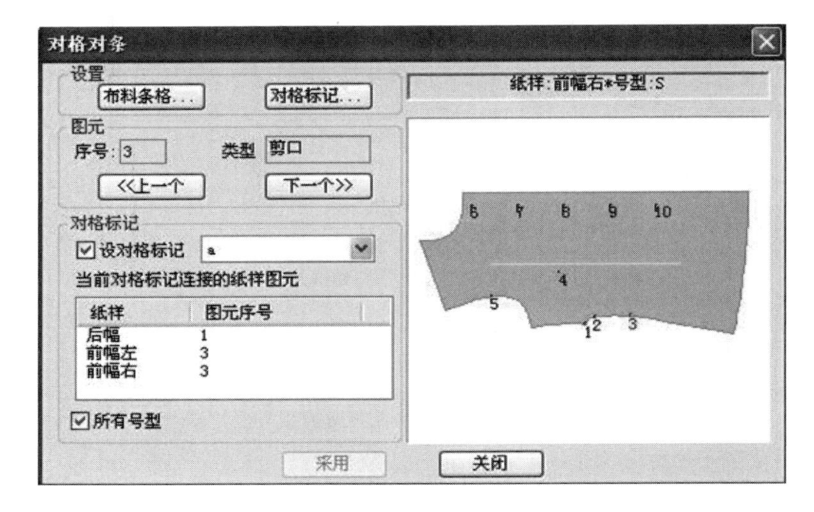

图5-24 对格对条设定

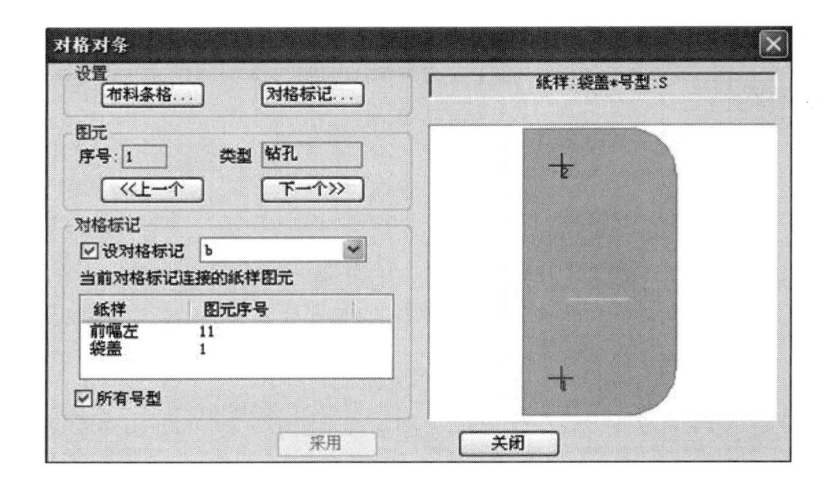

图5-25 对格标记

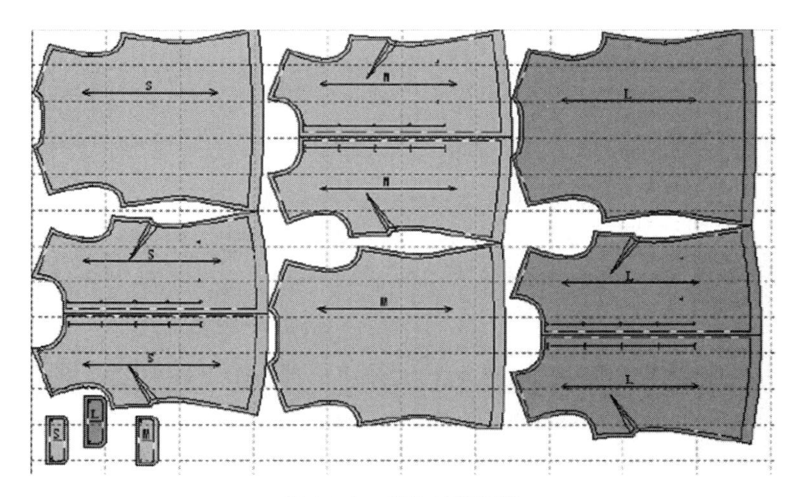

图5-26 对格对条纸样

练习与思考

1．练习女裤CAD排料操作。

2．练习西装CAD排料操作。

3．简述CAD排料系统的特点。

4．简述女西服套装自动排料的流程。

参考文献

[1] 刘瑞璞.服装纸样设计原理与技术　女装编［M］.北京：中国纺织出版社，2008.
[2] 三洁满智子.服装造型［M］.北京：中国纺织出版社，2008.

附录

附录一　设计与放码系统的键盘快捷键

快捷键	功能	快捷键	功 能
A	选择与修改工具	M	对称调整
B	相交等距线	N	移动旋转调整
C	圆规	O	钻孔/扣位
D	等份规	P	加点
E	橡皮擦	O	不相交等距线
F	智能笔	R	比较长度
G	成组粘贴/移动	S	矩形
H	双向靠边	T	单向靠边
I	总长度	V	连角
J	移动旋转/粘贴	W	剪刀
K	对称粘贴/移动	Z	各码按点或线对齐
L	皮尺/测量长度		
F1	帮助	Ctrl + I	纸样资料
F2	纸样关联	Ctrl + J	调整布纹线长度
F3	左右窗口最大化	Ctrl + K	显示/隐藏控制点
F4	仅显示基码/显示全部码	Ctrl + L	款式资料
F5	缝份线变为实线	Ctrl+ M	清除当前选中纸样
F7	显示/隐藏缝份线	Ctrl + N	新建
F8	两个纸样的缝份量关联计算	Ctrl + O	打开
F9	显示/隐藏缝份值	Ctrl + P	打印草图
F10	显示/隐藏绘图分页线	Ctrl + R	重新生成布纹线
F11	读纸样	Ctrl + S	保存
F12	更新全部纸样	Ctrl + V	粘贴放码量
Ctrl+ F11	保持曲线形状	Ctrl +W	锁定纸样
Ctrl+ F12	全部纸样进入工作区	Ctrl +Z	撤销
Ctrl+2	线上两等距点	Shift +Q	XY等距放码
Ctrl + A	另存为	Shift + B	X Y不等放码
Ctrl + C	拷贝放码量	Shift + X	X相等放码

续表

快捷键	功能	快捷键	功 能
Ctrl + D	删除纸样	Shift + Y	Y相等放码
Ctrl + E	号型编辑	Tab	选中下一个纸样
Ctrl + F	显示/隐藏放码点	Shift +Tab	选中上一个纸样
Ctrl + G	清除选中纸样放码量	Ctrl	不抓取点
Shift	用曲线工具时，按Shift可画直线		
ESC	取消当前的操作		
空格键	使用任何工具时，按住空格键不放，具有放大镜的功能。在右作区，按下空格键，然后松开，变成移动工具		
回车键	文字编辑的换行操作，当前选中样点属性		
U	按U的同时，单击工作区样片可放回到纸样列表框中		
X	与拷贝放码点工具结合使用，仅复制X方向的放码量		
Y	与拷贝放码点工具结合使用，仅复制Y方向的放码量		

附录二 富怡排料系统的键盘快捷键

快捷键	功能	快捷键	功能
Ctrl + A	另存	Alt + 1	主工具匣
Ctrl + C	将工作区纸样全部放回到尺寸表中	Alt + 2	唛架工具匣 1
Ctrl + I	纸样资料	Alt+3	唛架工具匣 2
Ctrl + M	定义唛架	Alt+4	纸样窗、尺码列表框
Ctrl + N	新建	Alt+5	尺码列表框
Ctrl + O	打开	Alt+0	状态条、状态栏主项
Ctrl + S	保存	F3	重新按号型套数排列辅唛架上的样片
Ctrl + Z	后退	F4	将选中样片的整套样片旋转 180°
Ctrl + X	前进	F5	刷新
Delete	移除所选纸样	双击	双击唛架上选中纸样可将选中纸样放回到纸样窗内；双击尺码表中某一纸样，可将其放于唛架上
8 2 4 6	可将唛架上选中纸样作向上【8】、向下【2】、向左【4】、向右【6】方向滑动，直至碰到其他纸样		
5 7 9	可将唛架上选中纸样进行 90° 旋转【5】、垂直翻转【7】、水平翻转【9】		
1 3	可将唛架上选中纸样进行顺时针旋转【1】、逆时针旋转【3】		
↑ ↓ ← →	可将唛架上选中纸样向上移动【↑】、向下移动【↓】、向左移动【←】向右移动【→】移动一个步长，无论纸样是否碰到其他纸样		

附录三　所配光盘说明

本书附带光盘中有“富怡服装CAD学习版”与“最新自动演示盘”两个文件，软件为最新版V8，由服装设计放码系统与排料系统组成。

在“最新自动演示盘”文件夹中，附有放码工具介绍、开样工具介绍、排料工具介绍、自动演示等文件，双击打开就可运行。